Ana White

MEINE MÖBEL – VON MIR GEBAUT

34

PROJEKTE FÜR DAS GANZE HAUS

CV

DANKSAGUNG

Noch vor wenigen Jahren war ich eine einfache Hausfrau in Alaska. Ich hatte einen Traum, aber er war so verwegen, dass ich anfangs nicht einmal meiner Familie davon erzählte.

Es gab so viele Windeln zu waschen und Mahlzeiten zu kochen, dass ich mir gar nicht vorstellen konnte, meine Möbelentwürfe einmal in einem Buch zu veröffentlichen.

Ich hatte weder eine qualifizierte Ausbildung noch Berufserfahrung, und ich wusste nicht, wo ich anfangen sollte. Also veröffentlichte ich meine Konstruktionszeichnungen in meinem Blog. Meine Leser nahmen sie begeistert an und glaubten an mich. Dadurch wuchsen mein Selbstvertrauen und meine Erfahrung, und ich konnte umso zielstrebiger die Verwirklichung meines Traums angehen.

Dieses Buch widme ich jeder einzelnen Person, die je mein Blog besucht hat. Für die Kommentare, Projekte, die E-Mails und die Unterstützung, die ich von euch bekam, kann ich gar nicht genug danken.

Für eine Mutter von drei Kindern ist es beinahe selbstsüchtig, einen eigenen Traum zu verfolgen und sich mehr vom Leben zu wünschen als die Kinder, auf die sie stolz ist.

Mütter sind von Natur aus selbstlos. Sie sind Gebernaturen und rundum zufrieden, wenn ihre Familie gesund und glücklich ist.

Aber meine Familie erkannte meinen Wunsch und unterstützte mich bei der Verwirklichung eines Traums, dessen gutes Ende nicht garantiert war. Dieses Buch ist für meinen Mann Jacob und meine Tochter Grace, die viele angebrannte Mahlzeiten gegessen und auf manches verzichtet haben, um mir Raum zum Verfolgen meiner Vision zu geben.

Für meine Mutter, die mich gelehrt hat, aus nichts noch etwas zu machen und dass Kinder das allerwichtigste DIY-Projekt sind. Für meine Schwestern und Brüder, Nichten und Neffen und besonders für die Familie meines Mannes, die mich warmherzig aufgenommen und immer unterstützt hat. Für eure Hilfe bin ich sehr dankbar, denn ohne euch hätte dieses Buch nicht entstehen können.

Besonderen Dank möchte ich allen Mitwirkenden aussprechen. Ihr habt mich auf Ideen gebracht und mich dazu gebracht, besser zu werden. Während der Zusammenarbeit, die mir eine Ehre war, sind wir Freundinnen geworden. Vielen Dank für all eure Zeit und Mühe und die großartigen Ergebnisse.

Schließlich danke ich all denen, deren unermüdliche Arbeit hinter den Kulissen so wichtig für den Erfolg dieses Buchs ist: Meinem Manager John und seiner Frau Amanda, meinem Agenten Devin und meiner Lektorin Betty.

An alle Hände, die zur Entstehung dieses Buchs beigetragen haben – vielen Dank.

Erstveröffentlicht 2012 von Potter Craft,
Imprint der Crown Publishing Group,
ein Unternehmen von Random House, Inc., New York.
www.pottercraft.com
www.crownpublishing.com
POTTER CRAFT und colophon sind
eingetragene Marken von Random House, Inc.

Layout: Laura Palese
Einige Inhalte dieses Titels sind bereits erschienen auf der Website www.ana-white.com.
Fotos: Ana White, außer: Seite 2: Ashley Mills, Crystal Rose; Seite 4: Kristen Duke; Seite 7: Amanda Crawford; Seiten 9–14: Amanda Clark; Seite 16: Charity Fielder; Seite 17: PureBond Plywood; Seiten 19–22: Amanda Clark; Seite 23: (oben) Crystal Rose; Seite 30: (unten links) Ashley Mills; Seite 41: Ashley Mills; Seiten 46–47: (links) Jaime Costiglio, (unten links) Whitney Gainer, (oben) Ana White, (unten rechts) Hillary Dickman; Seite 49: Jaime Costiglio; Seiten 56–61: Hillary Dickman; Seite 65: Whitney Gainer; Seiten 68–69: (links, unten links) Ashley Mills, (oben, unten rechts) Rebecca Ridner; Seiten 72–79: Rebecca Ridner; Seite 83: Ashley Mills; Seite 85: (rechts) Ashley Turner, (unten rechts) Crystal Rose; Seite 97: Ashley Turner; Seite 100: Crystal Rose; Seiten 104–105: (rechts und links außen) Amanda Clark, (unten links) Layla Palmer, (oben, unten rechts) Brook Wilhelmsen; Seiten 107–109: Brook Wilhelmsen; Seiten 110–113: Amanda Clark; Seite 115: Cherish Fielder; Seite 119: Brook Wilhelmsen; Seite 120: Layla Palmer; Seite 131: Amanda Crawford; Seiten 134–135: (oben, unten) Amanda Clark, (unten rechts) Shaunna und Matt West; Seite 140: Amanda Clark; Seite 146: Shaunna und Matt West; Seite 148: Amanda Clark; Seiten 154–155: (unten links) Amy Huntley, (oben) Kirsten Wright, (unten rechts) Rebecca Ridner; Seiten 157, 161: Amy Huntley; Seiten 163, 167: Kirsten Wright; Seite 168: Rebecca Ridner; Seiten 172–173: (oben) Lydia Manders.
Titelfoto: Ashley Mills

Deutsche Ausgabe
Übersetzung: Wiebke Krabbe
Lektorat: Hans Altmeyer
Redaktion: Angelika Klein
Umschlaggestaltung und Satz: GrafikwerkFreiburg
Reproduktion: RTK & SRS mediagroup GmbH
Druck und Verarbeitung: Polygraf Print, Slowakei

ISBN 978-3-95440-010-2
Art.-Nr. 40010

INHALT

VORWORT

Denken Sie beim Anblick von Möbeln manchmal: „Das kann ich auch selbst bauen"? Sie können!

Vor zehn Jahren sah ich oft Möbel an und wünschte mir, sie selbst bauen zu können. Damals fehlte mir das Wissen, und ich hatte auch keine Ahnung, wie und wo ich es mir aneignen konnte.

Heute bin ich Möbelbauerin, Mutter und Hausbesitzerin. Ich liebe schöne Beschläge, rosa Farbe und Laufschienen für Schubladen. Heute schaue ich mir Möbel an, denke „Das kann ich auch!", gehe in die Garage und lege los.

Betten und Couchtische, Stühle und Spielzeug: Es gibt kaum etwas, was ich noch nicht gebaut habe. Ich habe hunderte Möbel gebaut, tausende Konstruktionsskizzen gezeichnet und mich darüber gefreut, dass Leute in aller Welt meine Ideen nachgearbeitet haben.

Eine Schwäche für Möbel habe ich schon lange. Zuerst habe ich ramponierte Stücke gekauft und aufgearbeitet. Damals habe ich mich nicht getraut, etwas von Grund auf neu zu bauen.

Als ich feststellte, dass ich schwanger war, wohnten mein Mann und ich in unserer Garage. Wir sparten, weil wir ein Haus bauen wollten. Da nun unsere Tochter unterwegs war, zeichnete ich Pläne auf Karopapier, und wir fingen an zu bauen.

Eine Baufirma konnten wir uns nicht leisten, also nahmen wir den Bau selbst in die Hand. Mein Mann sagte: „Ich halte das Brett, und du nagelst." Ich kniff die Augen zu, hielt die Luft an und drückte den Auslöser des Nagelgeräts.

Und wissen Sie was? Ich stellte fest, dass der Umgang mit Elektrowerkzeugen weder Kraft noch Mut erfordert, sondern nur etwas Know-how und Erfahrung. Es dauerte nicht lange, bis ich mit Säge, Bohrmaschine und Fräse hantierte. Dann bekam ich von meinem Mann mein allerschönstes Geschenk: ein Bandmaß ganz für mich allein.

Leider lernte unsere Tochter auf dem Garagenboden krabbeln, denn wenn sich eine junge Familie von Monatsgehalt zu Monatsgehalt hangelt, ist der Sommer in Alaska zu kurz, um ein Haus fertig zu bauen. Letztlich haben wir es aber geschafft und dabei unglaublich viel Geld gespart.

Und ganz nebenbei habe ich enorm viel über das Bauen mit Holz gelernt.

Als wir in das neue Haus eingezogen waren, hatten wir kein Geld für Möbel. Ein Jahr lang schliefen wir auf Matratzen auf dem Fußboden und bewahrten unsere Kleidung in großen Körben auf. Minderwertige

Spanplattenmöbel wollte ich nicht kaufen, und die hochwertigen, modernen Stücke, die mir gut gefielen, waren zu teuer.

Dann beschloss ich, mich am Möbelbau zu versuchen. Immerhin war uns ja auch der Hausbau gelungen.

Ich zeichnete eine Skizze für ein Bett. Es sollte aus Standardmaterialien mit einfachsten Werkzeugen gebaut werden – Bohrer und Säge. Und es sollte so simpel sein, dass ich es in den kostbaren Stunden schaffen konnte, in denen meine kleine Tochter schlief. Ich verarbeitete Holzreste vom Hausbau, gab 80 Dollar für neue Materialien wie Farben und Beschläge aus und baute unser Bett (siehe Seite 136). Wir schlafen seit vielen Jahren darin, und es ist noch so schön und stabil wie am Anfang.

In den nächsten Jahren habe ich jede Menge Möbel gebaut: Bücherregale, Schränke, sogar Sofas. Aber immer bin ich den Prinzipien meines ersten Betts treu geblieben: einfache Konstruktion, leicht beschaffbare Materialien und gängige Werkzeuge – dafür ein durchdachtes Design. Heute, viele Projekte später, baue ich noch immer mit diesen Allerweltsmaterialien.

Der Möbelbau bereitet mir viel Freude, er gibt mir Selbstbewusstsein und macht mich stolz. Unsere ganze Familie hat viele Stunden in der Garage zugebracht und ein Modell nach dem anderen fertiggestellt. Trotzdem werde ich nicht müde, aus einfachen Materialien schöne und zweckmäßige Möbel zu gestalten. Wenn ich mitten in einem Projekt stecke, kann ich vor Aufregung manchmal nicht schlafen, und ich staune immer wieder darüber, was ich mit ein paar Stücken Holz zuwege bringe.

Das Schönste ist aber, andere mit meiner Begeisterung anzustecken. Die Freude, die ich in der ersten Lernphase hatte, erlebe ich jedes Mal wieder, wenn ich jemandem helfe, einen Picknicktisch oder eine Bank zu bauen.

Dieses Buch ist für Ahnungslose – wie ich es auch vor einigen Jahren war. Für alle, die gern schöne, moderne Möbel bauen würden, es sich aber nicht so recht zutrauen. Sie brauchen nicht viel Kraft, um mit einem Elektrowerkzeug umzugehen. Und Sie müssen nicht wissen, dass ein Holz mit der Bezeichnung „5x10" nicht unbedingt exakt die Abmessungen 5 x 10 cm hat. Sie brauchen nur etwas Entschlusskraft. Ich habe selbst erlebt, dass es nicht so einfach ist, ein Bit richtig einzuspannen oder den Auslöser eines Naglers zu drücken. Aber wenn ich es lernen konnte, dann können Sie es auch. Darum habe ich dieses Buch geschrieben.

Auf den folgenden Seiten erkläre ich alles, was Sie wissen müssen, um mit dem Möbelbau zu beginnen – von den wichtigsten Werkzeugen und ihrer Verwendung über den Materialkauf bis zum eigentlichen Bau und zur Endbearbeitung. Jeder Anfänger kann mit der Zeit zum Könner werden, darum zeige ich eine Reihe von Projekten, die sich für Ungeübte bestens eignen.

Für Möbelbauer mit mehr Erfahrung präsentiere ich 34 meiner besten Modelle. Einige wurden schon auf meiner Website veröffentlicht, andere sind brandneu. Manche Projekte sind etwas anspruchsvoller, aber selbst Könner greifen gern auf Einsteigermodelle zurück, wenn es einmal schnell gehen soll oder sie ein Geschenk brauchen.

Ganz gleich, wie versiert Sie sind, wie Ihr Budget aussieht, wie viel Zeit Sie haben oder welche Werkzeuge Sie besitzen: Sie können tolle Möbel bauen und dabei eine Menge Geld sparen.

Legen Sie los, nach dem Motto „Das kann ich auch."

· DIE SYMBOLE ·

Zu Beginn jeder Anleitung finden Sie Symbole, die Auskunft über Schwierigkeitsgrad, Kosten und Zeitaufwand geben.

Ganz einfach | Einfach | Mittel | Schwierig

Unter 50 € | unter 100 € | über 100 €

1 Nachmittag | 1 Tag | 1 Wochenende

10 GUTE GRÜNDE FÜR DIY

Immer mehr Menschen - darunter viele Frauen - bauen ihre Möbel selbst. Das ist kein Zufall.

1 DIY IST PREISGÜNSTIG

Wer Möbel baut, kann viel Geld sparen. Wenn Sie Weihnachtskarten basteln, sparen Sie ein paar Euro. Wenn Sie Ihre Vorhänge selbst nähen, sparen Sie vielleicht hundert Euro. Aber wenn Sie Ihre Wohnung mit selbstgebauten Möbeln ausstatten, können Sie leicht mehrere tausend Euro sparen.

2 ES IST MASSGESCHNEIDERT

Fehlt an Ihrem Bett ein bonbonrosa Nachttisch? Oder ist Ihre Waschküche so seltsam geschnitten, dass sich einfach kein passender Schrank finden lässt? Mit solchen Problemen brauchen Sie sich nicht herumzuschlagen, wenn Sie Ihre Möbel selbst bauen.

3 GESUNDES RAUMKLIMA

Heutzutage betrachten wir die Luftqualität in Wohnräumen kritisch. Wir stellen Luftreiniger auf und streichen die Wände mit emissionsarmen Farben. Aber wussten Sie, dass auch Möbel die Luftqualität beeinflussen können?
Viele Möbel aus Spanplatten enthalten Formaldehyd, das als potenziell krebserregend gilt. Wer Möbel kauft, bekommt gewiss keine Liste der enthaltenen Chemikalien mitgeliefert. Wenn Sie Möbel selbst bauen, entscheiden nur Sie allein, welche Materialien Sie sich ins Haus holen, und indem Sie ungiftige Lacke und Polituren verwenden, tun Sie viel für gesunde Raumluft und das Wohlergehen Ihrer Familie.

4 DIY HÄLT FIT

Beim Bauen von Möbeln verbrennen Sie pro Stunde 300 Kilokalorien oder mehr. Sie können das Fitnessstudio sausen lassen und die Zeit und Energie viel produktiver nutzen. Tischlerei und Möbelbau sind ein Ganzkörpertraining. Sie beanspruchen Muskeln, von deren Existenz Sie früher gar nichts wussten. Ein Hobby, das den Köper fordert, macht Spaß und hält Sie beinahe mühelos in Form.

5 ES WERTET IHRE MÖBEL AUF

Nichts ist frustrierender, als nach langer Suche den idealen Tisch zu finden und dann zu entdecken, dass die Beine leicht verschrammen. Oder ein Designer-Regal einzuräumen und bald darauf ein durchhängendes Bord zu entdecken. Oder sich zu ärgern, dass der teure Kleiderschrank eine Rückwand aus Pappe hat. Verstärken Sie Regale oder setzen Sie eine neue Rückwand aus Sperrholz ein. Bestimmen Sie Ihre Qualitätsmaßstäbe einfach selbst.

6 DIY IST UMWELTFREUNDLICH

Möbel aus dem Abholmarkt haben meistens schon lange Reisen hinter sich. Bäume werden gefällt, vielleicht noch zersägt und dann tausende Seemeilen weit zu Möbelfabriken auf der anderen Seite des Globus verschifft. Dort werden die Möbel in Berge von Verpackungsmaterial gehüllt und treten den weiten Rückweg an: zuerst zu Distributionszentren, von dort zu den Großhändlern, weiter zum Einzelhandel und schließlich zu den Endverbrauchern. Verpackungsmüll, Treibstoffverbrauch und Abgase fordern ihren Tribut von der Umwelt. Wenn Sie Möbel selbst bauen, können Sie einheimisches Holz von schnell nachwachsenden Baumarten verwenden, vielleicht sogar gebrauchtes Holz. Verpackungs- und Transportkosten fallen nicht an. Bauen ist also viel umweltfreundlicher als kaufen.

7 SELBST GEMACHTE GESCHENKE SIND WERTVOLL

Sie sind sogar unbezahlbar. Ist es nicht eine Ehre, wenn man jemandem so viel bedeutet, dass er sich die Zeit nimmt, etwas von Hand zu machen? Es ist ein wunderbares Gefühl, ein unverwechselbares Unikat zu besitzen oder ein maßgeschneidertes Geschenk zu bekommen, das es nirgends zu kaufen gibt. Ich baue gern Dinge zum Verschenken, weil ich glaube, dass „das Ding an sich" durch meine Zeit und Kreativität an Wert gewinnt.

8 DIY MACHT STARK

Es verändert das Lebensgefühl, wenn man weiß, wie man aus Kanthölzern Möbel macht. Ob Waschmaschine anschließen oder Vorhänge anbringen: Ich habe selbst erlebt, wie mein Selbstbewusstsein durchs Anpacken gewachsen ist. Das Gefühl „Das kann ich!" hat mich in allen Lebensbereichen mutiger und abenteuerlustiger gemacht.

9 ES MACHT STOLZ

Vieles in unserem Leben ist Routine. Wir putzen und waschen, wir gehen zur Arbeit, bezahlen Rechnungen, kochen Essen. Dieses tägliche Einerlei trägt nicht sonderlich zur Lebensqualität bei, und Fortschritte sieht man selten. Wir verbringen viel Zeit mit einem langen Pflichtenkatalog und nur wenig mit Aktivitäten, die den Geist anregen. Das Bauen ist ein positives Erlebnis, das Herz, Seele, Geist und Geldbeutel gut tut. Es fordert Geist und Kreativität, neue Fähigkeiten zu lernen und aus Rohmaterialien etwas Zweckmäßiges zu machen. Die Ergebnisse machen stolz und zufrieden, und man entwickelt eine persönliche Beziehung zu Alltagsgegenständen.

10 ES MACHT SPASS

Wenn ich an einem Projekt arbeite, stehe ich früher auf. Ich stehle mich davon, um zu schleifen, wenn unsere Tochter schläft, oder ich zweige fünf Minuten ab, um den Anstrich zu beenden. Wie oft können wir im Erwachsenenleben etwas tun, das wirklich Spaß macht? Versuchen Sie es mit dem Möbelbau. Ich bin sicher, Sie haben daran so viel Freude wie ich.

·1·

WISSENSWERTES

Sie werden schöne Möbel bauen.
Großartige, stabile,
einzigartige, handgemachte Möbel.

Die Leute werden sagen „Wie, du hast deine Möbel selbst gebaut?“

Und Sie werden stolz antworten: „Ja, das habe ich ganz allein gemacht.“

Aber bevor es so weit ist, stehen einige Grundlagen auf dem Stundenplan. Es geht nämlich nicht um irgendwelche Möbel, sondern um das sichere Bauen schöner Möbel.

Werkzeug

Zum Schneidern braucht man eine Nähmaschine, zum Backen einen Mixer. Natürlich braucht man auch für den Möbelbau einige Werkzeuge. Dieses Buch unterscheidet sich aber von typischen Büchern über Möbeltischlerei, denn für unsere Projekte brauchen Sie nur wenige gängige Werkzeuge. Einige besitzen Sie vielleicht schon.

WERKZEUG KAUFEN

Sie beginnen ganz neu und haben nicht alle vorgeschlagenen Werkzeuge? Kein Problem! Eine der motivierendsten E-Mails, die ich je bekam, stammte von einer Leserin, die sich alle Teile im Baumarkt zuschneiden lässt und sie dann einfach mit Hammer und Nägeln zusammenbaut. Ihre Möbel waren großartig. Das wertvollste Werkzeug ist oft Entschlossenheit.

Sie finden in diesem Buch eine Reihe von Projekten, für die Sie nur Bohrmaschine, Hammer und Nägel brauchen. Verwenden Sie für Ihre ersten Möbel nur Werkzeug, das Sie schon besitzen, oder leihen Sie es sich. Verschaffen Sie sich erst Klarheit darüber, ob Sie wirklich Spaß am Möbelbau finden (wovon ich überzeugt bin).

Wenn Sie dann Werkzeug kaufen, achten Sie auf wirklich gute Qualität. Solche Werkzeuge haben ihren Preis, aber indem Sie Möbel oder Geschenke herstellen und Reparaturen selbst erledigen, sparen Sie letztlich eine Menge Geld. Gutes Werkzeug macht sich bezahlt, manchmal schon mit einem einzigen Projekt.

WERKZEUG-KATEGORIEN

In diesem Buch habe ich die Werkzeuge in vier Kategorien eingeteilt: Grundausstattung, Werkzeuge zum Zuschneiden, zum Montieren und zur Fertigstellung oder Endbehandlung. Zur Grundausstattung gehören Dinge wie Bandmaß und Wasserwaage, die griffbereit liegen müssen, weil sie immer wieder gebraucht werden. Werkzeuge zum Zuschneiden benötigen Sie für Holz und andere Materialien. Mit Werkzeugen zur Montage werden aus Holzteilen fertige Möbel. Werkzeuge zur Endbehandlung benutzen Sie zum Schleifen oder Streichen – also für die letzten Verschönerungen.

SCHLÜSSEL
HAMMER
ZIMMERMANNSBLEISTIFT
SCHRAUBENDREHER
WASSERPUMPENZANGE
BANDMASS
RECHTER WINKEL
FLACHZANGE
ANSCHLAGWINKEL
HANDSÄGE
ZWINGE

BANDMASS

ANSCHLAGWINKEL

Grundausstattung

Viele Werkzeuge, die in diese Gruppe fallen, besitzen Sie wahrscheinlich schon. Sie werden beim Möbelbau ständig benötigt, ebenso wie bei vielen anderen Arbeiten im Haus. Bewahren Sie diese Utensilien griffbereit auf, denn Sie werden sie für die meisten Projekte brauchen. Neben meiner Arbeitsfläche steht ein Holzkasten, in dem diese Werkzeuge verstaut sind.

BANDMASS Kaum ein Werkzeug werden Sie so oft brauchen wie das Bandmaß. Umso wichtiger ist es, dass Sie sich ein Modell aussuchen, das sich gut handhaben lässt, das angenehm in der Hand liegt und leicht abzulesen ist. Es gibt Bandmaße in verschiedenen Längen. Für die Projekte in diesem Buch sind Sie mit einer Länge von 5 m gut beraten.

Die meisten Bandmaße haben am beweglichen Ende einen Haken, mit dem man das Band beim Herausziehen fixieren kann. Manche sind auf beiden Seiten mit einer Skala bedruckt. Einige haben ein Fenster mit einem Markierungsstrich, an dem Innenmaße abgelesen werden.

Lesen Sie sich die Gebrauchsanweisung Ihres Bandmaßes durch und probieren Sie es aus. Nehmen Sie ein Außenmaß, indem Sie den Haken über eine Holzkante hängen und das Band herausziehen. Für ein Innenmaß legen Sie das Gehäuse an der Holzkante an und lesen entweder im Fenster ab oder addieren die Länge des Gehäuses zum abgelesenen Maß auf der Skala. Wenn Sie beide Methoden an derselben Platte probieren, müssen die Ergebnisse gleich sein.

ANSCHLAGWINKEL Ein Anschlagwinkel ist ein L-förmiges Werkzeug, dessen Schenkel einen exakten Winkel von 90° bilden. Sie brauchen es zum zügigen Anzeichnen von Sägeschnitten und Markierungen für Verbindungen, aber auch, um rechtwinklige Verbindungen und Ecken zu kontrollieren. Sie können damit außerdem Winkel anzeichnen und kürzere Maße nehmen. Das preiswerte Werkzeug wird für alle eckigen Werkstücke benötigt. Für den Anfang genügt ein Winkel mit 30 cm Schenkellänge, später könnten Sie sich einen zweiten mit 15 cm Schenkellänge zulegen.

ZWINGEN Zwingen ersetzen eine dritte Hand und nehmen Ihnen viel Arbeit ab. Sie können Holzteile während der Arbeit festhalten, damit sie nicht verrutschen, beispielsweise beim Sägen. Auch wenn Sie an schwer zugänglichen Stellen nageln müssen, sollten Sie die Teile mit Zwingen fixieren. Teile, die verleimt werden, halten Sie über Nacht mit Zwingen zusammen, damit der Leim in Ruhe trocknen kann. Schaffen Sie sich mindestens zwei Zwingen an und bewahren Sie sie in der Nähe des Arbeitsplatzes auf. Ich habe festgestellt, dass ich Dinge, die griffbereit liegen, viel öfter benutze.

HAMMER Ein Hammer wird für die Projekte in diesem Buch selten ausdrücklich verlangt. Trotzdem braucht man ihn ständig, etwa zum Festklopfen von Teilen, die auf Spannung sitzen müssen, zum Entfernen verunglückter Nägel oder zum Befestigen von Zierleisten.

Verwenden Sie einen kleinen Hammer mit einem glatten Kopf. Schlagen Sie nie direkt auf Ihr Werkstück, sondern legen Sie immer einen Holzrest unter. So vermeiden Sie, dass der Hammer Dellen in der Möbeloberfläche hinterlässt.

BLEISTIFT Unerlässlich zum Anzeichnen von Sägeschnitten und Verbindungen. Ich bevorzuge Druckbleistifte, aber viele Handwerker lieben abgeflachte Zimmermannsbleistifte, die nicht wegrollen können.

ZWINGEN

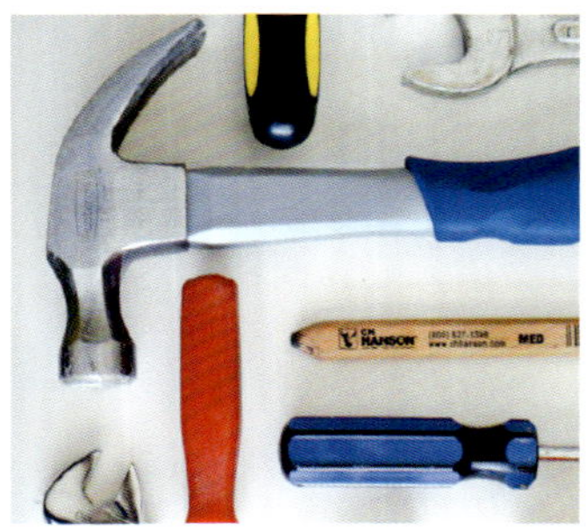

HAMMER

Ein Bleistift liegt auf meiner Arbeitsfläche, einer bei der Säge, und ein dritter klemmt hinter meinem Ohr. Es spart viel Zeit und Energie, wenn man nicht ständig Werkzeug suchen oder unnötige Wege zurücklegen muss.

SCHLAGSCHNUR Dies ist eine mit Kreide beschichtete Schnur in einem Behälter. Ein Ende der Schnur kann herausgezogen und wieder aufgerollt werden. Die Schnur wird zwischen zwei Punkten straff gespannt. Dann hebt man sie in der Mitte an und lässt sie zurückschnellen, um eine gerade Linie zwischen den beiden Punkten anzuzeichnen. Schlagschnüre sind besonders hilfreich, um Striche für lange, gerade Sägeschnitte anzuzeichnen.

ZANGE Wie Schraubendreher und Hammer wird auch die Zange in diesem Buch selten ausdrücklich gefordert. Wenn alles gut läuft, braucht man sie nicht. Hin und wieder sollte aber eine Zange zur Hand sein, um „verunglückte" Nägel zu entfernen. Dann den Nagel am vorstehenden Ende mit der Zange fassen und hin und her biegen, bis er abbricht. Oder besser: Den Nagel dicht am Holz mit einer Kneifzange fassen und sie seitlich abrollen – dabei zieht sie den Nagel heraus.

Werkzeuge für den Holzzuschnitt

Wenn Sie mit den richtigen Werkzeugen arbeiten, geht die Arbeit einfacher und die Ergebnisse fallen besser aus. Saubere Schnitte sind wichtig für saubere Verbindungen.

Beim Zuschnitt muss immer die Stärke des Sägeblatts einkalkuliert werden. Anders als beim Schneiden mit einer Schere entstehen beim Sägen von Holz Sägespäne, es geht also am Sägeschnitt Material verloren. Je nach Sägeblatt können das mehrere Millimeter sein. Darum sollten Sie nicht alle Schnittlinien zu Beginn anzeichnen, sondern messen, sägen und danach das Maß für den nächsten Schnitt anzeichnen.

STICHSÄGE Eine Stichsäge wird hauptsächlich für Kurvenschnitte und zur Nachbearbeitung von Schnitten mit der Kreissäge benutzt. Man kann sie auch für gerade Schnitte verwenden (viele Leute tun das), aber mit einer Kreissäge fallen diese exakter aus.

Stichsägen sind relativ preiswert, sehen nicht sonderlich furchterregend aus und sind einfach zu handhaben. Sie eignen sich gut für Einsteiger.

STICHSÄGE

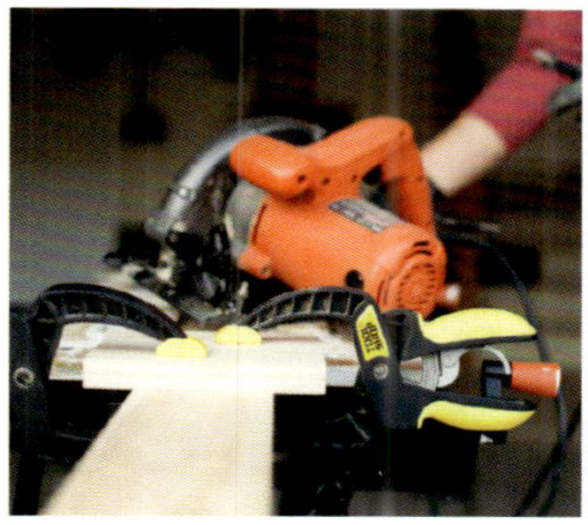

KREISSÄGE

Beim Arbeiten mit der Stichsäge muss das Holz sicher aufliegen, aber unter der Schnittlinie muss genug Platz für das Sägeblatt bleiben. Stichsägeblätter sind sehr dünn und können sich beim Schneiden von Bögen in dickerem Holz biegen, selbst wenn der Schnitt auf der Oberseite sauber aussieht.

Bei den meisten Stichsägen lässt sich der Schnittwinkel verstellen, die maximale Schnitttiefe hängt von der Länge des Sägeblatts ab. Machen Sie sich gründlich mit der Säge vertraut und üben Sie die Handhabung.

HANDKREISSÄGE Mit einer Handkreissäge können Sie die meisten Projekte in diesem Buch bauen. Solche Sägen sind relativ preiswert zu haben. Bei den meisten können Schnitttiefe und -winkel verstellt werden.

Die Handhabung ist etwas schwieriger und erfordert genaues Anzeichnen. Das Holz muss sicher aufliegen und zusätzlich mit Zwingen fixiert werden. Es kostet etwas Übung und Erfahrung, bis mit einer Handkreissäge gleichmäßige, gerade Schnitte gelingen.

KAPPSÄGE Bei diesem Sägentyp ist das kreisförmige Sägeblatt an einem beweglichen Arm oberhalb eines Sägetischs befestigt. Das Holz wird auf diesem Sägetisch an einen Anschlag gelegt, ehe das Sägeblatt abgesenkt wird. Der Schnitt fällt winklig aus, wenn das Holz korrekt am Anschlag geführt wird. Für Schräg- und Gehrungsschnitte lassen sich Anschlag und Sägeblatt verstellen.

Für mich ist die Kappsäge so wertvoll wie eine Overlockmaschine für jemanden, der schneidert. Mit ihr gelingen mir gerade, saubere und winkeltreue Sägeschnitte auf Anhieb. Allerdings sind diese Sägen teurer als andere Modelle, und auch der Umgang mit ihnen will geübt sein. Trotzdem empfehle ich, das teuerste Modell anzuschaffen, das Sie sich leisten können.

SCHRAUBENDREHER

BOHRSCHRAUBER

Es lohnt sich, für eine Zug-Kappsäge zu sparen, mit der sich breitere Platten leicht und angenehm sägen lassen. Sie werden die Möglichkeiten dieses Werkzeugs bald schätzen lernen.

TISCHKREISSÄGE Eine Tischkreissäge brauchen Sie nur für wenige der Projekte in diesem Buch. Wenn Sie aber mehr Erfahrung im Möbelbau haben, möchten Sie sich vielleicht eine anschaffen. Sie wird hauptsächlich benutzt, um Bretter und Platten in Längsrichtung aufzutrennen, beispielsweise eine Sperrholzplatte in 40 cm breite Streifen zu schneiden. Sie stellen einfach den Parallelanschlag auf die gewünschte Breite (in diesem Beispiel 40 cm) ein und können dann zügig mehrere Streifen exakt gleicher Breite sägen.

Wenn die Maße gekaufter Bretter und Kanthölzer nicht genau den benötigten Abmessungen entsprechen, können sie mit der Tischkreissäge auf die exakte Breite geschnitten werden. Für die meisten Zwecke können Sie ebenso gut eine Handkreissäge verwenden. Plattenware schneiden viele Baumärkte nach Kundenwunsch millimetergenau zu. Eine Tischkreissäge zu besitzen, ist schön, aber für Anfänger nicht erforderlich.

Werkzeuge zur Montage

Wenn alle Teile zugeschnitten sind, müssen sie miteinander verbunden werden. Ich empfehle Verbindungen mit Taschenbohrungen, die auch im gewerblichen Möbelbau häufig verwendet werden. Mit einer Hilfsvorrichtung, die man fertig kaufen kann, gelingen diese Verbindungen leicht.

Verbindungen mit Taschenbohrungen sind außerordentlich stabil. Einfache geschraubte Verbindungen sind weniger stabil, und das Spachteln der versenkten Schraubenköpfe ist ein zusätzlicher Arbeitsschritt. Nägel sind schnell und einfach einzuschlagen, die Verbindung ist aber von allen die schwächste.

SCHRAUBENDREHER Wahrscheinlich besitzen Sie bereits einige Schraubendreher. Sie sollten beim Möbelbau immer griffbereit sein, denn sie werden ständig gebraucht – nicht nur zum Festdrehen von Schrauben, sondern auch zu Wechseln von Sägeblättern, zum Montieren von Beschlägen und sogar zum Abkratzen von Farbe. Je einen Schlitz- und Kreuzschlitz-Schraubendreher sollten Sie mindestens im Werkzeugkasten oder in der Schürzentasche haben.

BOHRSCHRAUBER Der Bohrschrauber ist eins der wichtigsten Werkzeuge. Sie brauchen ihn für Taschenbohrungen, zum Bohren von Führungslöchern (um das Platzen des Holzes zu verhindern), und zum Eindrehen von Schrauben. Wählen Sie ein Modell, das gut in Ihrer Hand liegt. Ein kabelloser Akku-Bohrschrauber ist sehr praktisch. Er sollte aber kräftig genug sein, um auch Taschenlöcher zu bohren und lange Schrauben festzuziehen.

BITS UND BOHRER Ein kleines Standardsortiment Schrauber-Bits genügt für die meisten Zwecke. Sie können einzelne Bits kaufen, die zu Ihren Schrauben passen. Für Taschen- und Führungsbohrungen benötigen Sie Holzbohrer in verschiedenen Stärken.

SÄGEN UND SICHERHEIT

- Verwenden Sie für jeden Zweck die richtige Säge. Bei falscher Handhabung von Sägen besteht Unfallgefahr.
- Stehen Sie beim Sägen nie direkt vor oder hinter dem Werkstück. Durch die Kraft der Säge kann das Holz ruckartig nach vorn oder hinten geschoben werden und Sie verletzen.
- Lesen Sie die Bedienungsanleitung aufmerksam durch und machen Sie sich gründlich mit der Handhabung und den Sicherheitsvorkehrungen vertraut.
- Sägen Sie nicht, wenn Sie sich nicht sicher fühlen. Es ist in jedem Fall ratsam, das Holz mit Zwingen zu fixieren.
- Das Holz muss auf beiden Seiten des Sägeblatts aufliegen, damit es sich beim Sägen nicht verschieben oder verkanten kann.

HILFSVORRICHTUNG FÜR TASCHENBOHRUNGEN

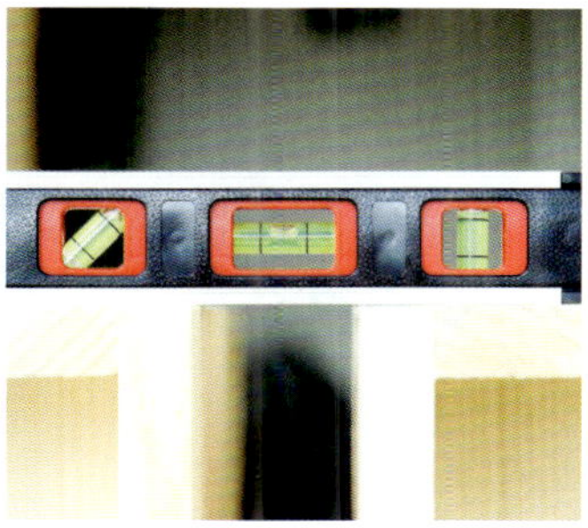

WASSERWAAGE

NAGLER Natürlich kann man Nägel mit einem Hammer einschlagen, aber mit einem Nagelgerät geht es schneller und einfacher. Hinzu kommt, dass diese Geräte die Nagelköpfe bis knapp unter die Holzoberfläche treiben, sodass sich die Löcher leichter verbergen lassen.

Ich finde die Modelle am vielseitigsten die sich für Nagellängen zwischen 16 und 50 mm eignen. Damit sind alle Nagelgrößen abgedeckt, die für die Projekte in diesem Buch benötigt werden.

Hauptsächlich werden Nagler benutzt, um Leisten anzubringen. Ich kenne aber auch Tischler, die im Innenausbau und für Einbauten hauptsächlich Nägel verwenden. Wichtig ist allerdings, solche Verbindungen zusätzlich zu verleimen. Dadurch werden sie haltbarer.

HILFSVORRICHTUNG FÜR TASCHENBOHRUNGEN
Dies ist ein praktisches Hilfsmittel, um schräge Löcher zu bohren, Schrauben in diese Bohrungen einzudrehen und so schnell und einfach stabile und präzise Verbindungen zu schaffen. Diese Art der Verbindung hat sich bewährt und kommt heute in der Möbeltischlerei häufig zum Einsatz.

Natürlich kann man Möbel auch ohne diese Hilfsvorrichtung bauen. Dennoch empfehle ich sie, weil damit stabile, präzise Verbindungen leicht und sicher gelingen. Hinzu kommt, dass Schrauben in schrägen Bohrungen viel besser halten als im Hirnholz.

Diese Technik löst noch ein weiteres Problem, denn sie ermöglicht es, Bretter Kante an Kante miteinander zu verbinden. Sie können beispielsweise Türen oder Tischplatten ohne zusätzliche Querhölzer bauen, sparen also Zeit und Material. Allein dadurch, dass Möbel mit dieser Verbindungstechnik länger halten, zahlt sich die Anschaffung einer Hilfsvorrichtung aus.

BOHRSENKER Dies ist ein Kombiwerkzeug, mit dem Sie in einem Arbeitsgang ein Führungsloch für eine Schraube vorbohren und eine Vertiefung zum Versenken des Schraubenkopfes herstellen können. Das Vorbohren eines Führungslochs mit dem Durchmesser des Schraubenschafts ist wichtig, damit das Holz beim Hineindrehen der Schraube nicht reißt. Die Vertiefung, in der der Schraubenkopf liegt, wird später mit Holzkitt zugespachtelt. Manche Bohrsenker sind zusätzlich mit einem Tiefenanschlag ausgestattet. Eine Alternative zum Bohrsenker ist ein Aufstecksenker, der auf einen Bohrer geschoben und mit einer Inbusschraube befestigt wird.

Ich arbeite gern mit einem Bit, das am einen Ende ein Bohrsenker ist und am anderen Ende einen Schraubenantrieb besitzt. So kann man schnell und einfach Führungsloch und Versenkung vorbohren, dann das Bit umdrehen und die Schraube hineindrehen.

TIPP Achten Sie darauf, einen Bohrsenker immer gerade und rechtwinklig zur Holzoberfläche zu halten. Sonst kann es leicht passieren, dass er abbricht, und das kann auf die Dauer teuer werden. Allerdings können manche Bohrsenker repariert werden, und einfache Holzbohrer kosten nicht viel.

WASSERWAAGE Mit einer Wasserwaage können Sie kontrollieren, ob Ihre Bauteile exakt gerade sind. Oft kann man sich beim Zusammenbauen an den Maßen orientieren, aber in manchen Fällen genügt das nicht. Wenn Sie beispielsweise ein Regalbrett in ein Möbelstück einbauen, messen Sie die Positionen der Holzverbindungen genau aus und prüfen Sie zusätzlich, ob das Regalbrett genau waagerecht sitzt. Auch zum Anbringen eines Regals an der Wand wird die Wasserwaage benötigt. Für den Möbelbau benutze ich eine 30 cm lange Wasserwaage.

NAGELVERSENKER Wenn Sie Nägel mit dem Hammer einschlagen, versenken Sie die Köpfe mit diesem Werkzeug unter die Holzoberfläche. Nagelversenker sind preiswert. Sie sollten auf die Größe der Nagelköpfe abgestimmt sein.

Werkzeuge zur Endbehandlung

Natürlich hat jeder Arbeitsschritt seine Bedeutung, aber auf das Aussehen des fertigen Möbelstücks hat die Endbehandlung besonderen Einfluss. Auch dafür muss das richtige Werkzeug verwendet werden.

SPACHTEL Mit einem einfachen Spachtel wird Holzkitt in Unebenheiten und Löcher von Schrauben oder Nägeln gedrückt und glatt abgezogen. Spachtel sind preiswert, erleichtern aber das Füllen und das anschließende Schleifen erheblich.

SCHLEIFPAPIER UND SCHLEIFKLOTZ Vor dem Auftragen von Lack oder Farbe muss sauber geschliffen werden, um Unebenheiten zu beseitigen und schöne Übergänge zu schaffen. Auch gespachtelte Stellen werden dabei geglättet. Außerdem ist der Schliff wichtig, damit das Holz Farbe, Lack oder Primer gut annimmt.

Ich habe immer Schleifpapier mit drei verschiedenen Körnungen griffbereit: grob, mittel und fein. Generell beginnt man mit der gröbsten Körnung und arbeitet sich langsam zur feinsten vor. Ein Schleifklotz ist ein preiswertes Handwerkzeug, um den das Schleifpapier gelegt wird. Er lässt sich gut festhalten und ermöglicht es, mit gleichmäßigem Druck zu schleifen.

SCHLEIFMASCHINE Mit einer Maschine geht die notwendige Schleifarbeit schneller und einfacher von der Hand. Es gibt Modelle mit Kabel und mit Akkubetrieb. Ich verwende meist einen Exzenterschleifer, dessen Schleiffuß kreisende Bewegungen beschreibt.

PINSEL Achten Sie beim Pinselkauf unbedingt auf gute Qualität. Preiswerte Pinsel können Borsten verlieren, die in Lack oder Farbe kleben bleiben, und sie halten meist nicht sehr lange. Je feiner die Borsten, desto gleichmäßiger fällt der Farbauftrag aus und desto weniger Pinselstriche bleiben sichtbar. Pinsel werden hauptsächlich zum Streichen von Leisten und kleinen Flächen benutzt. ich bevorzuge die Breiten 25 und 40 mm.

LACKIERROLLEN Für größere Flächen verwenden Sie anstelle eines breiteren Pinsels lieber eine kleine Rolle. Sets mit Farbwanne, Rollenhalter und Rolle sind preiswert, und für die meisten kann man Ersatzrollen nachkaufen. Mit einer Rolle lässt sich auch auf großen Flächen die Farbe schön gleichmäßig auftragen, es wird keine Farbe verschwendet, und das Reinigen des Werkzeugs ist unkompliziert.

SCHLEIFPAPIER

SCHLEIFMASCHINE

SPRITZPISTOLE Spritzpistolen sind teuer, verbrauchen mehr Farbe, und die Reinigung kostet viel Zeit. Spritzen sollte man nur in einem sehr gut belüfteten Raum oder in einer Lackierkammer. Wenn Sie aber ein sehr großes Möbelstück – oder mehrere gleichzeitig in derselben Farbe – lackieren wollen, kann eine Spritzpistole nützlich sein.

Einsteiger benötigen keine Spritzpistole. Wenn Sie aber häufiger große Möbelstücke bauen, kann sich die Anschaffung lohnen.

LAPPEN Einen guten Vorrat Lappen sollten Sie immer zur Hand haben: nicht nur zum Saubermachen, sondern auch zum Auftragen und Abwischen von Beize. Alte T-Shirts, in handliche Stücke geschnitten, eignen sich gut.

WOHLFÜHLEN

Meine allererste Sicherheitsregel besteht darin, dass ich mich frage: „Fühle ich mich wohl?" Gehen Sie ruhig und gelassen mit einer Säge um, oder sind Sie angespannt? Können Sie mit dem Nagler hantieren, ohne die Luft anzuhalten und die Augen zu schließen? Ist die Arbeitshöhe angenehm, oder riskieren Sie Rückenschmerzen? Tragen Sie bei der Arbeit mit der Säge einen angemessenen Gehörschutz? Ich weiß aus Erfahrung, dass ich mich leichter verletze, wenn ich mich nicht wohlfühle.

Denken Sie bei der Projektplanung über diesen Aspekt nach. Ergreifen Sie Maßnahmen, um sich die Arbeit angenehm zu machen. Überlegen Sie, ob Sie zusätzliche Utensilien brauchen oder vielleicht den Umgang mit einem Werkzeug noch etwas üben möchten.

Sicherer Umgang mit Werkzeugen

Machen Sie sich mit Ihren Werkzeugen gut vertraut, bevor Sie etwas bauen. Lesen Sie die Bedienungsanleitungen, und lassen Sie sich Maschinen von einem Fachmann ausgiebig vorführen. Fixieren Sie Ihr Werkstück mit Zwingen. So haben Sie die Hände frei und können sich ganz auf die Arbeit konzentrieren.

Tun Sie niemals etwas, bei dem Sie sich nicht sicher fühlen. Nehmen Sie sich im Zweifelsfall mehr Zeit, die Handhabung Ihrer Werkzeuge eingehend zu üben.

Sicherheitsausrüstung

Tragen Sie beim Sägen und Bohren eine Schutzbrille und einen Gehörschutz. Sie schützen dadurch Ihre Sinnesorgane und können sich besser auf Ihre Arbeit konzentrieren, wenn Sie nicht durch Lärm und fliegende Sägespäne abgelenkt sind.

Beim Sägen und Schleifen ist außerdem ein Atemschutz empfehlenswert. Manche Holzwerkstoffe enthalten gesundheitsschädliche Chemikalien, und außerdem macht das Bauen keinen Spaß, wenn man dabei husten muss oder die Luft anhält.

Arbeitsplatz

Ohne einen übersichtlichen, leicht zu reinigenden Arbeitsplatz mit genug Stauraum für Material und Werkzeug geht es nicht. Sie ersparen sich viel Zeit und Mühe, wenn Sie für jeden Arbeitsschritt eine Station einrichten.

Nicht jeder hat genug Platz, um mehrere ständige Arbeitsbereiche einzurichten. Ich empfehle aber, vor Beginn eines Projekts für die verschiedenen Arbeitsschritte separate Zonen einzuplanen, und sei es nur vorübergehend. Dadurch geht der gesamte Arbeitsablauf leichter von der Hand.

WERKBANK

Ob Sie zwei Böcke und eine Sperrholzplatte verwenden oder eine Profi-Werkbank, spielt für den Anfang keine Rolle. Sie brauchen eine stabile, ebene Arbeitsfläche in komfortabler Höhe. Ich benutze einen alten, robusten Küchentisch (siehe Seite 72), den ich vor Jahren gebaut habe. Es ist kein Drama, wenn er beim Sägen oder Bohren etwas abbekommt. Es geht weniger darum, was Sie benutzen, sondern wie Sie es benutzen.

Die Arbeitsfläche sollte größer als Ihr Werkstück sein und eine bequeme Höhe aufweisen (76-91 cm), um Ihren Rücken zu schonen. Legen Sie die Wasserwaage in verschiedenen Richtungen und Bereichen darauf, um sicherzugehen, dass die Platte ganz gerade ist.

Halten Sie die Arbeitsfläche immer frei und sauber. Werkzeug sollte griffbereit in der Nähe liegen, vielleicht auf einem Regal oder Rollwagen, aber nicht auf der Arbeitsplatte selbst. Ich habe meine Hilfsvorrichtung für Taschenbohrungen an einem Ende der Arbeitsplatte befestigt. Dies ist mein „Bohrbereich“.

Wenn Sie die Werkbank auch zur Endbehandlung nutzen möchten, muss sie vor dem Streichen gründlich gereinigt werden – sonst riskieren Sie, dass Sägespäne in der frischen Farbe landen. Praktisch ist ein „Klecks-tuch“, das etwas größer als die Arbeitsfläche ist und vor dem Streichen einfach darauf ausgebreitet wird.

Materialien

Ich baue gern Möbel, weil ich immer wieder staune, was sich aus bescheidenen Brettern und Platten machen lässt. Für Anfänger stellt sich die Sache nicht immer so einfach dar. Aber keine Sorge: Wenn Sie sich etwas Wissen angeeignet und sich in der Holzabteilung Ihres Baumarkts umgesehen haben, legt sich die Verwirrung schnell.

HOLZ

Holz ist unbestreitbar das schönste Arbeitsmaterial.

Ich betrachte es als wunderbares Geschenk der Erde an uns. Wir bauen Häuser daraus, heizen damit, sogar Papier für Bücher wird daraus hergestellt. Dabei wächst es nach, und während es das tut, säubert es unsere Atemluft.

Holz lässt sich gut verarbeiten, sieht schön aus und ist bezahlbar. Dabei hat es einen Charakter, mit dem sich andere Materialien nicht messen können. Es ist vielseitig, stabil und fühlt sich gut an. Kein Wunder also, dass die meisten Möbel aus Holz bestehen – wie alle Projekte in diesem Buch.

Dennoch kann für einen Anfänger die Vielfalt der Holzarten verwirrend sein und die Wahl des richtigen Materials für ein Projekt schwer machen. Weil es auch bei den Preisen und Qualitäten große Unterschiede gibt, sollten Sie diesen Abschnitt sorgfältig lesen, bevor Sie zum Einkauf aufbrechen.

Bretter und Kanthölzer

Diese Begriffe verwende ich für Massivholz. Bretter und Kanthölzer sind in verschiedenen standardisierten Größen erhältlich.

Die tatsächlichen Maße können von den Standardgrößen allerdings abweichen, u. a. durch unterschiedliche Verarbeitungsprozesse, aber auch durch das Schwinden des Holzes. Selbst mehrere Bretter aus einer Partie können unterschiedlich sein. Nehmen Sie zum Einkauf immer ein Bandmaß mit, und kontrollieren Sie die tatsächlichen Abmessungen, um später Probleme zu vermeiden.

Wenn Ihre Bretter von den angegebenen Abmessungen abweichen, passen Sie bitte die Bauzeichnung entsprechend an. Die im Buch abgedruckten Zeichnungen basieren auf den Maßen, die in der Materialliste angegeben sind.

Kaufen Sie nur gut getrocknetes Holz. Frisches oder feuchtes Holz kann sich während der weiteren Trocknung werfen oder erheblich schrumpfen. Lagern Sie das gekaufte Holz vor der Verarbeitung einige Tage im Arbeitsraum, damit es sich akklimatisieren kann.

Die Verarbeitung krummer Bretter ist frustrierend, und meist fallen auch die Ergebnisse krumm aus. Halten Sie zur Kontrolle ein Ende des Bretts auf Augenhöhe und peilen Sie in Längsrichtung daran entlang, wie beim Zielen mit Pfeil und Bogen. Drehen Sie das Brett, und kontrollieren Sie alle vier Seiten.

Vor allem bei breiteren Brettern muss auch geprüft werden, ob sie in Querrichtung gerade sind. Aus gewölbten Brettern können keine geraden Regalböden oder Seitenteile werden. Solche Bretter sollten Sie nicht kaufen.

Lassen Sie auch Bretter mit Rissen oder Spalten in der Holzoberfläche lieber liegen. Astlöcher kann man zwar mit Farbe verdecken, doch auch sie können Rissbildung oder das Werfen des Holzes fördern. Wählen Sie Holz mit kleinen Ästen, und versuchen Sie, möglichst viele beim Zusägen der Teile wegzuschneiden.

Lagern Sie Bretter möglichst gebündelt und auf einer ebenen Oberfläche liegend. Vor dem Verarbeiten nochmals kontrollieren, ob sie gerade sind, denn sie können sich auch während der Lagerung werfen.

Plattenware

Sie sehen: Die Verarbeitung von Massivholz wirft Probleme auf, die mit zunehmender Brettbreite größer werden können. Darum verwenden Möbelfabriken oft Plattenware wie Sperrholz, MDF- oder Spanplatte für Korpus und Innenausstattung und Massivholz nur für von außen sichtbare Teile.

Hinzu kommt, dass Massivholzbretter in Breiten von mehr als 30 cm schwieriger zu bekommen sind. Für Aufbewahrungsmöbel mit größerer Tiefe bietet sich darum Plattenware an.

BIRKE (HARTHOLZ)

KIRSCHE (HARTHOLZ)

AHORN (HARTHOLZ)

KIEFER (WEICHHOLZ)

EICHE (HARTHOLZ)

NUSSBAUM (HARTHOLZ)

Hartholz ist besonders widerstandsfähig und darum eine gute Wahl für Türen, Schubladenfronten und Front-Rahmenleisten. Weichholz ist leicht zu bearbeiten und eignet sich gut für Anstriche mit Antik- oder Shabby-Chic-Optik.

Holzwerkstoffplatten werden in verschiedenen Stärken und in den folgenden Standardgrößen angeboten:

PRODUKT	GRÖSSE
Sperrholz, ganze Platte	125 x 250 cm
Sperrholz, ½ Platte	125 x 125 cm
Sperrholz, ¼ Platte	125 x 62,5 cm
MDF, ganze Platte	280 x 207 cm

Ich habe mir angewöhnt, bei der Planung von Möbeln von den Standard-Plattenbreiten auszugehen. Wenn Sie sich also für Plattenware entscheiden, können Sie sich die Platten in Längsrichtung nach Maß zuschneiden lassen und erhalten dadurch handlichere Formate. So müssen Sie nur die quer verlaufenden Sägeschnitte selbst ausführen, und die Maserung verläuft bei allen Teilen in der richtigen Richtung. Das vereinfacht den Bau und spart Material. Verschnitt kann anderweitig verwendet werden, und Sie können auch die Tiefe Ihrer Möbel leicht variieren. In den meisten Fällen können Sie ein Brett von 2 x 40 cm einfach durch einen 40 cm breiten Sperrholzstreifen in der entsprechenden Stärke ersetzen oder nach eigenen Anforderungen eine geringere Breite wählen.

Aus einer ganzen Platte Sperrholz von 20 mm Stärke können Streifen in beliebiger Breite – bis maximal 125 cm – geschnitten werden. Statt also beispielsweise Bretter von 25 cm Breite zu kaufen, können Sie auch eine Sperrholzplatte in fünf Streifen von je 25 cm Breite sägen. Wir arbeiten, wo immer möglich, mit „glatten" Maßen wie 20, 25, 30 cm oder mehr, die sich leicht abmessen lassen und den Verschnitt in Grenzen halten.

Wenn für ein Projekt Breiten erforderlich sind, die nicht den Standards entsprechen, finden Sie in der Anleitung genauere Angaben für den Zuschnitt aus Plattenware.

Im Holzhandwerk ist es üblich, Abmessungen in Millimetern anzugeben. Dieser Regel folgen wir in den Anleitungen.

· DER HOLZKAUF FÜR DAS ERSTE PROJEKT ·

Anfänger sollten mit Kiefern- oder Fichtenbrettern beginnen. Sie sind überall zu bekommen und recht preiswert. Nadelholz ist weich, es lässt sich leicht sägen und bohren. Fehler können problemlos mit Holzkitt ausgebessert, geschliffen und mit Farbe überstrichen werden.

Sehen Sie die Bretter im Baumarkt genau an. Wählen Sie gerade Bretter mit wenigen Ästen. Verformte oder rissige Bretter lassen Sie lieber stehen.

Da Sie noch keine Kiste mit Holzresten haben, kaufen Sie ein zusätzliches Brett, um Sägeschnitte und Verbindungen auszuprobieren – und als Reserve für den Fall, dass etwas schiefgeht.

Ihr erstes Projekt sollten Sie unbedingt streichen. Mit Farbe lässt sich viel verstecken.

Plattenware verarbeiten

Traditionell werden für den Möbelbau drei Arten von Plattenware verarbeitet: Sperrholz, MDF-Platte und Spanplatte.

SPERRHOLZ Diese Platten bestehen aus mehreren miteinander verleimten, dünnen Holzlagen. Für die äußeren Lagen wird Hartholz verwendet – meist Birke, Ahorn oder Eiche, aber es gibt auch Produkte mit Deckfurnieren aus Erle, Nussbaum und sogar Bambus. Wer Wert auf gesunde Raumluft legt, sollte darauf achten, Sperrholz mit formaldehydfreiem Leim zu kaufen.

Wie jedes andere Holzprodukt kann Sperrholz gestrichen werden. Es wäre allerdings schade, eine schöne Maserung unter Farbe zu verstecken. Darum werden Sperrholzmöbel oft gebeizt. In diesem Fall ist es wichtig, andere Hölzer auf das Furnier abzustimmen, also beispielsweise zu Ahorn-Sperrholz auch Leisten aus Ahorn zu verwenden, damit die Beize gleichmäßig ausfällt. Da sich die Maserungen einiger Hölzer aber stark ähneln, haben Sie etwas Spielraum. Pappel, Birke und Ahorn lassen sich recht gut kombinieren, Nussbaum und Bambus andererseits nicht. Vertrauen Sie auf Ihr Auge, aber probieren Sie die Beize immer an Reststücken aus, um sicherzugehen, dass das Ergebnis gleichmäßig und einheitlich ausfällt.

Die größte Schwierigkeit stellen die Sperrholzkanten dar. Sichtbare Schnittkanten müssen mit Umleimern verdeckt werden. Dies sind schmale Streifen aus dünnem Holzfurnier, die mit einem Klebstoff beschichtet sind und auf Rollen verkauft werden. Der Umleimer wird einfach aufgebügelt, dann werden die überstehenden Längskanten mit einem Cutter sauber abgeschnitten. Allerdings werden durch die Stärke des Umleimers die Abmessungen des Bauteils minimal vergrößert, was vor allem bei Türen und Schubladenfronten zu Problemen führen kann.

Eine Alternative besteht darin, die Schnittkanten mit Holzkitt zu spachteln und glatt zu schleifen. Es empfiehlt sich nicht, sie unbehandelt zu lassen, denn Farbe deckt die Streifenstruktur der Kanten nicht ab.

MDF-PLATTE Dieser Plattenwerkstoff hat sich in der Möbelindustrie zu einem Standardmaterial entwickelt. MDF-Platte ist preiswert, lässt sich glatt schleifen und ist relativ unempfindlich gegen Feuchtigkeit. Sie eignet sich gut für Möbel, die gestrichen werden sollen.

Allerdings hat MDF-Platte auch Nachteile: Manche Produkte enthalten als Bindemittel Formaldehyd, das gesundheitsschädlich ist – bei der Verarbeitung und später in der Wohnung.

Die Kanten von MDF-Platte reißen leicht, vor allem wenn Schrauben verwendet werden. Bei Nägeln ist die

· MEINE BESTEN HANDWERKER-TIPPS ·

- Achten Sie peinlich genau darauf, nur gerade Bretter zu kaufen.
- Bretter sind wie Käse mit etwas Schimmel an den Ecken: Unregelmäßigkeiten können abgeschnitten werden, der Rest ist noch gut.
- Immer zuerst die längsten Stücke zuschneiden. So holen Sie aus jedem Brett das meiste heraus.
- Leisten und Rahmen erst zuschneiden, wenn sie gebraucht werden. So passen sie am besten.
- Reste für künftige Bauvorhaben aufbewahren.
- Mit Leim gehen Sie bei Verbindungen preiswert auf Nummer sicher.
- Schleifen und streichen Sie immer in der Richtung der Maserung.
- Halten Sie möglichst viel mit Zwingen fest.
- Machen Sie eine Pause, wenn Ihnen Fehler unterlaufen.
- Bringen Sie Ihr Projekt zu Ende, bevor Sie ein neues beginnen.
- Mit Holzkitt und Farbe lässt sich vieles verstecken.
- Genießen Sie die Arbeit.

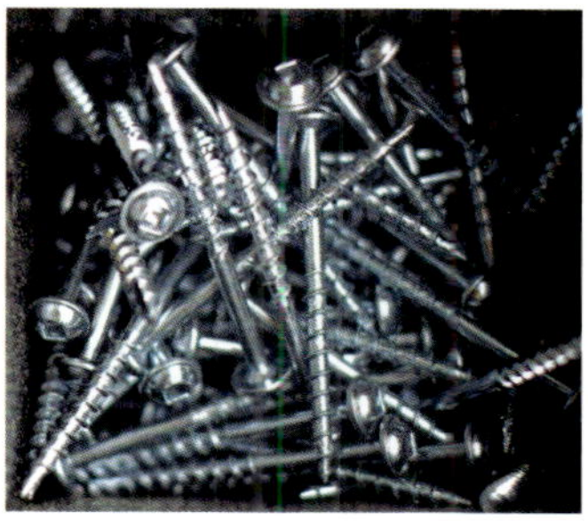

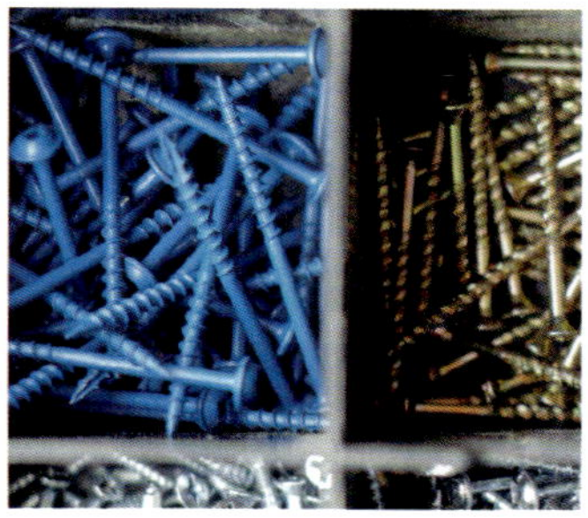

SCHRAUBEN

STIFTE FÜR ELEKTRONAGLER

Gefahr etwas geringer. Am besten gelingen Verbindungen mit Taschenbohrungen. Holzschrauben sollten Sie nicht in MDF-Kanten hineindrehen. Ihr Schaft ist konisch geformt und kann die Platte buchstäblich sprengen. Verwenden Sie stattdessen Spanplattenschrauben, und bohren Sie immer sorgfältig vor.

Die Kanten von MDF-Platte sollten glatt geschliffen werden. Vor dem Streichen muss ein Primer aufgetragen werden.

SPANPLATTE Ein Hauptgrund dafür, dass ich mit dem Möbelbau begann, war unser Budget: Damals konnten wir uns nur Möbel aus Spanplatte leisten. Spanplatte ist nicht sonderlich haltbar, sie ist schwierig zu verarbeiten und bricht leicht aus. Sie saugt Feuchtigkeit wie ein Schwamm auf, quillt dann und zerbröselt. Hinzu kommt, dass sie oft gesundheitsschädliches Formaldehyd enthält.

Andererseits ist Spanplatte preiswert. MDF-Platte kostet etwa doppelt so viel, Massivholz das Dreifache oder mehr. Darum nehmen viele Menschen aus Kostengründen die Nachteile von Spanplatte in Kauf.

VERBINDUNGEN

Damit aus Brettern und Platten Möbel werden, sind Verbindungen nötig. Für die Möbel in diesem Buch kommen Nägel und Schrauben zum Einsatz. Ob ich Nägel oder Schrauben verwende, hängt vom Möbelstück und seiner geplanten Verwendung ab.

Es gibt noch viele andere Formen der Verbindung, Zum Beispiel Schlitz und Zapfen, Flachdübel, Runddübel oder komplizierte Zinken. Leser, die viel Erfahrung haben und die nötigen Werkzeuge besitzen, können meine Anleitungen abwandeln und ihre bevorzugten Verbindungen verwenden.

Nägel

Ich liebe Nägel, weil sie so schnelle Ergebnisse bringen. Und wenn ein Nagler benutzt wird, müssen anschließend nur winzige Löcher zugespachtelt werden.

Aber wie alles, was schnell und einfach geht, haben sie auch Nachteile. Der größte davon ist die Verbindung selbst. Für manche Zwecke genügen genagelte Verbindungen, Bewegung und starke Belastung halten sie auf lange Sicht aber nicht aus. Stühle, Bänke und Tische sowie Aufbewahrungsmöbel sollten Sie nicht nageln. In Verbindung mit Leim halten genagelte Verbindungen deutlich besser. Als mir einmal bei einem Projekt ein Fehler unterlaufen war, musste ich ein Brett mit einer verleimten und genagelten Verbindung entfernen. Leider hielt der Leim so gut, dass das Brett brach, bevor die Verbindung nachgab.

Diese Nagelgrößen sollten Sie zur Hand haben:

30 mm • 50 mm

Wenn ich mit 6 mm starkem Sperrholz arbeite, verwende ich oft diese Größen:

16 mm • 22 mm

Holzleim

Für stabile Verbindungen brauchen Sie Holzleim. Moderne Leime sind so stark, dass man bei manchen Möbeln sogar auf Nägel und Schrauben ganz verzichten kann. Handelsüblicher Holzleim wird für unbehandeltes Holz verwendet. Wenn Sie lackierte oder behandelte Holzteile verleimen wollen, brauchen Sie speziell dafür geeignete Produkte. Lesen Sie die Gebrauchsanweisung genau.

Tragen Sie eine gleichmäßige Schicht Leim auf die Verbindungsstelle auf – nicht zu viel, sonst quillt er heraus und hinterlässt unansehnliche Flecken, die keine Beize oder Lasur annehmen. Hervorquellenden Leim sofort mit einem feuchten Lappen abwischen.

Schrauben

Für die meisten Möbel verwende ich Schrauben, vor allem für Verbindungen mit Taschenbohrungen. Diese Verbindungen sind solide und fest, und sie werden durch die Gewinde der Schrauben zusätzlich gesichert.

Beim Eindrehen ziehen Schrauben eine Verbindung noch fester zusammen. Das können Nägel nicht leisten.

Die folgenden Schrauben sollten Sie im Haus haben:

30 mm Taschenschrauben • 65 mm Taschenschrauben • 30 mm Spanplattenschrauben • 50 mm Spanplattenschrauben • 65 mm Spanplattenschrauben • 75 mm Spanplattenschrauben

Schrauben haben auch Nachteile. Sie sind schwieriger zu verstecken, können Holz zum Reißen bringen und erfordern einen zusätzlichen Arbeitsgang: das Bohren von Taschen- oder Führungslöchern. Dennoch sind sie die beste Wahl für Möbel, die eine höhere Beanspruchung aushalten müssen.

MATERIALIEN ZUR ENDBEHANDLUNG

Die Endbehandlung kann ein gelungenes Möbelstück aufwerten, aber auch ruinieren. Die richtigen Materialien kosten nicht viel, machen aber einen beträchtlichen Unterschied.

Unmittelbar nach der Montage sieht Ihr Möbelstück noch nicht so aus wie auf den Fotos in diesem Buch. Aber keine Sorge: All die kleinen Löcher verschwinden, und mit etwas Sorgfalt sieht das Holz so glatt aus, dass Sie sich vielleicht fragen, ob es überhaupt gestrichen werden muss.

Holzkitt

Holzkitt könnte man mit dem Concealer vergleichen, der unter dem Make-up aufgetragen wird. Er verbirgt

Löcher und Unregelmäßigkeiten in der Holzoberfläche und ist unter einem Anstrich nicht zu sehen.

Für farbig gestrichene Möbel eignet sich jede Art von Holzkitt. Ich bevorzuge Dosen, aus denen ich ihn mit dem Spachtel entnehmen kann. Andere schwören auf Tuben, weil der Kitt darin nicht so schnell austrocknet.

Es gibt speziellen Kitt für Oberflächen, die gebeizt oder lasiert werden sollen. Probieren Sie solche Produkte unbedingt zuerst auf einem Holzrest aus. Sie eignen sich nicht für alle Beizen und Lasuren gleich gut.

Für manche Lasuren und Beizen wird Holzkitt in passenden Farben angeboten. Vor allem bei dunkleren Farbtönen ist dies eine gute Wahl, denn so können Sie sicher sein, dass die Farben zusammenpassen.

FARBIGE ANSTRICHE

Farbig gestrichene Möbel mag ich am liebsten. Ich finde, dass ein knallroter Schrank oder ein schlichter Tisch in frechem Türkis einen Raum enorm aufwerten kann – ähnlich wie ein Paar gewagte Schuhe oder eine leuchtende Handtasche.

Ein Möbelstück ist leichter zu streichen als ein ganzer Raum und auch schnell zu verändern, wenn Ihnen das Ergebnis nicht gefällt.

Sie sparen beim Einkauf viel Zeit, wenn Sie sich etwas Grundwissen über Farben aneignen.

Primer

Diese Grundierungen oder Vorstrichfarben verbessern die Haftung der Farbe auf dem Holz, und sie versiegeln das Holz, sodass keine Harze austreten und den Anstrich verfärben können.

Durch das Grundieren sparen Sie Geld, denn Vorstrichfarben sind preiswerter als Lackfarben. Auf grundiertem Holz fällt der farbige Anstrich gleichmäßiger aus, und Sie brauchen weniger Farbschichten.

Achten Sie darauf, das richtige Produkt für den jeweiligen Zweck zu wählen. Kaufen Sie ruhig größere Dosen, denn Sie können den Primer für mehrere Projekte benutzen.

Farben

Echte Heimwerker lieben die Farbenabteilung, weil sie so viele Möglichkeiten bietet.

Da fällt die Entscheidung nicht immer leicht. Farben gibt es in verschiedenen Glanzgraden von stumpfmatt über seidenglänzend bis hochglänzend. Alle glänzenden Farben sind relativ stoßfest, matte Farben dagegen sollten mit Klarlack geschützt werden.

Ich verarbeite gern matte Farbe. Sie lässt sich gut verteilen, und man kann problemlos mehrere Schichten übereinander auftragen. Je stärker eine Farbe glänzt, desto dickflüssiger ist sie, und desto langsamer trocknet sie. Ich trage lieber dünnflüssigere Farbe in mehreren Schichten auf, weil der Anstrich dadurch kratzfester wird als bei einer dicken Farbschicht.

Allerdings habe ich schon viele verschiedene Farben mit Erfolg verarbeitet. Welche Farbe Sie wählen, hängt letztlich von der Art des Möbelstücks ab. Je höher der Glanz, desto weniger Schichten sind erforderlich – Sie sparen also Zeit bei der Endbehandlung.

Verwenden Sie für Gartenmöbel immer spezielle Farben für den Außenbereich. Sie enthalten UV-Filter und bleichen nicht so schnell aus wie Farben für Innenräume.

Versiegelung

Eine Versiegelung schützt den Anstrich und sorgt für einen gleichmäßigen Glanz. Versiegelte Möbel können feucht abgewischt werden. Wer Lackfarben verwendet, kann auf die Versiegelung meist verzichten.

Neben lösemittelhaltigen und lösemittelfreien Klarlacken zum Auftragen mit dem Pinsel gibt es auch andere Produkte wie traditionellen Schellack (aus Insektenpanzern hergestellt) sowie Sprühlacke und Versiegelungen auf Öl- und Wachsbasis.

Verwenden Sie unbedingt eine Versiegelung, die sich mit der Farbe des Anstrichs verträgt. Es wäre ärgerlich, wenn die Versiegelung den Anstrich anlöst oder nicht auf ihm haftet und hässliche Flecken bildet. Lesen Sie sich die Gebrauchs- und Verträglichkeitshinweise auf der Verpackung genau durch.

TIPP Fragen Sie im Zweifelsfall nach! Die Mitarbeiter der Farbenabteilung kennen sich meist gut aus, und sie beantworten viel lieber Fragen, als sich später Beschwerden anzuhören.

LASUREN UND BEIZEN

Hölzer mit interessanter Maserung vermitteln eine warme und behagliche Atmosphäre. Viele Leute bevorzugen darum Lasuren und Beizen, die zudem sehr strapazierfähig und nicht sonderlich kratzempfindlich sind.

Es ist aber nicht ganz einfach, Holz gleichmäßig zu lasieren, und Fehler lassen sich nicht einfach durch eine zusätzliche Schicht verstecken. Ist Beize oder Lasur einmal aufgetragen, lässt sie sich kaum noch entfernen. Umso wichtiger ist es, das richtige Produkt für ein Möbelstück zu wählen.

Vorbehandlung

Vor allem Nadelhölzer nehmen wegen des hohen Harzgehalts Beizen und Lasuren nicht immer gleichmäßig an, der Farbeffekt kann also fleckig werden. Um das zu vermeiden können sie mit einem Entharzer, mit Verdünnung oder einer Kernseifenlösung vorbehandelt werden.

Ich nehme mir immer Zeit zum Ausprobieren, denn jede Holzart (und letztlich jedes Brett) nimmt Beizen und Lasuren unterschiedlich an. Verwenden Sie für den Test ein Stück Restholz von Ihrem Projekt. Nimmt es die Beize gleichmäßig an, ist keine Vorbehandlung nötig. Wird die Beize scheckig, ist eine Vorbehandlung ratsam.

Beizen und Lasuren

Auch Beizen und Lasuren gibt es in vielen Farbtönen. Manche sind dünnflüssig, andere dickflüssiger oder gelförmig. Auch Pulver zum Anrühren sind erhältlich. Dickflüssige Beizen und Gele tönen das Holz oft gleichmäßiger ein, sind aber teurer. Flüssige Produkte sind relativ preiswert und lassen sich leicht auftragen, es ist aber nicht ganz einfach, mit ihnen ein professionelles Ergebnis zu erzielen.

Für Effektanstriche können Lasuren mit cremiger Konsistenz auch über abgeschliffenen Anstrichen aufgetragen werden.

Wenn Sie unsicher sind, welches Produkt sich eignet, kaufen Sie zuerst ein kleines Döschen zum Ausprobieren. Achten Sie darauf, dass die Versiegelung sich mit Ihrer Beize verträgt.

Lappen und Pinsel

Lasuren werden mit dem Pinsel aufgetragen, für manche Beizen wird ein Lappen verwendet. Lesen Sie die Gebrauchshinweise Ihres Produkts. Pinsel, die für ölhaltige Produkte verwendet wurden, lassen sich anschließend manchmal nur schwer reinigen.

BESCHLÄGE UND ZUBEHÖR

Beschläge dienen natürlich vorrangig einer Funktion, aber sie können auch sehr dekorativ sein und den Stil eines Möbelstücks – von sachlich und kühl bis ländlich-gemütlich – beeinflussen.

Knöpfe und Griffe

Die Auswahl an Griffen aller Art ist schier unermesslich. Nehmen Sie sich Zeit, wirklich schöne Modelle auszusuchen, die Ihre Möbel aufwerten. Einige meiner Lieblingsmöbel sind ganz einfach, schlicht weiß gestrichen, aber mit schönen Beschlägen ausgestattet. Natürlich hat eine so große Auswahl an Griffen und Knöpfen ihre Vorteile, aber die Entscheidung ist nicht immer leicht.

Scharniere

Ich mag besonders gern Topfscharniere, die an ein- und aufschlagenden Türen unsichtbar montiert werden. Man braucht dafür kaum mehr als einen Bohrschrauber. Sofern für Möbel in diesem Buch Scharniere benötigt werden, ist der empfohlene Typ angegeben.

Auszugschienen

Diese Schienen machen den Einbau von Schubladen leicht, und sie sorgen für angenehme Leichtgängigkeit. Sie werden an den unteren Ecken von Schubkästen montiert und halten den Boden fest. Die jeweiligen Gegenstücke werden von innen am Korpus festgeschraubt.

Standard-Auszugschienen sind recht preiswert und werden in Längen ab etwa 35 cm in den meisten Baumärkten angeboten. Kürzere Schienen können oft bestellt werden, aber für Schubladen so geringer Tiefe genügen meist Holzleisten, die gewachst werden. Genauere Angaben finden Sie in den Anleitungen zu Möbeln mit Schubladen.

Möbelrollen

Solche Rollen, die einfach am Boden eines Möbelstücks festgeschraubt werden, gibt es in vielen Größen und Ausführungen. Die meisten sind mit einer Befestigungsplatte ausgestattet, manche werden in ein vorgebohrtes Loch hineingeschraubt. Achten Sie beim Kauf darauf, ob die Schrauben mitgeliefert werden oder separat gekauft werden müssen.

Schnäpper

Manchmal ist etwas Nachhilfe nötig, damit Türen geschlossen bleiben. Schnäpper sind preiswert und leicht zu montieren. Magnetschnäpper genügen für die meisten Schranktüren. Feder- oder Kugelschnäpper schließen zuverlässiger.

Die Bauanleitung für dieses Regal finden Sie auf Seite 32. Es ist mit praktischen Haken für Jacken ausgestattet, und in den Kästen mit den lustigen Nummern verschwinden Mützen und andere Kleinigkeiten.

Auch die Bank ist selbst gebaut. Eine Anleitung in englischer Sprache finden Sie auf ana-white.com.

·2·

GRUNDTECHNIKEN

Für mich ist Möbelbau nicht viel anders als Kochen oder Nähen.

Sie müssen keine Sterneköchin sein, um ein leckeres Essen zu kochen. Und Sie müssen kein Profi-Tischler in einer renommierten Werkstatt sein, um schöne Möbel zu bauen. Der Hauptteil der Arbeit besteht aus nur wenigen einfachen Schritten. Wer sie beherrscht, kann sicher sein, dass die Ergebnisse immer gut ausfallen.

Vorbereitung

ANLEITUNGEN VERSTEHEN

Alle Anleitungen in diesem Buch sind gleich aufgebaut. Jede beginnt mit einer Materialliste, aus der hervorgeht, welche Materialien in welchen Abmessungen Sie benötigen. Bewahren Sie Reste immer auf. Schauen Sie vor dem nächsten Einkauf nach, ob Sie davon etwas für Ihr Vorhaben gebrauchen können. So lässt sich viel Geld sparen.

Für die meisten Modelle brauchen Sie eine Werkzeug-Grundausstattung mit Bandmaß, Anschlagwinkel, Wasserwaage, Bohrern und Bits, Schraubendrehern, Zimmermannsbleistift, Sicherheitsausrüstung, Zwingen und Hilfsvorrichtung für Taschenbohrungen. Die erforderlichen Maschinen sind zu Beginn jeder Anleitung angegeben.

Zusätzlich wird für fast alle Möbel eine Grundausstattung an Zubehör benötigt, darunter Leim, Schleifpapier, Holzkitt, Grundierung und Farbe oder andere Produkte für die Endbehandlung. Ein „Kleckstuch" zum Unterlegen, Malerkrepp zum Abkleben und Holzreste in verschiedenen Größen, etwa zum Unterlegen beim Streichen, sind empfehlenswert.

Der Schwierigkeitsgrad ist angegeben (Ganz einfach, einfach, mittel oder schwierig), und den Zeichnungen können Sie die Abmessungen des Möbelstücks entnehmen.

Die Vorgehensweise wird Schritt für Schritt erklärt und durch weitere Zeichnungen veranschaulicht. Wenn Sie mehr Übung haben, brauchen Sie die Schritte nicht exakt zu befolgen. Sie könnten sich beispielsweise entscheiden, einen Rahmen zuerst zusammenzusetzen und dann festzunageln, statt die Leisten einzeln anzubringen. In jedem Fall sollten Sie die Anleitung aber genau lesen, bevor Sie beginnen. So können Sie sicher sein, dass Sie den Aufbau des Möbelstücks wirklich verstanden haben.

Wenn Sie sich mit der Anleitung vertraut gemacht und die nötigen Requisiten bereitgelegt haben, können die Vorbereitungen beginnen. Wie schon erwähnt (siehe Seite 15) erleichtern Sie sich die Arbeit, wenn Sie für jeden Arbeitsgang eine separate Station einrichten. Legen Sie das Werkzeug griffbereit, und prüfen Sie, ob die Arbeitsfläche sauber ist und gerade steht. Legen Sie die Sicherheitsausrüstung an, und dann kann es losgehen.

Zuschnitt

Der erste Schritt ist immer der Zuschnitt. Schauen Sie sich die Materialliste genau an. Studieren Sie die Zeichnungen, und notieren Sie für alle schrägen oder gerundeten Schnitte das kürzere und das längere Maß. Versuchen Sie, Verschnitt möglichst gering zu halten. Dabei kann es helfen, die Bretter zuerst auf Karopapier zu zeichnen und die Schnitte zu markieren

Wenn Sie genug Platz haben, können Sie alle Teile in einem Durchgang zuschneiden. Ich persönlich schneide lieber zuerst die Hauptteile des Korpus zu und säge Leisten und Rahmen später exakt passend. Genaue Zuschnittpläne sind nur bei wenigen Anleitungen angegeben, denn nach dem ersten Projekt werden Sie höchstwahrscheinlich manche Stücke aus dem Restefundus zusägen können.

TIPP Es empfiehlt sich, zuerst die längsten Teile zuzuschneiden und sich allmählich bis zu den kleinsten vorzuarbeiten.

· MATERIALLISTEN LESEN ·

Eine Materialliste ähnelt der Zutatenliste eines Rezepts. Zuerst wird das jeweilige Material genannt. Dann folgen Anzahl und Bezeichnungen der benötigten Teile und schließlich deren genaue Maße. Alle Maße sind, wie im Holzhandwerk üblich, in Millimetern angegeben. Ein Beispiel:

MATERIALLISTE

MDF, 19 mm dick:

2 Seitenwände, 300 x 150 mm

2 Kopf-/Bodenplatte, 150 x 100 mm

1 Einlegeboden, 150 x 98 mm

PLATTEN AUFTRENNEN

Wenn Sie für Ihr Vorhaben keine Bretter in handelsüblichen Breiten verarbeiten können oder sich für Plattenware entschieden haben, müssen zuerst die Platten auf die erforderlichen Breiten zugeschnitten werden. Diese ersten Sägeschnitte werden in der Laufrichtung der Maserung ausgeführt. Die meisten Baumärkte bieten einen Zuschnittservice an, den Sie in Anspruch nehmen sollten, denn die maßgenau zugeschnittenen Streifen sind wesentlich handlicher zu transportieren.

Wenn Sie Sperrholz selbst in Streifen auftrennen wollen, brauchen Sie eine Hand- oder Tischkreissäge. An der Tischkreissäge stellen Sie den Parallelanschlag mithilfe des Bandmaßes genau ein. Das eigentliche Sägen ist eine Arbeit für zwei Personen: Eine Person führt die Platte zum Sägeblatt hin, die zweite steht hinter der Säge und hält das aufgeschnittene Material gerade.

TIPP Führen Sie zuerst einen Probeschnitt mit einem Reststück Sperrholz aus, und messen Sie nach, ob die Breite exakt stimmt.

Zum Auftrennen mit einer Handkreissäge zeichnen Sie die Schnittlinie mit einer Schlagschnur an. Dann das Sägeblatt auf die Holzstärke einstellen. Das Holz muss an allen Seiten sicher aufliegen, aber das Sägeblatt muss frei laufen können. Sie müssen jede Schnittlinie einzeln ausmessen und anzeichnen, weil durch die Spanbildung beim Sägen Material verloren geht.

ABLÄNGSCHNITTE

Im nächsten Schritt werden aus Brettern oder Plattenstreifen die Stücke in der benötigten Länge zugeschnitten. Diesen Vorgang nennt man Ablängen. Die Schnitte werden rechtwinklig zur Längskante – und normalerweise rechtwinklig zur Maserung – exakt im Winkel von 90° ausgeführt. Prüfen Sie zuerst mit Ihrem Anschlagwinkel, ob die Enden der Bretter genau rechtwinklig sind. Ist das nicht der Fall, sägen Sie sie im Winkel von 90° zu den Längskanten ab.

TIPP Den Enden von Massivholz-Brettern aus der Fabrik können Sie selten trauen, wohl aber den Kanten von Plattenware aus der Fabrik.

· CHECKLISTE VOR DEM ZUSCHNITT ·

- ❏ Die Zuschnittliste lesen. Sind Ihnen Zweck und Position jedes Teils klar?
- ❏ Zeichnen Sie einen Zuschnittplan auf Karopapier.
- ❏ Schneiden Sie Plattenware in Streifen gleicher Breite.
- ❏ Zeichnen Sie Schräg- und Kurvenschnitte an.
- ❏ Sägen Sie zuerst die längsten Teile zu.
- ❏ Nachmessen: Stimmen die Längen genau?
- ❏ Vor Schrägschnitten zuerst einen Probeschnitt in Restholz ausführen.
- ❏ Für Kurvenschnitte eine Schablone vorbereiten und an dieser entlang sägen.
- ❏ Zierleisten erst zuletzt passend zuschneiden.

Wenn Sie mit einer Handkreissäge oder Stichsäge arbeiten, messen Sie vom begradigten Ende aus und zeichnen die Schnittlinie mithilfe des Winkels exakt rechtwinklig zur Längskante des Bretts an. Nun unter Berücksichtigung der Sägeblattstärke auf der Restseite der Markierungslinie sägen. Dann nachmessen, ob die Länge exakt der Angabe in der Zuschnittliste entspricht.

Wenn Sie mit einer Kappsäge oder einer anderen feststehenden Säge arbeiten, messen Sie die Länge aus. Den Anschlag einstellen, das Holz beim Sägen an ihm führen. Nach dem ersten Schnitt prüfen, ob die eingestellte Länge exakt der Angabe in der Zuschnittliste entspricht.

TIPP Beim Messen das Bandmaß immer parallel zur Längskante führen. Schräg abgenommene Maße sind ungenau.

SCHRÄGE SCHNITTE

Das Sägen von Schrägschnitten unterscheidet sich nicht nennenswert von Querschnitten. Sie sägen in einer geraden Linie schräg zur Maserungsrichtung. Nur beim Anzeichnen gehen Sie anders vor. Auf einer Kapp- und Gehrungssäge können Sie einfach den in der Anleitung angegebenen Winkel einstellen und sägen.

Winkel sind in den Anleitungen immer als Differenz zum rechten Winkel angegeben. Querschnitte verlaufen immer rechtwinklig zur Längskante. Weicht ein Winkel um 10° vom Querschnitt (rechter Winkel, 90°) ab, so steht die schräge Schnittlinie im Winkel von 80° zur einen Längskante und im Winkel von 100° zur anderen. Die Differenz von 10° wird also addiert bzw. subtrahiert.

Zeichnen Sie das vorgegebene Maß zunächst so an, als ob Sie einen Querschnitt vornehmen wollen. Dann zeichnen Sie mit einem Winkelmesser den angegebenen Winkel an und zeichnen eine Verbindungslinie zwischen den beiden Markierungen.

Teilt man ein Brett mit einem Schrägschnitt, ergeben sich zwei unterschiedlich lange Längskanten. In den Anleitungen in diesem Buch sind für alle schrägen Schnitte die Abmessungen beider Kanten angegeben. Achten Sie genau darauf, wo jeweils die lange und die kurze Kante liegt, denn daraus ergibt sich, in welcher Richtung der Schrägschnitt vom rechten Winkel abweicht.

TIPP Bei Schrägschnitten muss sehr exakt gearbeitet werden. Schon durch wenige Grad Ungenauigkeit kann ein Möbelstück sehr „windschief“ ausfallen.

KURVENSCHNITTE

Bei den Möbeln in diesem Buch kommen Kurvenschnitte hauptsächlich zu dekorativen Zwecken zum Einsatz. Zeichnen Sie den Bogen sorgfältig auf einem Holzrest an. Nun den Holzrest mit Zwingen an der Werkbank befestigen und den Bogen exakt ausschneiden. Berücksichtigen Sie dabei die Stärke des Sägeblatts, und schneiden Sie entweder innerhalb oder außerhalb der Markierungslinie.

Wenn der Sägeschnitt gelungen ist, können Sie den Holzrest als Schablone zum Sägen der Bögen an Ihrem Möbelstück verwenden. Benutzen Sie für alle Bögen dieselbe Schablone, und schneiden Sie immer auf derselben Seite des Strichs – entweder innerhalb oder außerhalb.

Meistens müssen Kurvenschnitte nachgeschliffen werden. Arbeiten Sie zuerst mit grobem, dann mit mittlerem Schleifpapier, bis die Holzkanten glatt sind. Wenn Sie mehrere gleiche Bögen gesägt haben, können Sie alle mit Zwingen zusammenhalten und in einem Arbeitsgang schleifen.

Montage

Diesen Arbeitsgang mag ich am liebsten. Wenn alle Vorarbeiten erledigt sind, nimmt das Möbelstück endlich Gestalt an. Wenn Sie die folgende Reihenfolge einhalten, kann dabei nicht viel schiefgehen.

1 VERBINDUNGEN ANZEICHNEN

Das Möbelstück fällt akkurater aus, wenn Sie sich die Zeit nehmen, Verbindungen vor dem Zusammenbau zu markieren. Stellen oder legen Sie die Teile „trocken“ zusammen und markieren Sie jede Verbindung mit dem Bleistift. Bei diesem Trockenlauf wird Ihnen auch der Ablauf der Montage klarer.

2 SCHRAUBLÖCHER ANZEICHNEN

Wenn das Möbelstück zusammengeschraubt wird, müssen Sie Löcher vorbohren. Zeichnen Sie bei der „Trockenmontage“ die Positionen aller Schrauben an. Das dauert nicht lange, ist aber besonders wichtig, wenn Sie Taschenschrauben verwenden wollen: Taschenbohrungen gelingen nur schlecht, wenn Sie erst einmal mit dem Zusammenbau begonnen haben. Platzieren Sie Schrauben in Abständen von 15 bis 20 cm und an den Enden von Verbindungskanten. Bohren Sie alle Löcher vor.

3 ZUSAMMENBAU

Nageln

Auf die angezeichnete Verbindung Leim geben und die beiden Teile gemäß Anleitung zusammenfügen. Die Nägel sollten möglichst lang sein, aber nicht so lang, dass ihre Spitzen herausschauen. Fixieren Sie die Teile möglichst mit Zwingen, und geben Sie beim Nageln gut auf Ihre Finger acht.

· MÖBEL-ABC ·

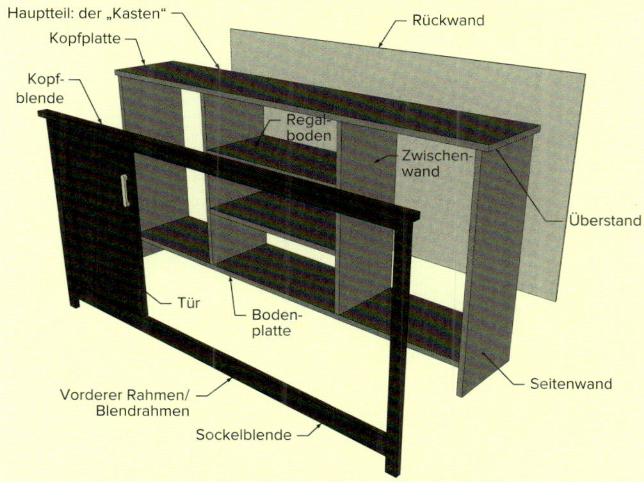

Als mir klar wurde, wie simpel die meisten Möbel konstruiert sind, fasste ich den Mut, mich selbst am Möbelbau zu versuchen. In vielen Fällen ist es wirklich ganz einfach. Zuerst wird ein Kasten gebaut. Er bildet die Grundform – den Korpus. Dann bekommt er eine Rückwand. Vorn wird ein Rahmen angebracht, und schließlich können, wenn gewünscht, noch Türen oder Schubladen folgen.

KASTEN Dies ist der Korpus, der die Grundform bildet und meist aus breiteren Brettern oder Sperrholz gebaut wird.

RÜCKWAND Sie wird meist aus 6 mm starkem Sperrholz in passender Größe zugeschnitten und mit Leim und Nägeln befestigt. Sie trägt erheblich zur Stabilität bei.

VORDERER RAHMEN Er besteht aus mehreren schmalen Brettern oder Leisten, die der Vorderseite „Gesicht“ geben. Er trägt zur Stabilität bei, verdeckt Sperrholzkanten und kann zur Montage von Beschlägen für Türen und Schubladen dienen. Auf einen Rahmen kann man auch verzichten.

· FÜHRUNGSLÖCHER VORBOHREN ·

Leim auftragen und die beiden Teile, die verbunden werden sollen, mit Zwingen zusammenhalten. Einen Bohrsenker einspannen. Der Bohrer muss in Länge und Stärke etwa Ihren Schrauben entsprechen. Der Senker muss etwas größer als der Schraubenkopf sein. Ein Loch durch beide Holzteile bohren, dabei den Bohrer gerade und senkrecht zur Holzoberfläche halten. Bohren, bis die obere Vertiefung so groß ist, dass der Schraubenkopf unter der Holzoberfläche liegen kann. Dann ein Schrauberbit einspannen und die Schrauben festdrehen. Die Zwingen abnehmen und hervorquellenden Leim abwischen.

Festen, gleichmäßigen Druck ausüben und die Teile zusammennageln. Nägel in Abständen von 15 bis 20 cm und an den beiden Enden einschlagen.

Versenken

Wenn die Verbindungen angezeichnet und die Löcher vorgebohrt sind, brauchen Sie nur Leim aufzutragen und die Schrauben ins Holz zu drehen. Dabei sollten Sie das Werkstück mit Zwingen fixieren und eventuell Führungslöcher ins zweite Holzteil bohren (vor allem an den Stirnseiten), damit es nicht reißt. Vorsichtig die Schrauben eindrehen. Wenn das Holz reißen will, die Schraube herausnehmen und tiefer vorbohren. Alternativ können Sie selbstschneidende Schrauben verwenden. Sie haben scharfe Kanten an der Spitze, die sich ins Holz hineinfressen und das Reißen verhindern. Diese Schrauben sind etwas teurer, aber Sie sparen Zeit.

TASCHENLÖCHER Verbindungen mit versenkten Schraubenköpfen müssen gespachtelt werden – das ist Extraarbeit. Außerdem wird oft ins Hirnholz geschraubt, und solche Verbindungen sind nicht sonderlich stabil.

Ein Taschenloch wird schräg in die Unterseite gebohrt, ist also von oben nicht zu sehen. Diese Verbindungen sind sehr stabil, weil die Schrauben schräg ins Holz gedreht werden. Mit einer Hilfsvorrichtung ist das Vorbohren einfach. Zeichnen Sie nach dem Zuschnitt sämtliche Taschenlöcher an. Ich platziere sie möglichst so, dass sie später nicht zu sehen sind oder sich leicht spachteln lassen.

Bei der Montage werden die Verbindungen zuerst mit Leim bestrichen und mit Zwingen zusammengehalten. Dann langsam die Schraube ins Holz drehen. Wenn das Holz reißen will, die Schraube ein Stück zurück drehen, dann wieder hineindrehen – nur wenig tiefer als zuvor. Dies wiederholen Sie so lange, bis die Schraube ganz ins Holz gedreht ist.

Das Reißen lässt sich auch dadurch vermeiden, dass man die Löcher in leicht veränderten Winkeln bohrt, sodass sich die Schrauben tiefer ins zweite Holz drehen können.

Da sich die Hilfsvorrichtungen der verschiedenen Hersteller unterscheiden, lesen Sie bitte auch die Gebrauchshinweise Ihres Modells.

4 WINKEL PRÜFEN

Nehmen Sie sich nach jedem Montageschritt die Zeit, die Rechtwinkligkeit zu prüfen. Alle Winkel sind korrekt, wenn die beiden Diagonalen gleich lang sind. Ist das nicht der Fall, drücken Sie die Ecken der längeren Diagonale zusammen, bis alle Winkel exakt 90° groß sind.

Endbehandlung

Wenn das Möbelstück zusammengebaut ist, fehlt nur noch die Endbehandlung. Das ist ein aufregender Arbeitsschritt, denn nachdem Sie so viel Mühe in den Bau investiert haben, darf jetzt nichts mehr schiefgehen. Hier lesen Sie, worauf Sie achten müssen.

LÖCHER SPACHTELN

Zweifellos sind noch einige Schraubenlöcher und vielleicht andere Unregelmäßigkeiten zu sehen, auf die Sie gut verzichten können. Geben Sie mit dem Spachtel Holzkitt in die Löcher, bis sie übervoll sind. Der Kitt schrumpft bei der Trocknung. Tiefe Löcher müssen eventuell zweimal oder öfter gespachtelt werden. Zwischendurch den Kitt vollständig trocknen lassen, sonst bröselt er beim Schleifen ab.

SCHLEIFEN

Wenn der Holzkitt trocken ist, schleifen Sie zuerst mit grobem Schleifpapier immer in der Richtung der Maserung. Glätten Sie Verbindungen und tragen Sie überschüssigen Holzkitt ab. Anschließend das ganze Möbelstück mit einer mittleren Körnung schleifen, wieder in Maserungsrichtung. Falls nötig, folgt danach noch ein Arbeitsgang mit feinem Schleifpapier.

Falls Sie noch Löcher oder Unebenheiten entdecken, spachteln Sie sie jetzt. Später sind solche Ausbesserungen schwieriger. Danach nochmals schleifen.

VORBEREITUNG FÜR DEN ANSTRICH

Jetzt muss der Schleifstaub entfernt werden. Am besten saugen Sie das Möbelstück mit dem Staubsauger und einer weichen Bürste ab. Säubern Sie auch die Arbeitsfläche gründlich, damit kein Schleifstaub in die frische Farbe gelangen kann.

Nun das Möbelstück mit einem sauberen, feuchten Lappen abwischen, um letzte Staubspuren zu entfernen. Es geht nur ums Staubwischen. Wenn das Holz Wasser aufsaugt, kann sich dies auf den Anstrich auswirken. Gründlich trocknen lassen.

DER ANSTRICH

Wenn Ihr Möbelstück unbehandelt gut aussieht, wird es gestrichen umso schöner sein.

Probieren Sie die Farbe oder Lasur zuerst auf einem Holzrest aus. Wenn Ihnen das Ergebnis gefällt, kann es losgehen.

Stellen Sie das Möbelstück kopfüber in bequemer Höhe auf, beispielsweise auf der Werkbank. Dann von der Mitte nach außen streichen. So lassen sich enge Stellen leichter bearbeiten, und Ihre Ärmel bekommen weniger Farbe ab. Am besten zuerst die Bereiche streichen, die am schwierigsten zu erreichen sind. Trocknen lassen.

· IHR ERSTES PROJEKT ·

Jedes neue Vorhaben ist aufregend. Das ist beim Möbelbau nicht anders. Ich verspreche Ihnen: Sie werden Fehler machen, manchmal kurz vor dem Aufgeben sein und das erste fertige Stück nicht gerade perfekt finden.

Ich selbst mag nach vielen Jahren Praxis meine ersten, unvollkommenen Stücke am liebsten. Ungleiche, schwergängige Schubladen und Lücken an Verbindungsstellen stören mich nicht. Ich schaue mir das Ganze an und denke stolz: Das habe ich gebaut.

Seien Sie beim ersten Versuch nicht zu streng mit sich. Erlauben Sie sich Fehler, und lernen Sie, wie man sie behebt. Ich erlebe manchmal in meiner Garage wahre Glücksmomente, wenn mir eine pfiffige Lösung für eine Panne einfällt. Das ist wie beim Laufen: Wenn es bergauf geht, müht man sich ab und zweifelt an sich selbst, doch oben angekommen ist man froh, durchgehalten zu haben.

Einiges können Sie aber für den Erfolg tun: Suchen Sie sich ein einfaches Möbelstück aus. Lesen Sie die Anleitung mehrmals, bis Sie sicher sind, alles gut verstanden zu haben. Scheuen Sie sich nicht, um Hilfe zu bitten – ob Sie andere Handwerker befragen oder eine Freundin bitten, ein paar Bretter festzuhalten. Sie stecken in einem Lernprozess, also bleiben Sie zuversichtlich, und Sie werden über Ihren Erfolg staunen.

Das trockene Möbelstück umdrehen und den Vorgang wiederholen. Mit den schwierigsten Stellen beginnen und nach außen arbeiten. Tragen Sie weitere Schichten auf, bis Sie mit dem Aussehen zufrieden sind.

3

FLUR UND DIELE

UNTEN: Ablagetisch
OBEN RECHTS: Garderobe mit Regal

Ein aufgeräumter Flur erfüllt zwei wichtige Funktionen.

Einerseits wird er von der ganzen Familie genutzt, um Alltagsdinge abzulegen, von Jacken und Schirmen bis zur Post. Andererseits bietet er jedem Gast den ersten Eindruck, für den es keine zweite Chance gibt.

In diesem Kapitel finden Sie Möbel, die Ordnung im Flur schaffen und Besucher zum Staunen bringen. Weil sie so zweckmäßig sind, eignen sie sich besonders gut für kleine Flure. Aber sie können sich auch ebenso in einem anderen Raum des Hauses nützlich machen.

PROJEKT

Nr. 1

GARDEROBE mit Regal

MATERIALLISTE

MDF, 19 mm dick:

- 2 Seitenwände, 400 x 250 mm
- 1 Kopfplatte, 1220 x 250 mm
- 1 Bodenplatte, 1182 x 250 mm
- 2 Zwischenwände, 250 x 182 mm
- 1 Hakenbrett, 1182 x 180 mm
- 1 Kranzleiste, 1260 x 50 mm
- 2 Kranzleisten, 226 x 50 mm

Sperrholz 6 mm dick:

- 1 Rückwand, 1220 x 438

Schrauben und Dübel für die Wandbefestigung

3 Garderobenhaken

Spanplatten-/Taschenschrauben oder Holzdübel

Nägel

Holzleim

Material für die Endbehandlung

WERKZEUG

Grundausstattung

Handkreissäge

Stichsäge

Nagler

SIE WERDEN STAUNEN, WIE LEICHT SICH mit diesem einfachen Regal mit Doppelhaken und Fächern Ordnung im Flur halten lässt. Auch die Oberseite bietet eine Ablagefläche. Wenn Sie es tief genug aufhängen, können die Kinder ihre Sachen selbst verstauen. Für Erwachsene hängen Sie es höher und stellen darunter eine Bank. So kann man bequem die Schuhe anziehen.

ABMESSUNGEN

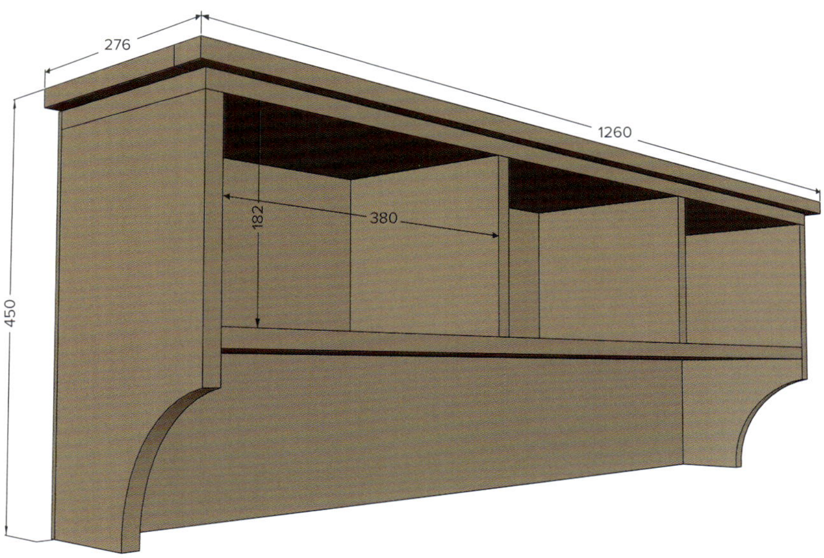

· ENDBEHANDLUNG ·

Mein Regal sollte eine glatte, gleichmäßige Oberfläche haben. Darum habe ich es zuerst mit Schleifpapier mit mittlerer Körnung geschliffen und dann grundiert. Nach dem Trocknen der Grundierung erhielt es zwei Anstriche mit seidenglänzender schwarzer Farbe. Diese Oberflächenbehandlung hat sich in unserem viel benutzten Familienflur gut bewährt.

1 SEITENWÄNDE

Auf die zugeschnittenen Seitenteile Bögen zeichnen.

Die Bögen aus beiden Seitenwänden mit der Stichsäge aussägen. Beide Teile aufeinanderlegen, bündig ausrichten und mit Zwingen zusammenhalten. Die Bögen schleifen, bis sie glatt und identisch sind.

2 KASTEN

Die Kopfplatte mit Holzleim und Stahlstiften (50 mm) oder Schrauben auf den Seitenwänden befestigen. Die Position des unteren Regalbodens ausmessen und anzeichnen (siehe Abbildung). Den Boden mit Holzleim und Nägeln (50 mm) exakt winklig und waagerecht einsetzen.

3 ZWISCHENWÄNDE

Die Positionen der Zwischenwände abmessen und an Kopfplatte und Regalboden anzeichnen. Die Zwischenwände einsetzen und mit Holzleim und Stahlstiften (50 mm) befestigen.

4 HAKENBRETT

Oberkante und Seitenkanten des Hakenbretts mit Holzleim bestreichen, einsetzen und mit Stahlstiften (50 mm) an Kopfplatte und Seitenwänden befestigen.

5 RÜCKWAND

Die rückwärtigen Kanten mit Holzleim bestreichen und die Sperrholzplatte bündig auflegen. Mit Stahlstiften (30 mm) befestigen.

6 VORDERE KRANZLEISTE

Holzleim auf die vordere Kante der Kopfplatte geben und die Leiste so auflegen, dass sie vorn und an den Seiten um 20 mm übersteht. Mit Stahlstiften (30 mm) befestigen.

7 SEITLICHE KRANZLEISTEN

Holzleim auf die seitlichen Ränder des Oberteils geben. Die seitlichen Leisten so auflegen, dass sie an den Ecken bündig mit der vorderen Leiste abschließen. Mit Stahlstiften (30 mm) befestigen.

8 WANDBEFESTIGUNG

Sie können die stabile Rückwand im unteren Teil durchbohren und das Regal dort an die Wand schrauben. Alternativ kaufen Sie im Baumarkt stabile Beschläge zum Aufhängen des Regals. Für eine sichere Befestigung sind mindestens zwei Wanddübel nötig.

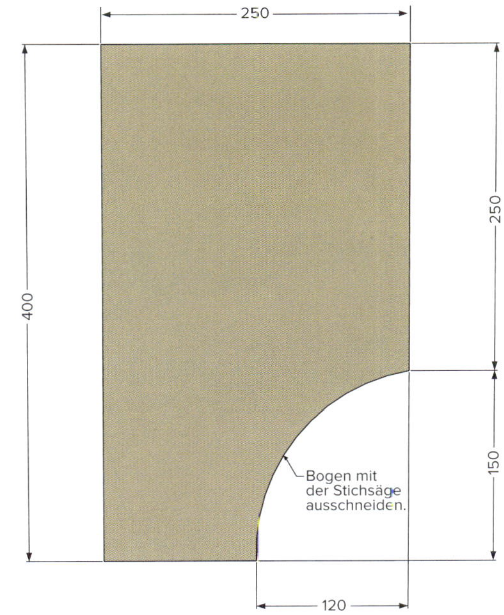

1

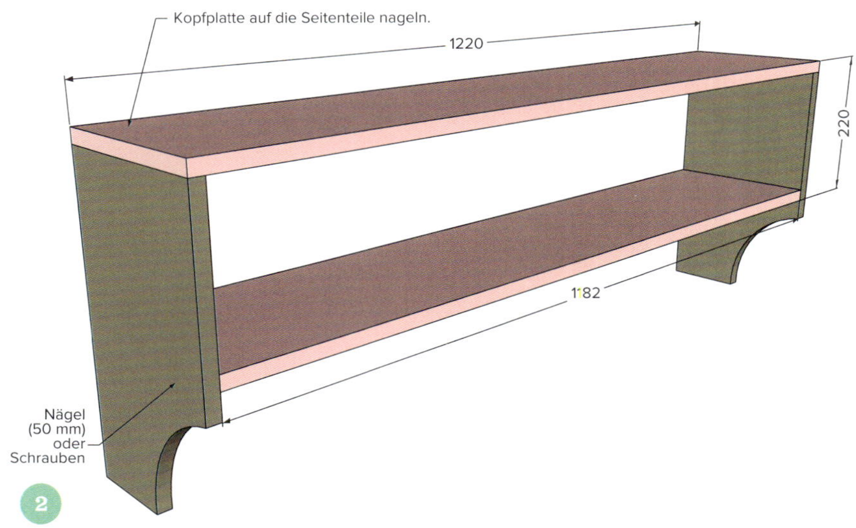

2

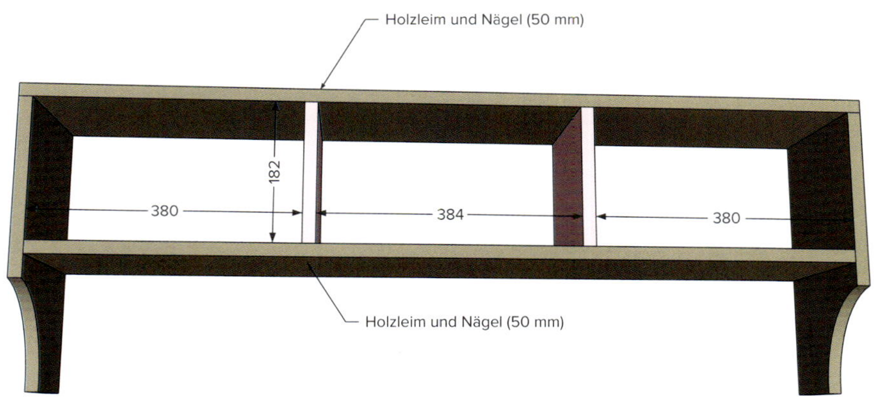

3

TIPP Die Garderobenhaken 80 mm über der Unterkante in Abständen von 300 mm auf das Hakenbrett schrauben. Kleine Löcher vorbohren und die Haken mit den mitgelieferten Schrauben anbringen.

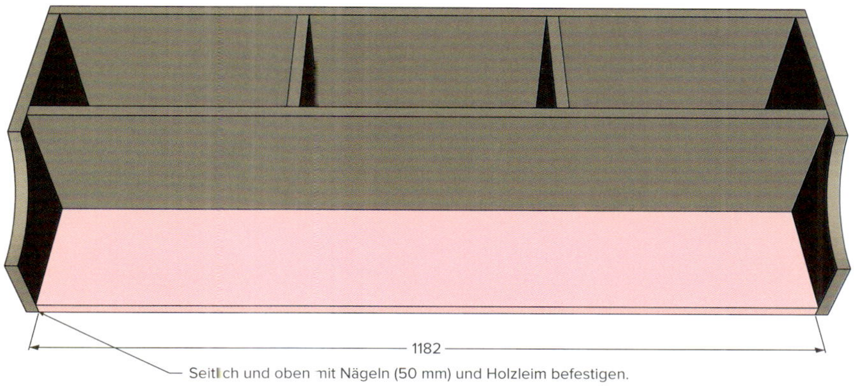

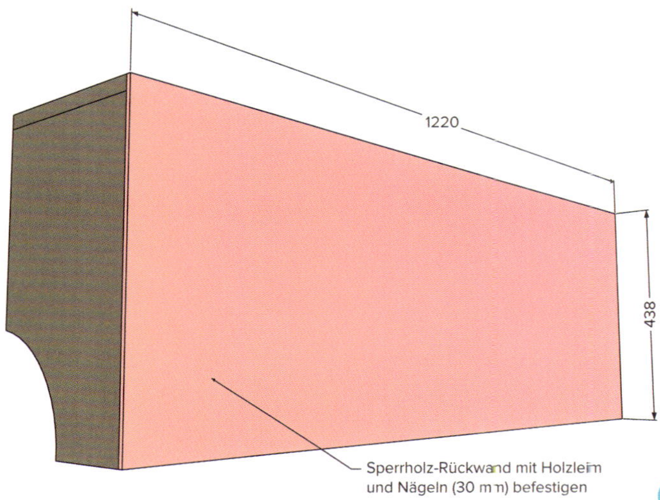

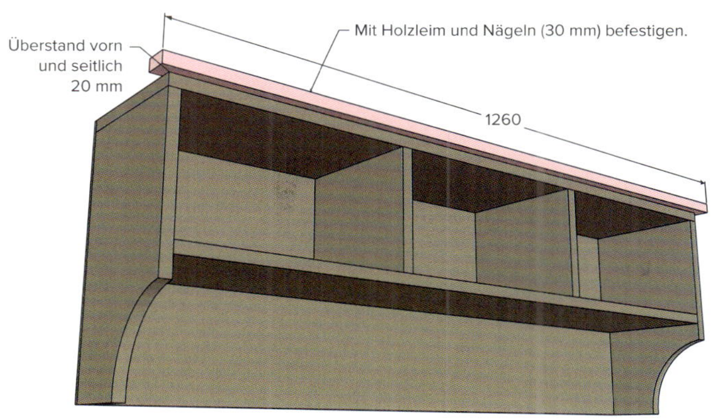

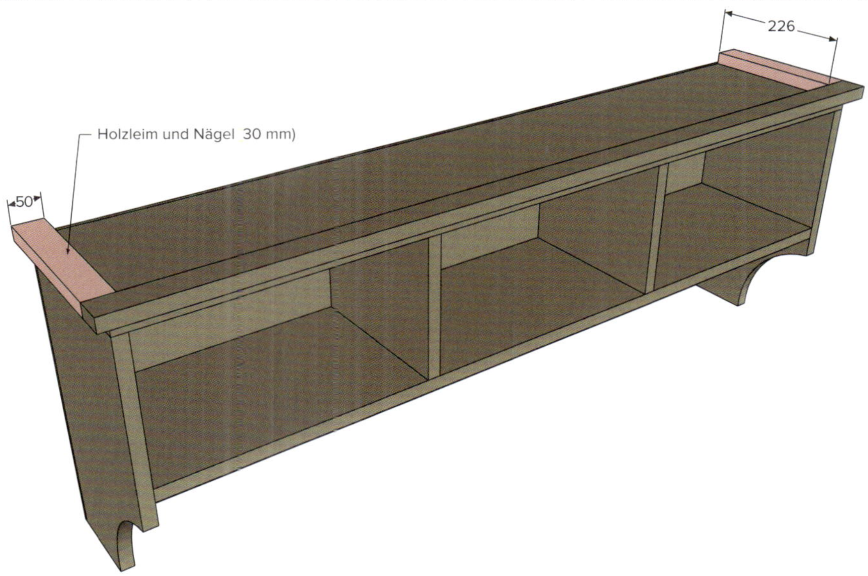

PROJEKT
Nr. 2

SPIEGEL

EIN SPIEGEL LÄSST DEN FLUR GERÄUMIGER und heller wirken, und natürlich braucht man ihn, um schnell die Frisur zu richten, ehe man das Haus verlässt. Dieser Spiegel ist nicht nur praktisch, sondern mit seinen drei Haken und den beiden Regalen auch sehr dekorativ. Vielleicht möchten Sie auch eine Laterne und Fotos Ihrer Lieben darauf stellen?

MATERIALLISTE

MDF 19 mm dick:

- **2** Rahmenbretter, 740 x 90 mm
- **1** Rahmenbrett (unten), 710 x 140 mm
- **1** Rahmenbrett (oben), 710 x 90 mm
- **1** Kopfplatte, 710 x 90 mm
- **2** Konsolen (oben), 90 x 70 mm
- **2** Konsolen (unten), 140 x 121 mm
- **1** Ablageplatte, 710 x 140 mm

- **1** Spiegel 780 x 570 (umlaufend 20 mm Übermaß – von hinten aufkleben)

Silikon (transparent)

- **3** Kleiderhaken

Material für die Wandaufhängung

Spanplatten-/Taschenschrauben oder Holzdübel

Nägel

Holzleim

Material für die Endbehandlung

WERKZEUG

Grundausstattung

Hilfsvorrichtung für Taschenbohrungen

Stichsäge

Schleifpapier und Schleifklotz oder Schleifmaschine

Handkreissäge oder Kappsäge (für gerade Schnitte)

Nagler

ABMESSUNGEN

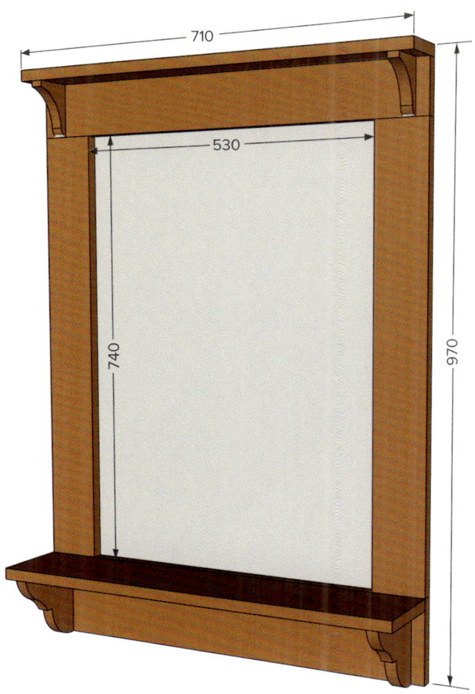

1 RAHMEN-GRUNDFORM

An jedem Ende der seitlichen Rahmenbretter zwei Taschenbohrungen herstellen. Dabei die Hilfsvorrichtung auf eine etwas geringere Brettstärke einstellen. Dann mit Taschenschrauben (30 mm) unten das breitere Brett (140 mm) und oben das schmalere (90 mm) anbringen.

2 OBERE KONSOLEN

Auf den auf 90 x 70 mm zugeschnittenen Konsolen-Stücken die Bögen vorzeichnen und mit der Stichsäge ausschneiden. Die Schnittkanten glatt schleifen. Beide Träger müssen gleich aussehen. In 25 mm Abstand zu den Seiten und bündig zur Oberkante mit Holzleim und Schrauben (50 mm) am oberen Spiegelrahmen befestigen.

3 KOPFPLATTE

Die zugeschnittene Kopfplatte auf die beiden Träger und die Oberkante des Rahmens legen. Mit Holzleim und Stahlstiften (50 mm) befestigen.

4 UNTERE KONSOLEN

Mit der Stichsäge die unteren Träger gemäß Abbildung in Form schneiden. Die Kanten mit Schleifpapier glätten. Beide Träger müssen gleich aussehen. In 25 mm Abstand zu den Seiten und bündig zur Unterkante mit Holzleim und Schrauben (50 mm) am unteren Spiegelrahmen befestigen.

5 ABLAGE

Die Ablageplatte auf die Konsolen legen und von der Rückseite des Rahmens mit Holzleim und Schrauben (50 mm) befestigen.

6 SPIEGEL UND AUFHÄNGUNG

Nun den Spiegel zur Probe einsetzen, um zu prüfen, ob er gut passt. Den Spiegel beiseitelegen. Den Rahmen schleifen und in der gewünschten Farbe streichen. Dann den Spiegel und die Rückseite des Rahmens reinigen. Den Spiegel mit transparentem Silikon in den Rahmen kleben. Auf der Rückseite des Rahmens eine stabile Aufhängung montieren. (Sie können den Spiegel auch mit flachen Spiegelklammern am Rahmen befestigen, die preiswert in jedem Baumarkt zu kaufen sind.)

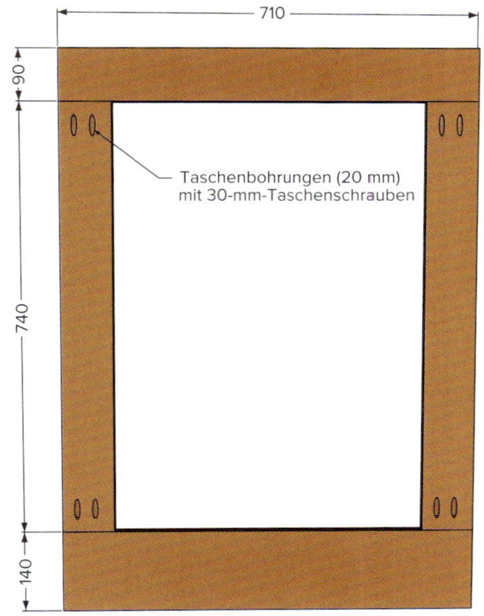

1

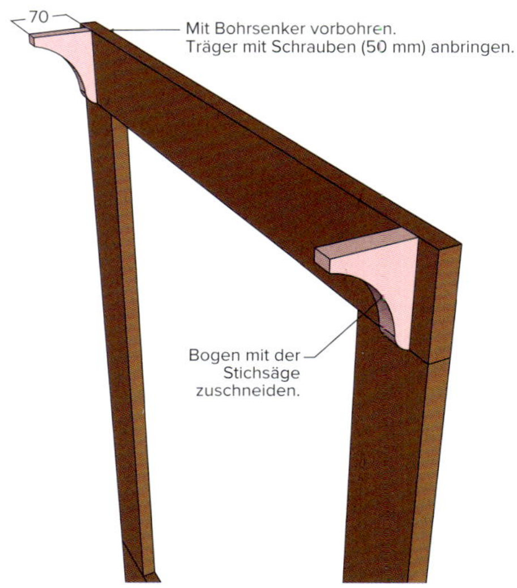

2

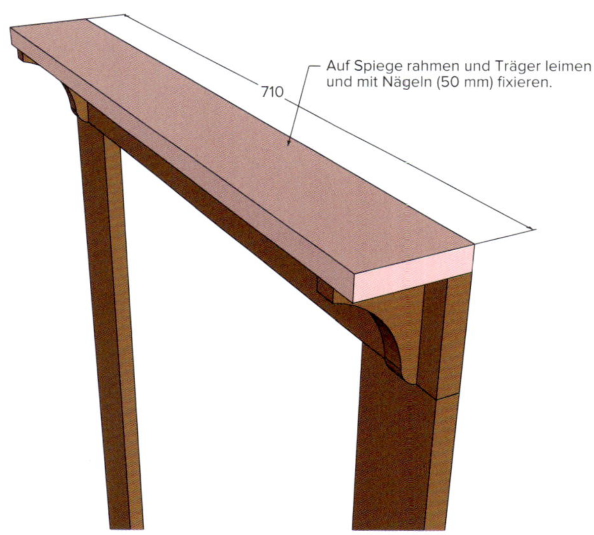

3

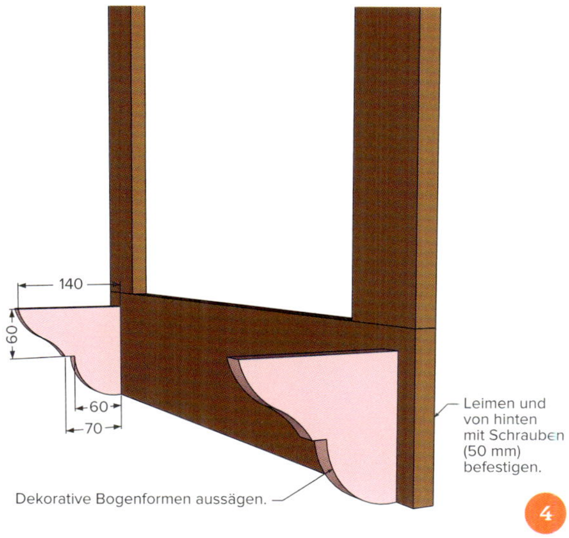

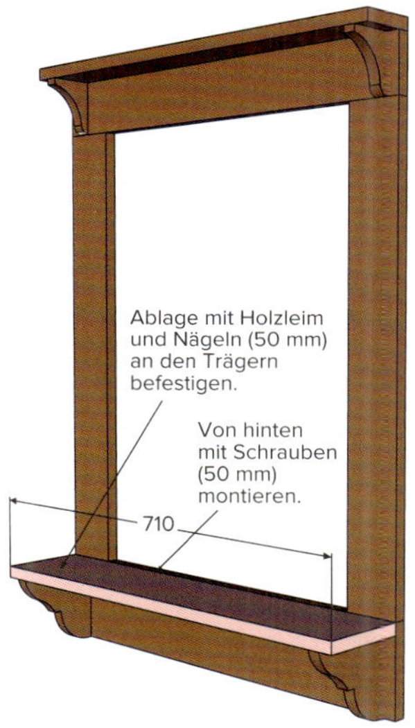

· ENDBEHANDLUNG ·

Ich habe alle rauen Kanten und Verbindungen leicht geschliffen, aber das Holz insgesamt nicht zu stark geglättet. Nach der Grundierung habe ich eine Schicht seidenglänzende Farbe in mattem Blau aufgetragen und alles einen ganzen Tag trocknen lassen. Dann habe ich die Farbe von unebenen Stellen im Holz mit einem Schaber teilweise wieder abgetragen und, um den Antikeffekt noch zu verstärken, an einigen Ecken und Kanten die Farbe stärker abgeschliffen. Danach bekam der Rahmen einen Anstrich mit Klarlack. Zum Aufhängen habe ich eine große, stabile Bilderöse verwendet.

PROJEKT

Nr. 3

ABLAGETISCH

ALS ICH SO EINEN TISCH ZUM ERSTEN MAL gebaut hatte, war ich begeistert. Er war robust, sah gut aus, kostete nicht viel und war praktisch, um Kleinigkeiten wie Schlüssel und Sonnenbrillen griffbereit aufzubewahren. Auf dem unteren Regalbrett können Lieblingsbücher stehen, aber auch Körbe für Schuhe oder Altpapier. Mit einem Aufsatz (Seite 80) wird das Möbelstück noch vielseitiger.

ABMESSUNGEN

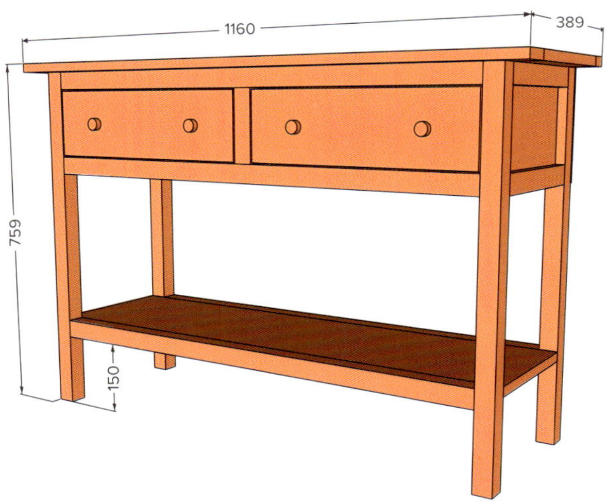

€€€

2

MATERIALLISTE

Korpus

Kiefer, 38 x 38 mm:

- 4 Tischbeine, 740 mm lang
- 6 Längsträger, 990 mm lang
- 4 Querträger, 285 mm lang
- 2 Mittelstege, 145 mm lang

Kiefer 38 x 19 mm:

- 4 Querhölzer, 285 mm lang

MDF, 19 mm dick:

- 1 Tischplatte, 1160 x 285 mm
- 2 Stirnbretter, 285 x 221 mm
- 1 Kantenleiste (vorn), 1160 x 60 mm
- 1 Kantenleiste (hinten), 1160 x 44 mm
- 1 Zwischenboden, 1066 x 285 mm
- 2 Kantenleisten, 990 x 38 mm

Sperrholz, 6 mm dick:

- 1 Rückwand, 1066 x 221 mm

Schubladen

MDF, 19 mm dick:

- 2 Frontplatten, 470 x 140 mm
- 2 Querbretter, 410 x 90 mm
- 2 Seitenbretter, 330 x 90 mm

Sperrholz, 6 mm dick:

- 1 Boden, 448 x 330 mm

- 2 Paar Auszugsschienen, 305 mm lang
- 2 Möbelknöpfe

Spanplatten-/Taschenschrauben oder Holzdübel

Nägel

Holzleim

Material für die Endbehandlung

WERKZEUG

Grundausstattung

Hilfsvorrichtung für Taschenbohrungen oder Bohrmaschine mit Bohrer und Senker

Handkreissäge oder andere Säge zum Ablängen

Nagler

HINWEIS

Alle Taschenbohrungen müssen vor dem Zusammenbau eingebracht werden. Skizzen genau durchsehen, Löcher anzeichnen und bohren. Erst dann mit der Montage beginnen.

Die Anleitung für den passenden Aufsatz finden Sie auf Seite 80.

· GEBAUT VON ·

ASHLEY MILLS

www.thehandmadehome.net

„Mein Mann und ich haben den Tisch an einem Wochenende gebaut. Er ist wirklich vielseitig, erst recht mit dem passenden Aufsatz, und trotzdem können sich selbst Anfänger ruhig heranwagen. Sie können sich alle Teile maßgenau zuschneiden lassen und brauchen nur wenige Werkzeuge: Hammer, Bohrschrauber und Hilfsvorrichtung für Taschenbohrungen. Am schwierigsten war es, alle Teile genau rechtwinklig auszurichten. Dabei ist ein zweites Händepaar enorm hilfreich."

1 SEITENTEILE

Die seitlichen Querhölzer mit Holzleim und Nägeln (30 mm) bündig an den äußeren Kanten der Seitenteile anbringen. Falls Ihre Seitenteile nicht exakt 285 mm breit sind, müssen Sie die Länge der Hölzer entsprechend anpassen.

2 BEINE

Taschenbohrungen (20 mm) vorbohren und die Beine mit Taschenschrauben (30 mm) an den Seitenteilen montieren. Sie schließen bündig mit der Oberkante der Seitenteile ab. Alternativ können Sie Holzleim und Senkkopfschrauben (65 mm) verwenden.

3 VORDERER/HINTERER RAHMEN

Taschenbohrungen (38 mm) in die Enden der vorderen und hinteren Längsträger bohren und die Träger mit den Beinen verbinden. Alle Verbindungen zusätzlich verleimen. Von oben nach unten arbeiten und das Werkstück kopfüber drehen, um die Taschenbohrungen gut erreichen zu können. Alternativ mit Holzleim und Senkkopfschrauben (65 mm) verbinden.

4 MITTELSTEGE

Die Positionen der Mittelstege genau mittig anzeichnen (siehe Abbildung). Die Hölzer entweder von innen mit Taschenschrauben (65 mm) oder von oben und unten mit Senkkopfschrauben (65 mm) montieren.

5 RÜCKWAND

Die Rückwand wird mit Holzleim und Stahlstiften (30 mm) angebracht.

6 QUERTRÄGER

Die Querträger können Sie entweder mit Taschenschrauben (65 mm) oder Senkkopfschrauben (65 mm) befestigen. Die Positionen anzeichnen und die Hölzer zusätzlich verleimen. Der untere Träger muss bündig mit den Mittelstegen abschließen. An ihm wird später die Auszugschiene befestigt.

7 TISCHPLATTE

Die Platte mit Holzleim und Schrauben (50 mm) so montieren, dass sie an den Schmalseiten 45 mm übersteht. Die 285 mm breite Platte schließt bündig mit dem seitlichen Rahmen ab und deckt die oberen Enden der Beine nicht ab.

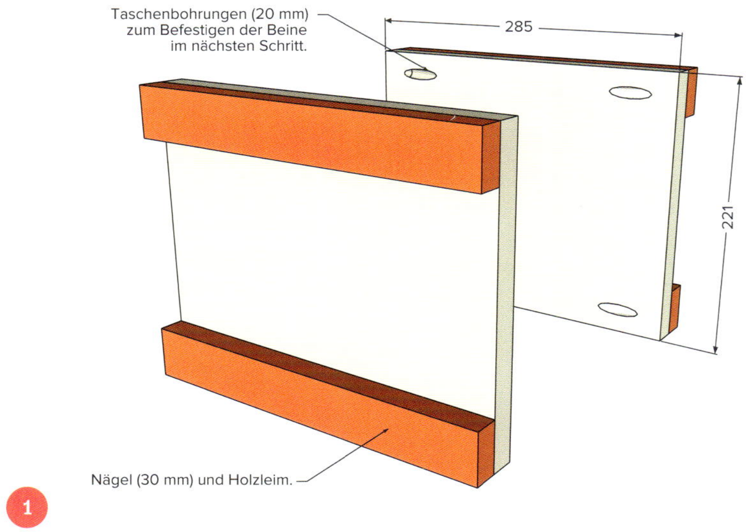

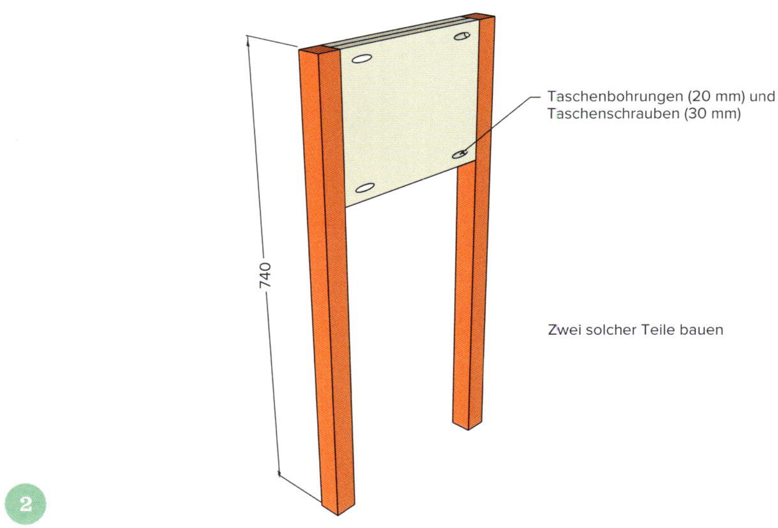

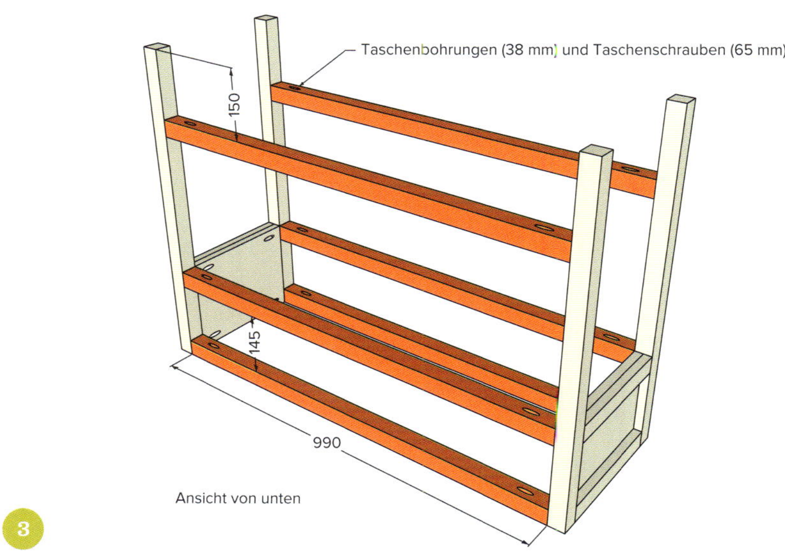

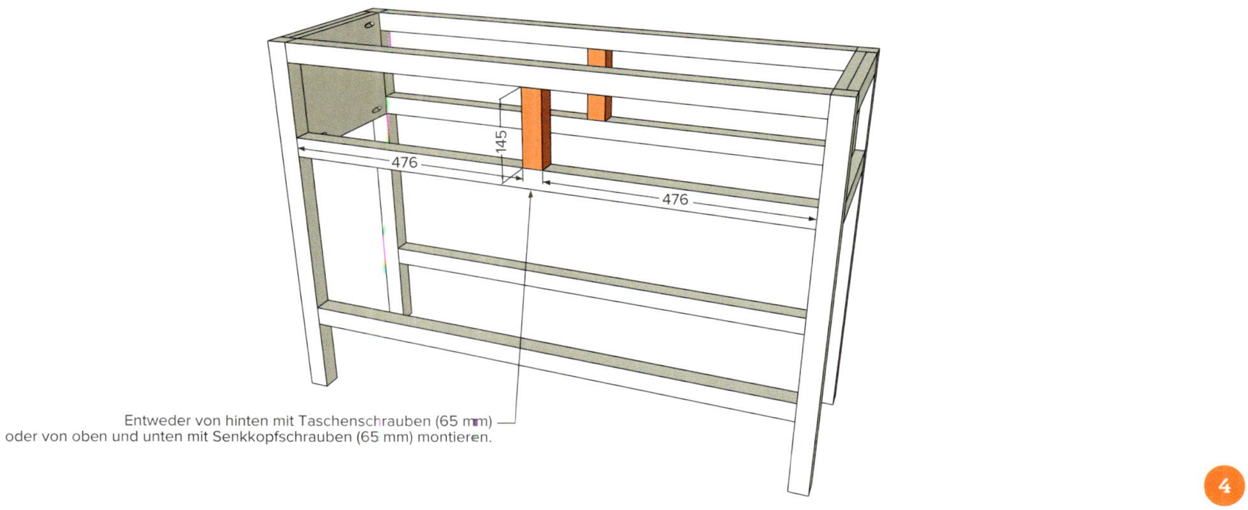
145
476
476
Entweder von hinten mit Taschenschrauben (65 mm)
oder von oben und unten mit Senkkopfschrauben (65 mm) montieren.
4

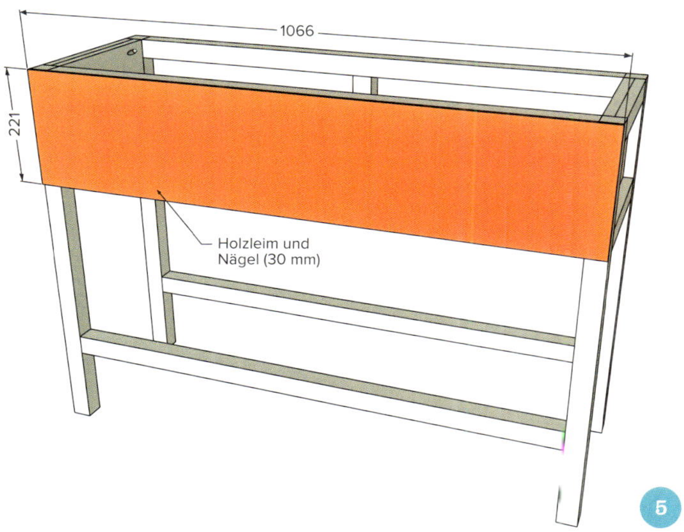
1066
221
Holzleim und
Nägel (30 mm)
5

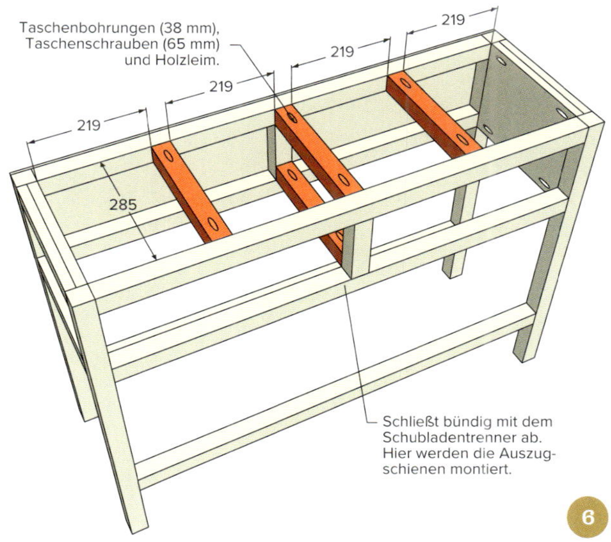
Taschenbohrungen (38 mm),
Taschenschrauben (65 mm)
und Holzleim.
219
219
219
219
285
Schließt bündig mit dem
Schubladentrenner ab.
Hier werden die Auszug-
schienen montiert.
6

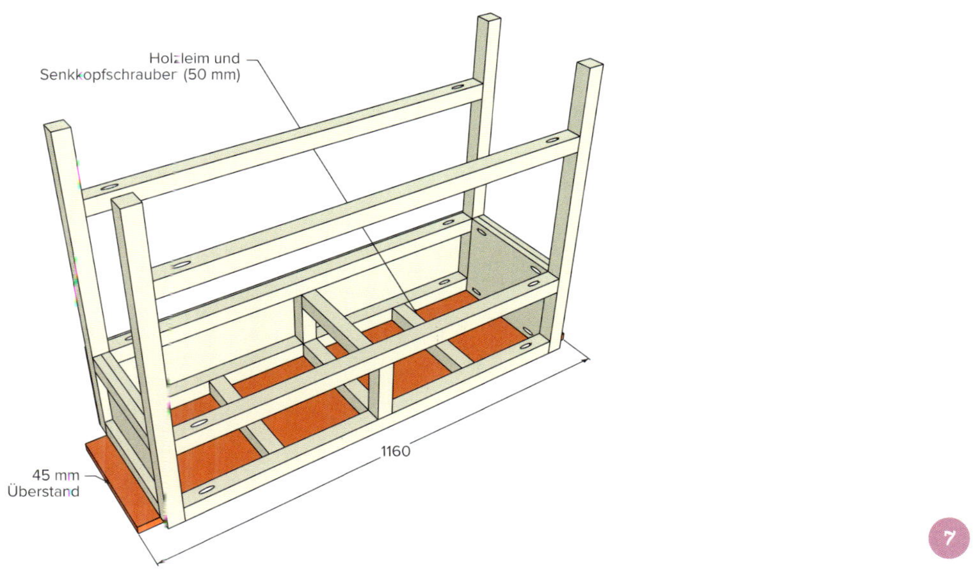
Holzleim und
Senkkopfschrauben (50 mm)
1160
45 mm
Überstand
7

8 ZWISCHENBODEN

Entweder entlang der Kante des Bodens Taschenbohrungen (20 mm) einbringen und ihn mit Taschenschrauben (30 mm) an den unteren Längsträgern befestigen oder Holzleim und Senkkopfschrauben (65 mm) verwenden. Die Schmalseiten des Bodens schließen bündig mit den Außenseiten der Beine ab.

9 KANTENLEISTEN

Die beiden Leisten mit Holzleim und Nägeln (50 mm) anbringen: die 44 mm breite Leiste hinten und die 60 mm breite vorn. Ihre Enden schließen bündig mit den Schmalseiten der Tischplatte ab.

10 SCHUBLADEN

Die Kästen bauen und die Böden mit Holzleim und Stahlstiften (30 mm) anbringen. Die Fronten noch nicht montieren. Beim Anschrauben der Auszugschienen 20 mm Abstand zur Vorderkante des Ablagetischs halten (wird für die Schubladenfronten benötigt). Prüfen Sie jetzt, ob sich die Schubladen leicht bewegen lassen. Wenn das der Fall ist, die Fronten so anbringen, dass ringsum ein Spalt von etwa 3 mm bleibt. Die Fronten mit Holzleim und Stahlstiften (30 mm) montieren und zusätzlich von innen mit Schrauben (30 mm) an den Schubkästen befestigen. Zuletzt die Griffe festschrauben.

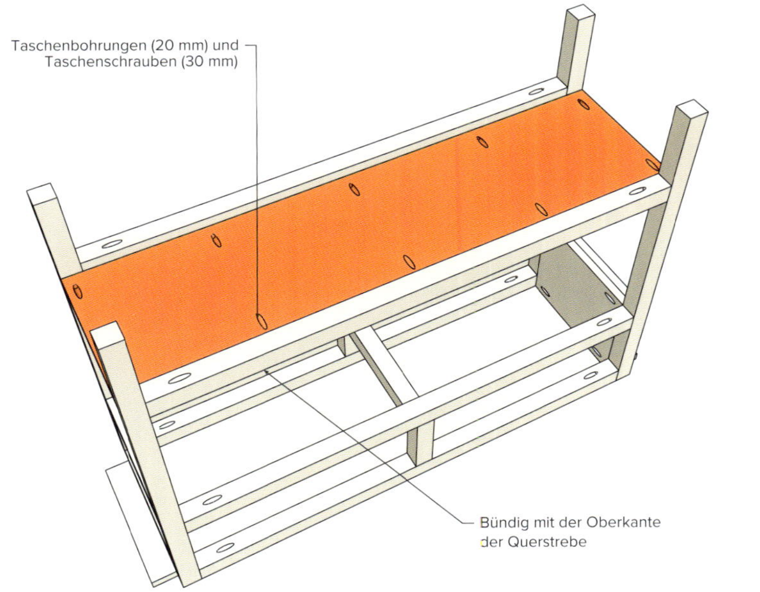

8

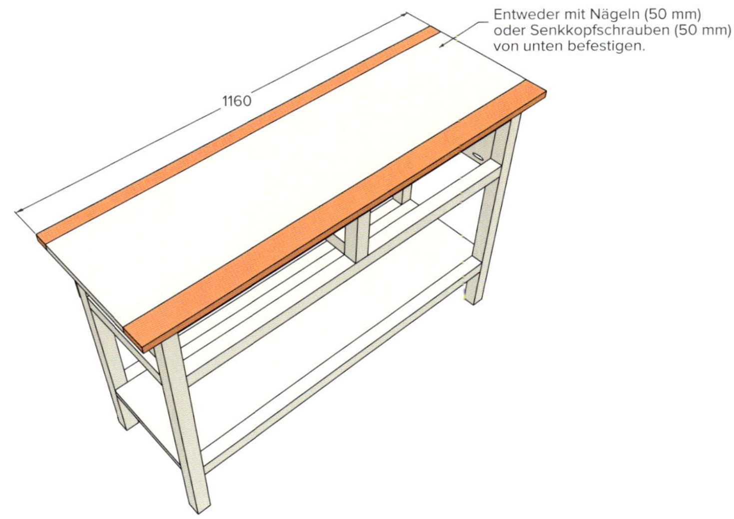

9

10

VERBREITETE MÖBELBAU-LEGENDEN

1 TISCHLERN IST NICHTS FÜR FRAUEN.
In der Tat sind die meisten Handwerker Männer. Doch mit Holz kann jeder arbeiten, der seine Wohnung aufwerten möchte. Körperkraft spielt keine große Rolle, wenn man mit modernen Werkzeugen arbeitet. Immer mehr Frauen greifen zu Säge und Nagler, um ihre Wohnungen schön und vor allem kostengünstig einzurichten. Tischlern ist für alle da.

2 FÜR DEN MÖBELBAU BRAUCHT MAN SPEZIELLE WERKZEUGE.
Ja, Sie brauchen etwas, um Holz zuzuschneiden (falls Ihr Baumarkt diesen Service nicht anbietet), und ja, Sie brauchen etwas, um die Möbel zu montieren. Aber eine professionell ausgestattete Werkstatt brauchen Sie nicht. Für die meisten Möbel in diesem Buch genügen Bohrschrauber, Handkreissäge und einige Handwerkzeuge.

Je mehr Werkzeug Sie haben und je besser deren Qualität ist, desto besser geht der Möbelbau von der Hand. Es ist aber durchaus möglich, Möbel mit ganz gewöhnlichen, haushaltsüblichen Werkzeugen zu bauen.

3 WARUM MÖBEL SELBER BAUEN, WENN MAN SIE FLACH VERPACKT IM ABHOLMARKT GÜNSTIG KAUFEN KANN?
Erstens: Auch zum Zusammenbauen brauchen Sie einige Werkzeuge und vielleicht einen Akkuschrauber. Zweitens bestehen die meisten dieser Möbel aus Spanplatte, die zwar preiswert ist, aber auch von geringer Qualität. Ob Sie das Material selbst einkaufen und ein Möbelstück bauen oder ob Sie Fertigteile montieren: So groß ist der Unterschied gar nicht. Und wenn das gekaufte Bücherregal nach einem Jahr auseinanderfällt – hat sich der günstige Preis dann ausgezahlt?

Wenn Sie Möbel selbst bauen, können Sie Stil und Größe exakt Ihren Bedürfnissen und räumlicher Gegebenheiten anpassen. Sie können ein zusätzliches Regal einbauen oder eine witzige Farbe aussuchen.

4 ELEKTROWERKZEUGE SIND GEFÄHRLICH.
Ja, wenn man sie nicht sachgemäß benutzt. Bei korrektem Umgang besteht keine Gefahr. Die beste Unfallverhütung besteht darin, sich ausgiebig mit der Handhabung vertraut zu machen.

5 MAN BRAUCHT DIE RICHTIGEN RAHMENBEDINGUNGEN.
Vielleicht haben Sie keinen Anhänger für den Materialtransport, keine Garage oder Werkstatt zum Arbeiten. Das sind keine Hindernisse. Die meisten Baumärkte bieten gegen geringes Entgelt einen Lieferservice an oder vermieten Transporter und Anhänger. In größeren Städten gibt es oft Gemeinschaftswerkstätten oder Werkstattflächen, die man tageweise mieten kann. Und ich wette: Ihr Vater wäre angenehm überrascht, wenn Sie fragen, ob er Ihnen übers Wochenende seine Garage und sein Werkzeug überlässt, damit Sie Möbel bauen können.

Wenn Sie alle Teile im Baumarkt zuschneiden lassen, müssen Sie nur noch die Montage erledigen. Das ist fast überall möglich, sogar auf dem Küchentisch.

Und wenn Sie viel Platz und Werkzeug haben, laden Sie doch schlechter ausgestattete Freundinnen zu einer Möbelbau-Party ein. Gemeinsam macht das Bauen noch mehr Spaß.

6 ICH HABE KEINE ZEIT, MÖBEL ZU BAUEN.
Als meine Tochter ganz klein war, wartete ich immer, bis Oma kam. Dann ging ich an die Arbeit. Damals war ich für jede Viertelstunde dankbar, die ich für den Möbelbau abzweigen konnte.

Niemand hat Zeit für den Möbelbau, aber jeder kann sie sich nehmen. Ersetzen Sie die Joggingrunde gelegentlich durch eine Handwerksstunde, oder lassen Sie kleine Kinder mit Holzresten spielen, während Sie bauen. Bedenken Sie, dass selbst gebaute Möbel helfen, Ordnung im Haus zu schaffen – und dadurch gewinnen Sie wiederum Zeit.

4
DAS WOHN-ZIMMER

LINKS: Galerie-Regale • OBEN RECHTS: Spiel-Couchtisch • UNTEN: Rustikale Bank

Ein behagliches, durchdacht eingerichtetes Wohnzimmer

ist der beste Ort, um gemeinsam mit den Lieben zu entspannen. In diesem Kapitel finden Sie Ideen, die ebenso praktisch wie wohnlich sind: eine Medienwand für die gesamte Unterhaltungselektronik, einen kindertauglichen Couchtisch, Regale für Fotos und kleine Dekorationen sowie eine Bank als zusätzliche Sitz- oder Ablagemöglichkeit. Natürlich können Sie auch den Ablagetisch (Seite 40) als Couchtisch verwenden oder einen Nachttisch (Seite 140) zum Beistelltisch umfunktionieren.

LINKS: Medienturm
OBEN RECHTS: Medienschrank

PROJEKT

Nr. 4

GALERIE-REGALE

ICH LIEBE ES, DIE WOHNUNG MIT ACCESSOIRES zu dekorieren, die ich im Lauf der Jahreszeiten immer wieder austausche. Das muss aber schnell und einfach zu bewerkstelligen sein. Geht es Ihnen ähnlich? Dann gefällt Ihnen sicherlich dieses Galerie-Regal, auf dem Sie immer wieder andere schöne Kleinigkeiten präsentieren können – besondere Urlaubserinnerungen oder hübsche Sammlerstücke. Sie brauchen nur ein paar Euro und wenige Stunden, um aus einer leeren Wand einen Blickfang zu machen.

MATERIALLISTE

MDF, 19 mm dick:

1 Wandbrett, * x 90 mm

1 Bodenbrett, * x 90 mm

1 Frontleiste, * x 40 mm

* Längen beliebig,
Anzahl der Schrauben/Nägel entsprechend wählen.

Material für die Wandbefestigung

Spanplatten-/Taschenschrauben oder Holzdübel

Nägel

Holzleim

Material für die Endbehandlung

WERKZEUG

Grundausstattung

Nagler oder Hilfsvorrichtung für Taschenbohrungen oder Bohrschrauber mit Bohrer und Senker

Balkensucher (bei Bedarf)

Wasserwaage

ABMESSUNGEN

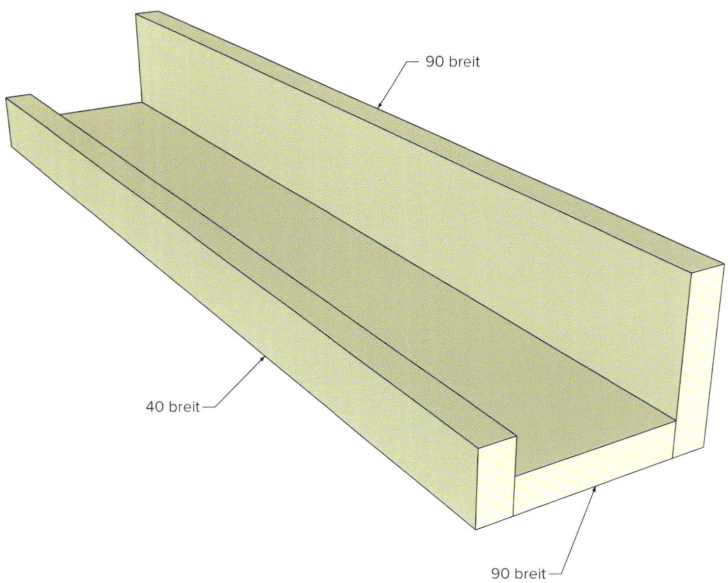

· GEBAUT VON ·
JAIME COSTIGLIO
www.thatsmyletter.blogspot.com

JAIMES DIY-TRICKS:

1. Verarbeite, was du im Haus hast.
2. Wandle Anleitungen für deine Räume ab.
3. Arbeite in kurzen Schritten und Zeitintervallen. Für mich ist das eine Notwendigkeit, aber ich gewinne dadurch Zeit zum Überlegen und fälle letztlich durchdachtere Entscheidungen.
4. Fehlt dir etwas? Bau es dir!
5. Benutze einfache Werkzeuge: Bohrschrauber, Säge, Schleifer, Nähmaschine. Nichts Kompliziertes.

“ **SO HABE ICH DIE REGALE GEBAUT:** Ich habe Holzreste mit viel „Charakter“ verarbeitet, grundiert und zweimal mit seidenglänzender Farbe in Cremeweiß gestrichen. Zur Wandbefestigung habe ich in die Rückwand Löcher gebohrt und mit dem Senker erweitert. Abdeckkappen verstecken die Schrauben. ”

1 RÜCKWAND

In die Unterseite des Regalbodens an beiden Längskanten in Abständen von 150–200 mm Taschenbohrungen (20 mm) einbringen und das Wandbrett mit Holzleim und Taschenschrauben (30 mm) montieren.

Alternativ reichlich Holzleim verwenden und das Wandbrett mit Nägeln oder Schrauben (50 mm) am Boden befestigen.

HINWEIS

Die Verbindung mit Taschenbohrungen ist sehr stabil und unauffällig. Wenn dies Ihr erstes Projekt ist und Sie keine Hilfsvorrichtung für Taschenbohrungen besitzen, können Sie die Teile auch mit Senkkopfschrauben und Holzleim zusammensetzen.

2 FRONTLEISTE

Diese Leiste wirkt dekorativ und verhindert, dass Ihre Bilder von dem schmalen Regal rutschen. Sie wird mit Holzleim und Nägeln (50 mm) bündig zur Unterkante des Bodens montiert. Alternativ können Taschenschrauben verwendet werden, wenn die Löcher vor der Montage vorgebohrt wurden.

AUFHÄNGEN AN LEICHTBAUWÄNDEN

Falls nötig, erst die Positionen von Holzständern ermitteln und markieren. Ein Regal an die Wand halten und die Position des Ständers auf seiner Rückseite anzeichnen. Auf entsprechender Höhe Löcher in die Rückwand des Regals bohren. Dann das Regal mit Schrauben (75 mm) durch die vorgebohrten Löcher hindurch an der Wand befestigen. Bei Metallständerwerk mit Hohlraumdübeln in der Beplankung arbeiten. Verwenden Sie eine Wasserwaage, um die Waagerechte zu prüfen.

Alternativ können Sie eine robuste Bilderaufhängung verwenden.

TIPP Wenn Sie mehrere Regale übereinander aufhängen, lassen Sie dazwischen etwa 400 mm Platz, um auch größere Bilder aufstellen zu können.

REGALLÄNGEN PLANEN

Die Regale sind einfach zu bauen, aber Sie sollten die Längen so bemessen, dass sie gut auf Ihre Wand passen. Wenn Sie massive Bretter verwenden, wählen Sie am besten Regallängen, bei denen kein oder wenig Verschnitt anfällt. Sie könnten Ihre Bretter beispielsweise halbieren oder dritteln. Regale unter 600 mm Länge sind nicht immer leicht aufzuhängen.

TIPP Markieren Sie Position und Länge der Regale zuerst mit Malerkrepp auf der Wand. Wenn Ihnen die Wirkung gefällt, bauen Sie die Regale in der entsprechenden Länge.

TIPP Bilder verschiedener Größen lassen sich gut unterbringen, wenn Sie die Regale versetzt aufhängen.

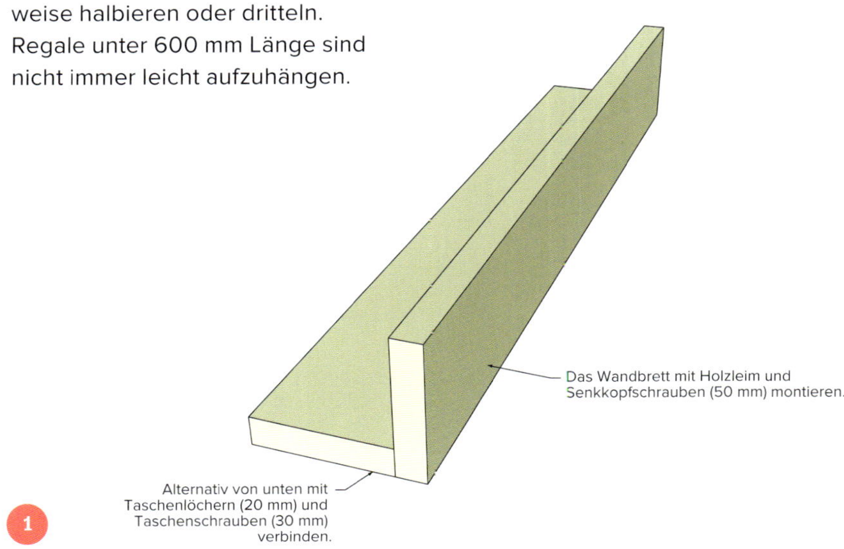

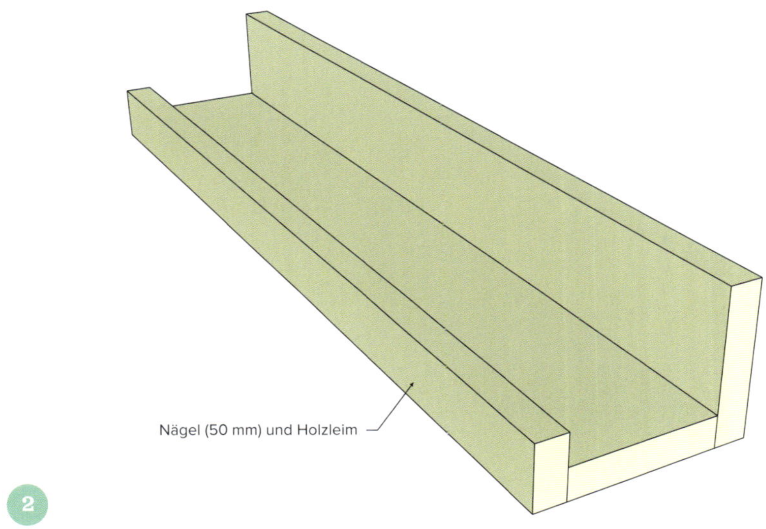

PROJEKT

Nr. 5

SPIEL-COUCHTISCH

WENN KINDER GERN AUF DEM COUCHTISCH spielen, kann schon einmal Unordnung entstehen. Da schafft dieser Tisch Abhilfe. Unter seiner zweigeteilten, herausnehmbaren Platte verstecken sich Fächer, in denen Spielzeug verschwinden kann. Sie haben keine Kinder? Dann verstauen Sie darin doch Laptop, Fernbedienungen oder Zeitschriften. In unserem Wohnzimmer steht schon seit Jahren so ein Tisch, und sein schlichtes, zweckmäßiges Design gefällt uns noch immer gut.

MATERIALLISTE

MDF 19 mm dick:

- 2 Längsbretter, 1220 x 140 mm
- 3 Seiten-/Zwischenbretter, 365 x 140 mm
- 2 Böden, 1220 x 403 mm
- 4 Beinteile, 440 x 65 mm
- 4 Beinteile, 440 x 40 mm
- 2 Aufdoppelungen (längs), 1128 x 40 mm
- 2 Aufdoppelungen (quer) 323 x 40 mm
- 2 Einlegeplatten 609 x 401 mm
- 2 Rahmenleisten (längs) 1220 x 40 mm
- 2 Rahmenleisten (quer) 483 x 65

Spanplatten-/Taschenschrauben oder Holzdübel

Nägel

Holzleim

Material für die Endbehandlung

evtl. Möbelknöpfe für Attrappen.

WERKZEUG

Grundausstattung

Bohrschrauber

Bohrer und Senker

Hilfsvorrichtung für Taschenbohrungen (nach Belieben)

Handkreissäge

Nagler

Wasserwaage

1 KASTEN BAUEN

Die Positionen aller Verbindungen auf den Längsbrettern anzeichnen und vorbohren. Die Schmalseiten des Rahmens und das Zwischenbrett gemäß Abbildung mit Holzleim und Schrauben (50 mm) oder Holzleim und Taschenschrauben (30 mm) anbringen.

2 BODEN

Einen Regalboden mit Holzleim und Schrauben (50 mm) am Rahmen befestigen.

3 BEINE AN DEN SCHMALSEITEN

Das Werkstück kopfüber drehen und die schmaleren Beinteile (40 mm) mit Holzleim und Schrauben (30 mm) bündig zu Ober- und Außenkanten anbringen.

4 BEINE AN DEN LÄNGSSEITEN

Nun die breiteren Beine (65 mm) ebenfalls bündig mit Holzleim und Schrauben (30 mm) montieren. Die äußere Stoßkante sehr sorgfältig verarbeiten. Es soll der Eindruck eines massiven Beins entstehen. Die Beine mit Stahlstiften (30 mm) zusammenfügen.

5 UNTERER BODEN

Den unteren Boden in 75 mm Abstand zu den unteren Enden der Beine mit Holzleim und Schrauben (50 mm) anbringen. Hinweis: Wenn Sie schwere Gegenstände darauf stellen wollen, sollten Sie die Ränder des Bodens zwischen den Tischbeinen zusätzlich mit Aufdoppelungen verstärken, die mit Holzleim und Stahlstiften (30 mm) von unten befestigt werden.

6 AUFDOPPELUNG OBEN

Die Holzstreifen an Längs- und Schmalseiten mit Stahlstiften (30 mm) oder Schrauben anbringen. Sie schließen bündig mit der Oberkante des Rahmens ab.

7 RAHMENLEISTEN LÄNGSSEITEN

Zuerst die Leisten auf den Längsseiten mit Holzleim und Schrauben (50 mm) montieren. Wenn Sie Taschenbohrungen bevorzugen, können Sie auch alle vier Rahmenleisten zuerst zu einem Rechteck zusammensetzen und dieses dann auf den Tisch schrauben.

ABMESSUNGEN

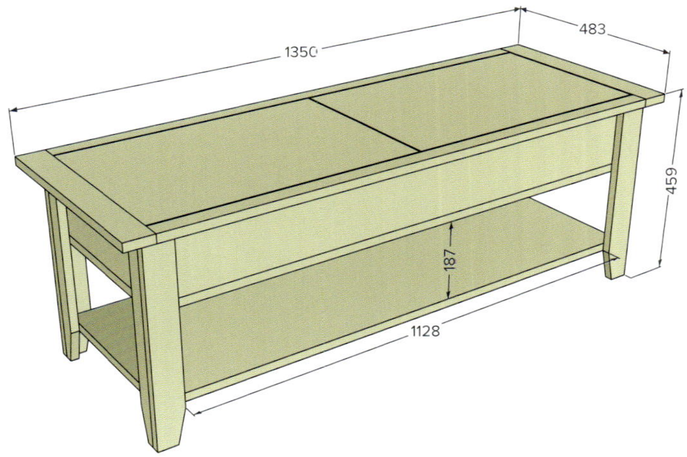

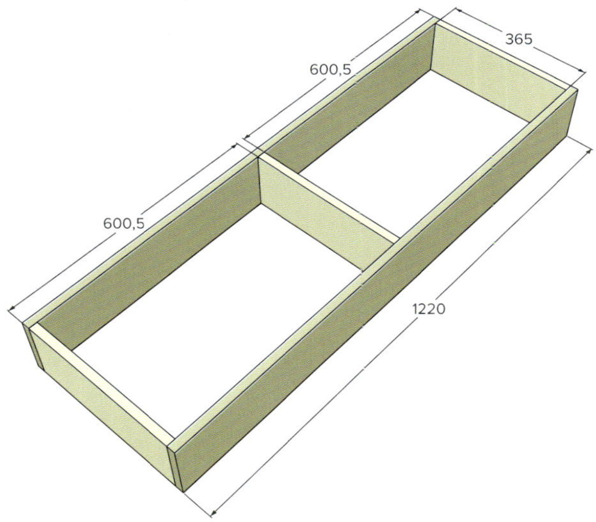

1

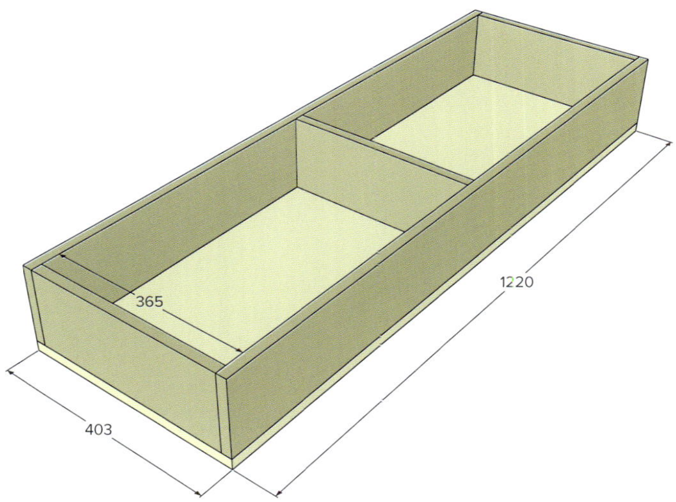

2

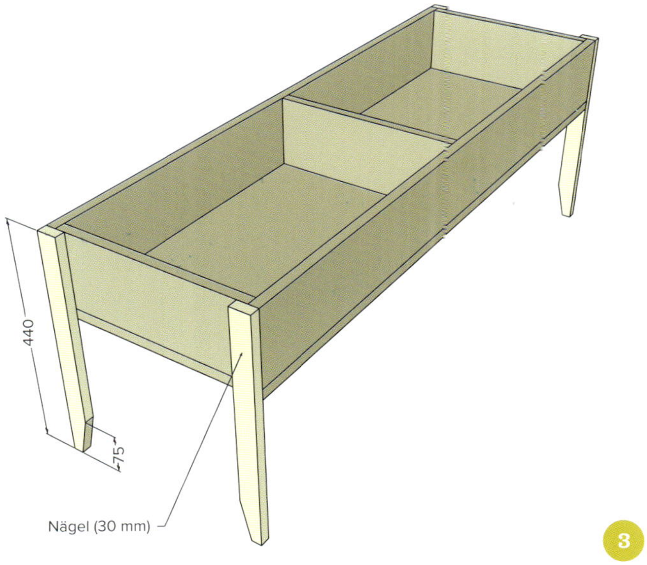
440
75
Nägel (30 mm)
3

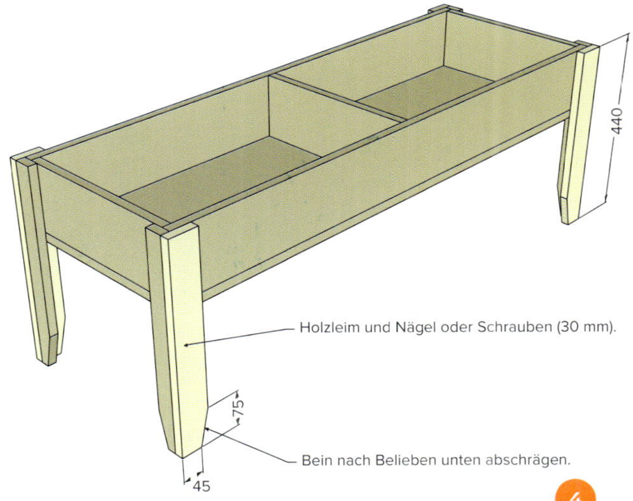
440
Holzleim und Nägel oder Schrauben (30 mm).
75
Bein nach Belieben unten abschrägen.
45
4

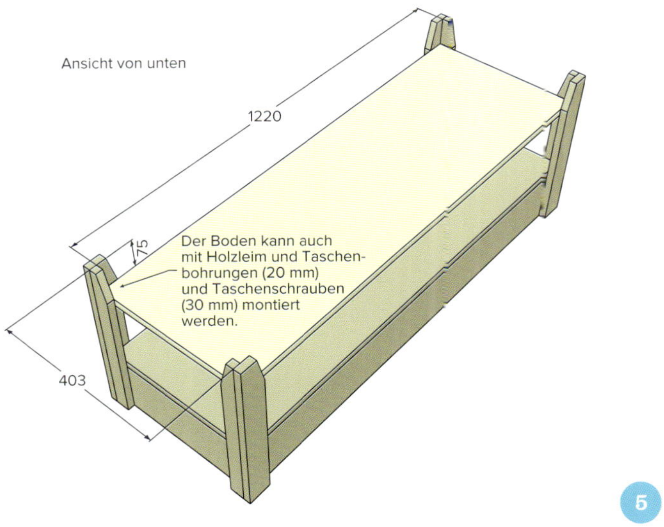
Ansicht von unten
1220
75
Der Boden kann auch mit Holzleim und Taschenbohrungen (20 mm) und Taschenschrauben (30 mm) montiert werden.
403
5

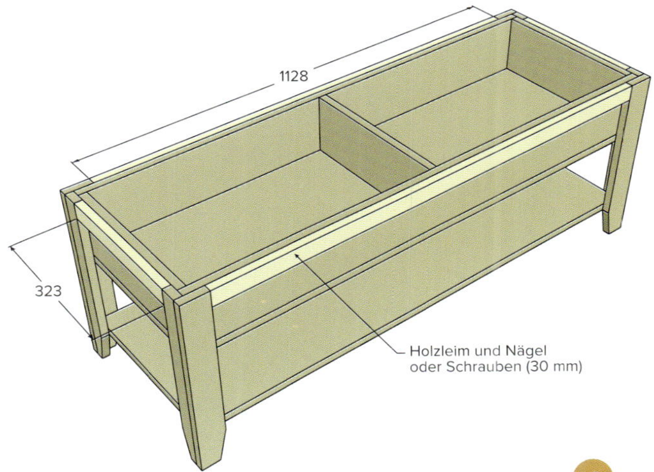
1128
323
Holzleim und Nägel oder Schrauben (30 mm)
6

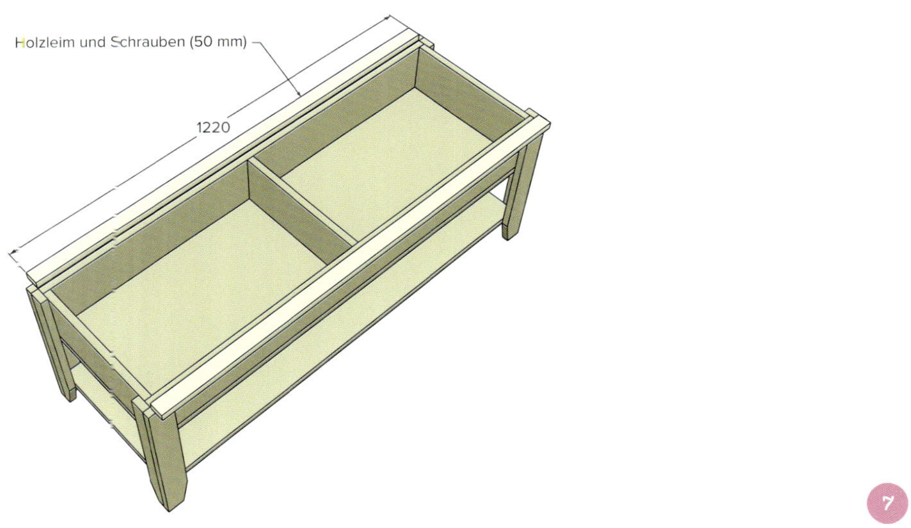
Holzleim und Schrauben (50 mm)
1220
7

8 RAHMENLEISTEN SCHMALSEITEN

Nun die Leisten auf den Schmalseiten mit Holzleim und Schrauben (50 mm) bündig zu den Kanten anbringen.

9 EINLEGEPLATTEN

Die Platten in die Öffnungen legen und prüfen, ob sie sich leicht herausnehmen lassen. Ist das nicht der Fall, die Kanten abschleifen, bis die Platten gut passen.

TIPP Statt Griffe zu montieren, können Sie auch Grifflöcher mit mindestens 20 mm Durchmesser in die Platten bohren.

Unter den herausnehmbaren Platten verstecken sich Fächer für Spielzeug.

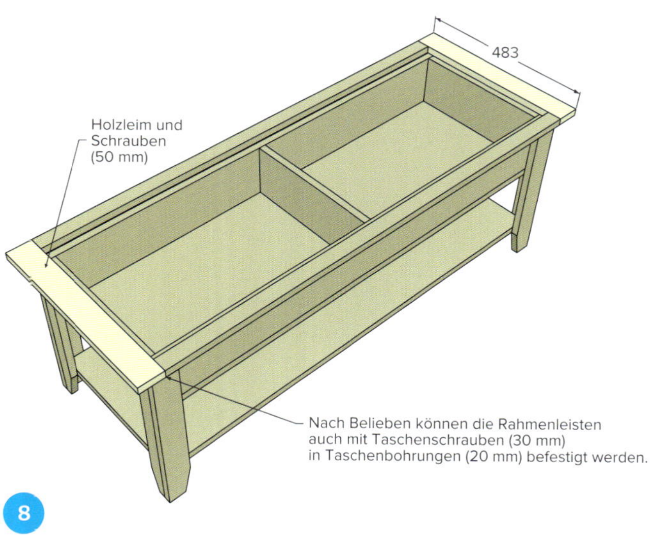

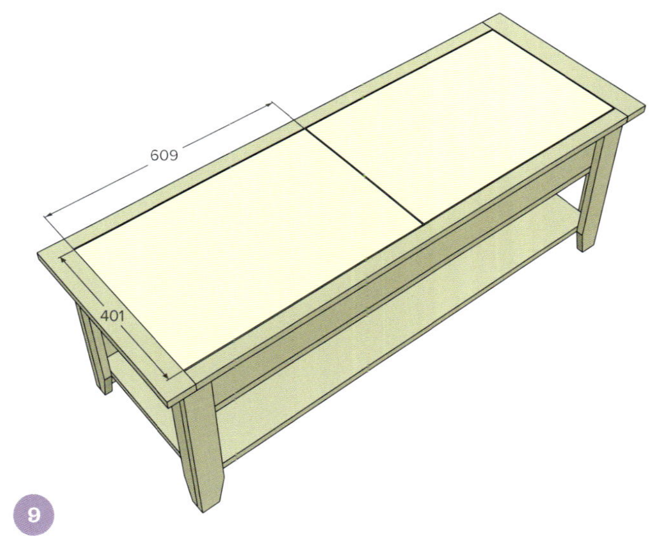

PROJEKT

Nr. 6

MEDIENTURM

DEN ATTRAKTIVEN TURM KÖNNEN SIE mit dem Medienschrank (Seite 60) kombinieren oder solo als Bücherregal überall im Haus aufstellen. Die Fächer bieten jede Menge Platz für Bücher, DVDs und persönliche Lieblingsstücke.

MATERIALLISTE

Korpus (für 1 Hochregal)

MDF 19 mm dick:

- 2 Seitenwände, 1810 x 285 mm
- 1 Kopfplatte, 760 x 285 mm
- 1 Kantenleiste, 760 x 40 mm
- 2 Festböden, 685 x 285 mm
- 4 Einlegeböden, 683 x 285 mm
- 2 Seitenblenden, 1745 x 40 mm
- 1 Kopfblende, 723 x 65 mm
- 1 Bodenblende, 723 x 65 mm
- 1 Festbodenblende, 723 x 40 mm

Sperrholz 6 mm dick:

- 1 Rückwand, 1829 x 723 mm

2 Türen (für 1 Hochregal)

MDF 13 mm dick:

- 4 Rahmenbretter (senkrecht), 592 x 65 mm
- 4 Rahmenbretter (quer), 147 x 65 mm

Sperrholz 4 mm dick:

- 2 Rückwände, 592 x 277 mm

- 4 Scharniere 60 x 40 mm (geöffnet)
- 2 Türgriffe

Magnetschnäpper

Bodenträger

Spanplatten-/Taschenschrauben oder Holzdübel

Nägel

Holzleim

Material für die Endbehandlung

WERKZEUG

Grundausstattung

Hilfsvorrichtung für Taschenbohrungen

Bohrschrauber mit Bohrer und Senker (nach Belieben)

Nagler

Handkreissäge oder andere Säge zum Ablängen

ABMESSUNGEN

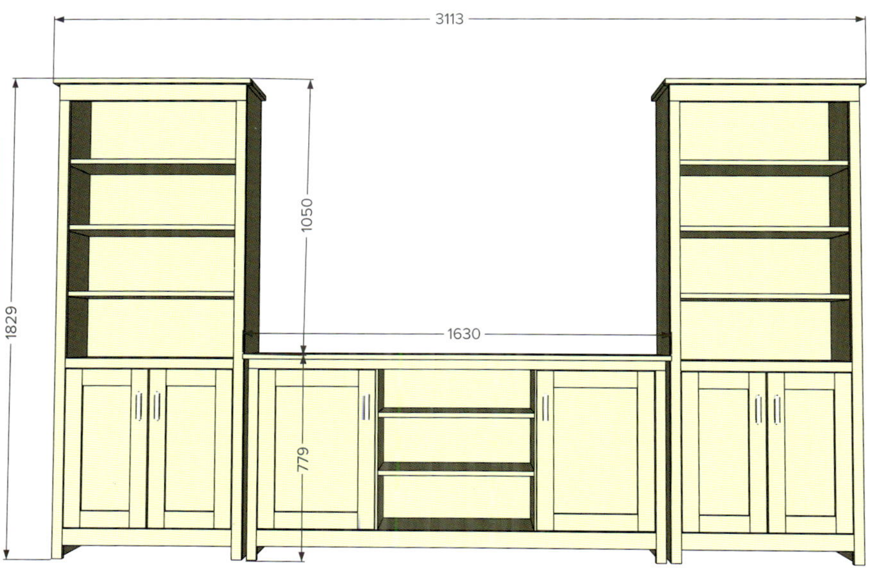

SONOMA VALLEY WINES
FROM
Sebastiani
VINEYARDS
ESTABLISHED 1885

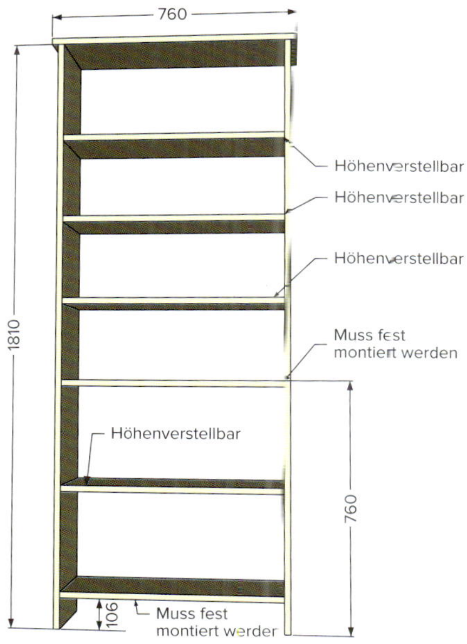

1

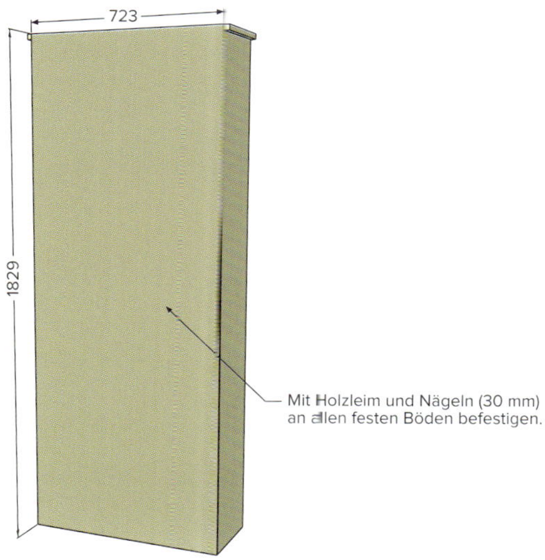

2

3

1 DEN KASTEN BAUEN

Bei der Anordnung der Regalböden die Abbildung beachten. Drei müssen fest eingebaut werden: oben, in der Mitte (760 mm Höhe) und unten. Alle anderen können auf Regalträgern liegen und damit höhenverstellbar sein. Werden auch sie fest eingebaut, gewinnt das Möbelstück an Stabilität.

Zum Einbau der festen Böden können Sie Taschenbohrungen (20 mm) und Taschenschrauben (30 mm) verwenden, oder alternativ Holzleim und Stahlstifte oder Senkkopfschrauben (50 mm).

Die Kopfplatte ragt 20 mm über die Seitenwände hinaus. Tipp: Mit einem Holzrest in 20 mm Stärke lässt sich dieser Überstand schnell prüfen.

2 RÜCKWAND

Auf die rückwärtigen Kanten aller fest montierten Böden Holzleim geben. Die Rückwandplatte auflegen und bündig ausrichten. Die Rückwand mit Stahlstiften (30 mm) festnageln.
Tipp: Damit Sie wissen, wo Sie nageln müssen, zeichnen Sie zuerst auf der Rückwand anhand Abbildung 1 die Positionen der festen Böden an.

3 KOPFBLENDE

Die rückwärtigen Ränder der Blende mit Holzleim bestreichen. Die Blende so auflegen, dass sie bündig mit Seiten- und Oberkanten abschließt. Mit Stahlstiften (50 mm) befestigen.

4 SEITENBLENDEN

Holzleim auf die Vorderkanten der Seitenwände und auf die äußeren 20 mm der Kanten der fest eingebauten Böden geben. Die seitlichen Blenden so auflegen, dass sie bündig mit den Seitenwänden abschließen, und mit Stahlstiften (50 mm) festnageln. Auch in die Enden der Böden je einen Nagel einschlagen.

5 BLENDE AM REGALBODEN

Auf die Kante des fest montierten Regalbodens in der Mitte und auf die Enden der Blende Holzleim geben. Die Blende mit Stahlstiften (50 mm) so anbringen, dass ihre Oberkante bündig mit der Oberkante des Regalbodens abschließt. Zwei Nägel, die durch die seitlichen Blenden eingeschlagen werden, geben ihr zusätzlichen Halt.

6 BODENBLENDE

Holzleim auf die Kante des unteren Regalbodens und die Enden der unteren Blende geben. Die Blende bündig ansetzen und mit Nägeln (50 mm) befestigen. Auch sie wird mit zwei Nägeln durch die seitlichen Blenden zusätzlich fixiert.

7 KANTENLEISTE OBEN

Holzleim auf die Vorderkante der Kopfplatte und die Oberkante der Kopfblende geben. Die Kantenleiste auflegen und von oben mit Stahlstiften (50 mm) befestigen. Zur zusätzlichen Stabilisierung auch von vorn einige Nägel einschlagen.

8 TÜREN

In beide Enden aller kurzen Rahmenteile Taschenlöcher (13 mm) bohren. Die Rahmen mit Taschenschrauben (25 mm) zusammensetzen. Die Türfüllung mit Leim einsetzen und zusätzlich kurze Nägel (16 mm) einschlagen. Achten Sie darauf, dass die Türen exakt rechtwinklig sind. Die Türen mit Scharnieren nach Wahl einbauen, dann Griffe anbringen.

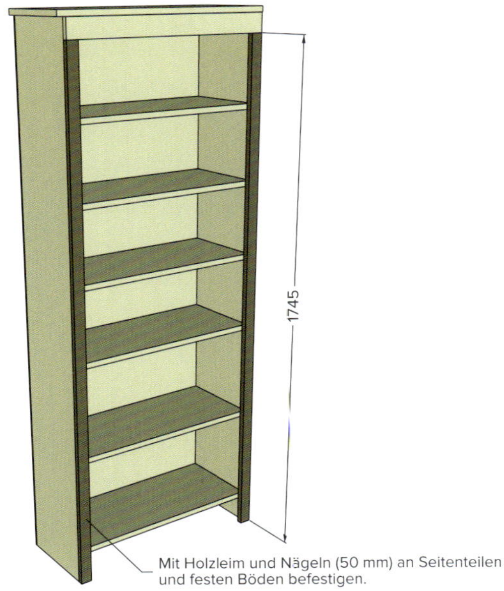

4

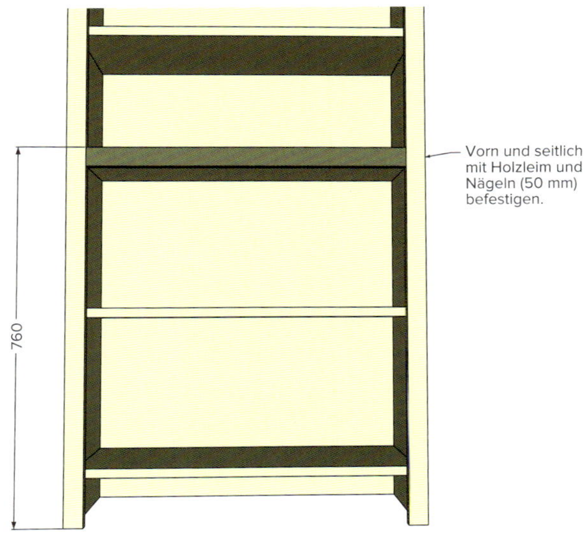

5

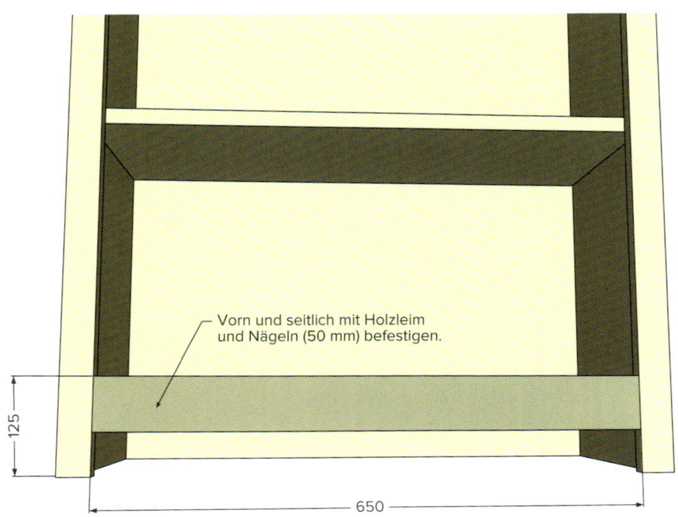

6

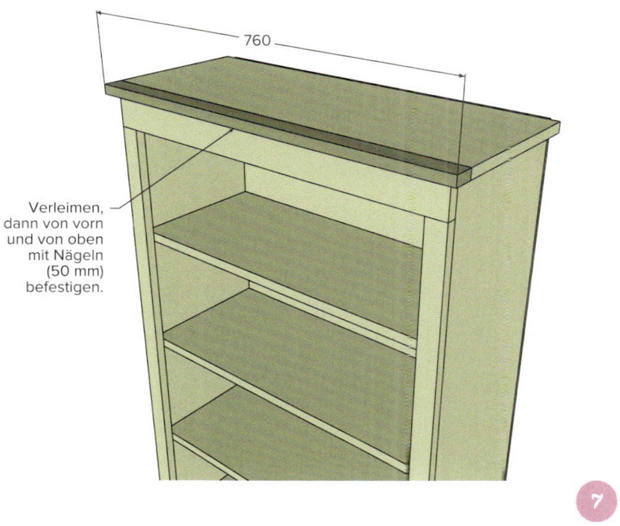

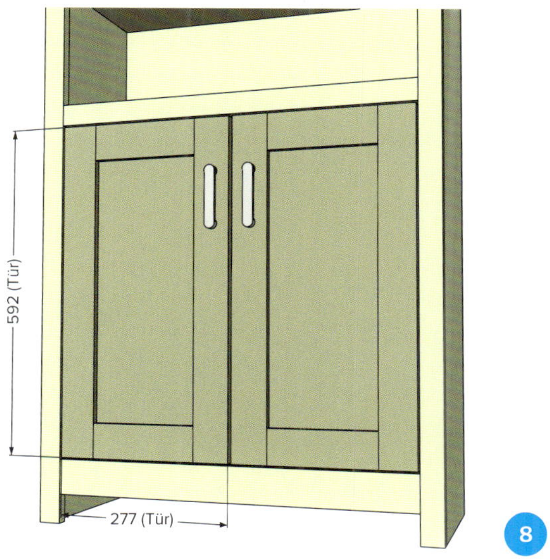

· GEBAUT VON ·
HILLARY DICKMAN
www.friendly-home.net

„Die Rückwände meiner Regale habe ich mit Grasgewebe von alten Rollos beklebt. Das Holz habe ich (ohne Grundierung) mattschwarz gestrichen, dann leicht abgeschliffen und mit dunkelbraunem Möbelwachs behandelt. Durch das Wachs fühlt sich das Holz wunderbar glatt an und hat einen seidigen Glanz."

PROJEKT

Nr. 7

MEDIEN-SCHRANK

AUF DIESEM NIEDRIGEN, 163 CM BREITEN Schrank haben auch Flachbildschirme im XXL-Format Platz. In offenen Fächern können Fernbedienungen und Spiele-Controller verstaut werden. Für weniger ansehnliches Zubehör ist hinter den Türen reichlich Platz. Der praktische Medienschrank ist ein Gewinn für jedes Familienwohnzimmer und bildet zusammen mit zwei Medientürmen eine komplette „Wohnwand".

ABMESSUNGEN

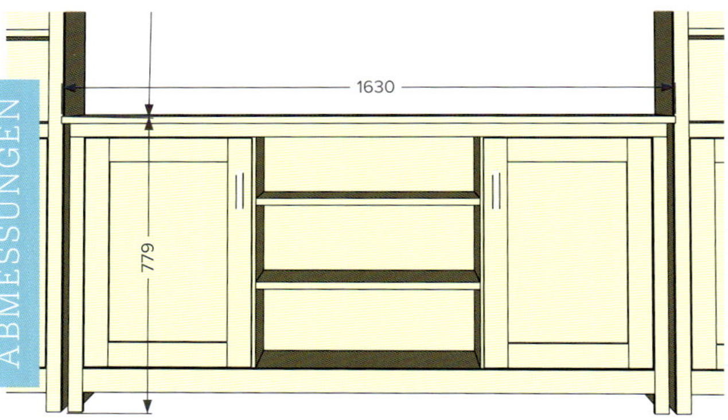

MATERIALLISTE

Korpus

MDF 19 mm dick:

- 1 Kopfplatte, 1630 x 285 mm
- 1 Kantenleiste, 1630 x 40 mm
- 1 Bodenplatte, 1550 x 285 mm
- 2 Seitenwände, 760 x 285 mm
- 2 Zwischenwände, 635 x 285 mm
- 2 Einlegeböden, 600 x 285 mm
- 1 Kopfblende, 1588 x 40 mm
- 1 Bodenblende, 1508 x 65 mm
- 2 Seitenblenden, 720 x 40 mm

Sperrholz 6 mm dick:

- 1 Rückwand, 1588 x 779 mm

2 Türen

MDF 13 mm dick:

- 4 Rahmenbretter (senkrecht), 592 x 65 mm
- 4 Rahmenbretter (quer), 147 x 65 mm

Sperrholz 4 mm dick:

- 2 Rückwände, 592 x 461 mm

- 4 Scharniere 60 x 40 mm (geöffnet)
- 2 Türgriffe; Magnetschnäpper

Bodenträger

Spanplatten-/Taschenschrauben oder Holzdübel; Nägel

Holzleim

Material für die Endbehandlung

WERKZEUG

Grundausstattung

Hilfsvorrichtung für Taschenbohrungen

Nagler

Handkreissäge

Bohrschrauber

· GEBAUT VON ·

HILLARY DICKMAN

www.friendly-home.net

„Diese Wohnwand ist von allen gemeinsam genutzten Räumen unserer Wohnung aus gut zu sehen. Sie wirkt im geräumigen Wohnbereich nicht verloren, aber auch nicht zu wuchtig und ist groß genug für unseren sehr großen Fernseher"

HILLARYS TIPPS

- Weil das Möbelstück so groß ist, müssen wirklich alle Winkel genau stimmen. Lassen Sie sich bei der Montage Zeit!
- Sollen die Einlegeböden verstellbar sein, bohren Sie die Löcher für die kleinen Träger am besten mit einer Bohrschablone vor. Dann können Sie sicher sein, dass die Böden später gerade sitzen.
- Um eine Lücke zwischen Schrank und Wand zu vermeiden, lösen Sie die Fußleisten und schneiden sie so zu, dass sie genau an die Seitenteile des Möbelstücks stoßen.

1 DEN KASTEN BAUEN

Zuerst alle Verbindungen gemäß Abbildung anzeichnen. Wenn Sie Taschenschrauben verwenden wollen, müssen auch alle Bohrungen dafür jetzt hergestellt werden (20 mm). Bei der Montage des Kastens von innen nach außen arbeiten. Wenn die Regalböden im Mittelteil verstellbar sein sollen, können Sie die Löcher für die Regalträger nun mit einer Bohrschablone vorbohren und die Böden später einsetzen.

BOHRSCHABLONEN

Bohrschablonen gibt es im Baumarkt zu kaufen. Sie erleichtern es erheblich, auf mehreren Bauteilen Bohrungen in gleichen Abständen vorzunehmen, etwa zum Einstecken von Regalträgern.

TIPP Die Kopfplatte steht beidseitig 20 mm über die Seitenwände hinaus.
Mit einem Holzrest in 20 mm Stärke lässt sich dieser Überstand schnell prüfen.

2 RÜCKWAND

Auf der Rückwandplatte die Positionen der fest montierten Regalböden und Zwischenwände anzeichnen. Holzleim an die rückwärtigen Kanten aller fest montierten Böden und Trennwände geben. Die Rückwand auflegen, bündig ausrichten und mit Stahlstiften (30 mm) an allen Kanten festnageln.

3 KOPFBLENDE

Die Blende auflegen und ihre Position auf dem Werkstück anzeichnen. Abnehmen und im markierten Bereich Holzleim auftragen. Die Blende wieder auflegen. Sie muss bündig mit Seiten- und Oberkanten abschließen. Mit Stahlstiften (50 mm) befestigen.

4 KANTENLEISTE OBEN

Holzleim auf die Vorderkante der Kopfplatte und die Oberkante der Kopfblende geben. Die Kantenleiste auflegen – Enden bündig mit den Seitenteilen – und von oben mit Stahlstiften (50 mm) befestigen. Zur zusätzlichen Stabilisierung auch von vorn einige Nägel einschlagen.

5 SEITENBLENDEN/BEINE

Die seitlichen Blenden mit Holzleim und Stahlstiften (50 mm) anbringen – auch am unteren Regalboden.

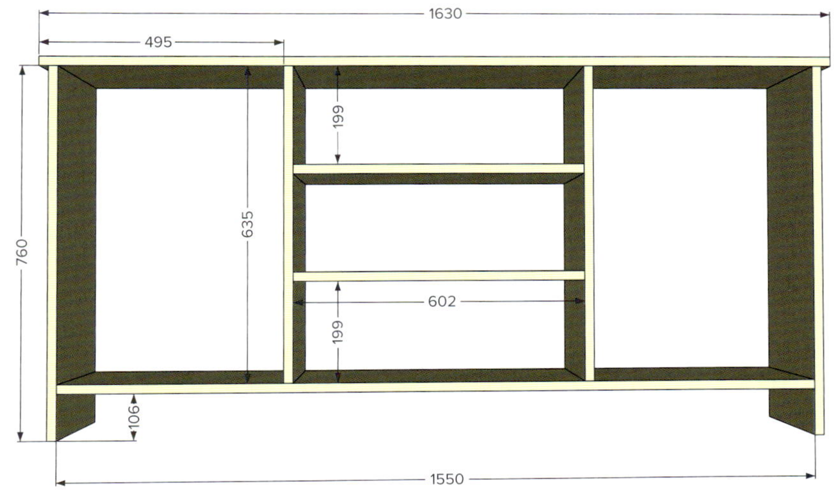

1

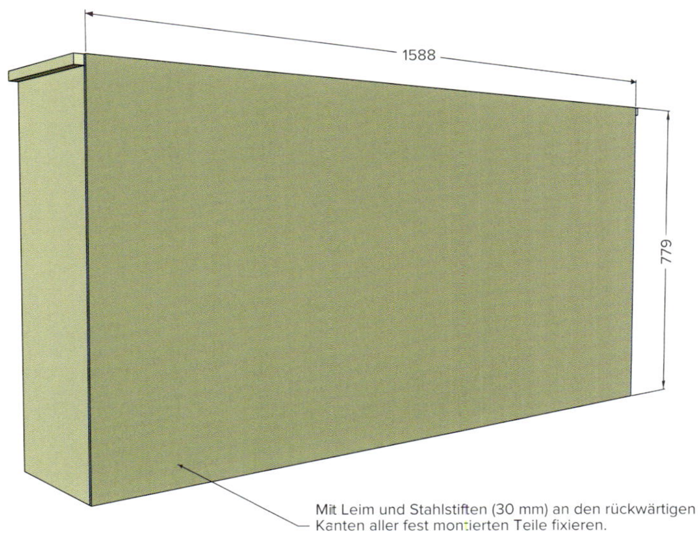

2

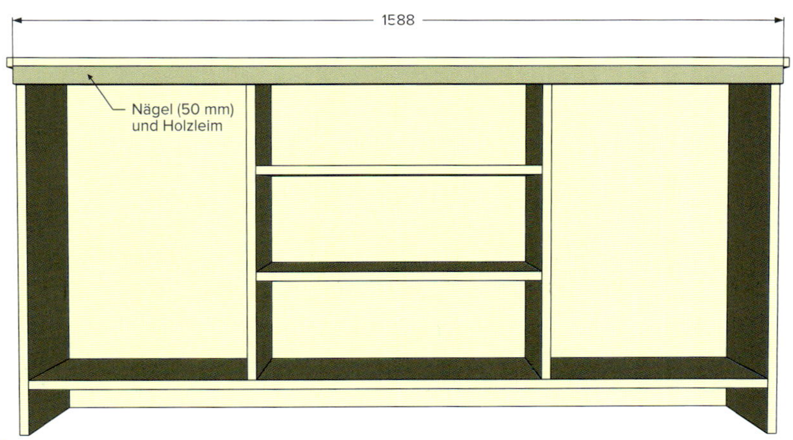

3

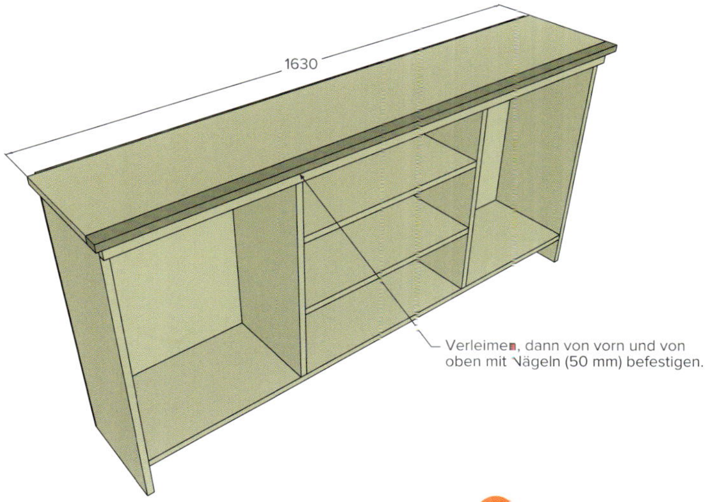

4

6 BODENBLENDE

Die untere Blende mit Holzleim und Stahlstiften (50 mm) am unteren Regalboden und den Zwischenwänden befestigen. Zwei Nägel durch die Seitenblenden einschlagen, um die Blende zusätzlich zu fixieren.

7 TÜREN

In beide Enden aller kurzen Rahmenteile Taschenlöcher (13 mm) bohren. Die Rahmen mit Taschenschrauben (25 mm) zusammensetzen. Die Türfüllung mit Leim einsetzen und zusätzlich kurze Nägel (16 mm) einschlagen. Mit Zwingen fixieren, bis der Leim abgebunden hat. Die Türen mit flachen Scharnieren gemäß Herstelleranweisung einbauen. Griffe und bei Bedarf Magnetschnäpper anbringen.

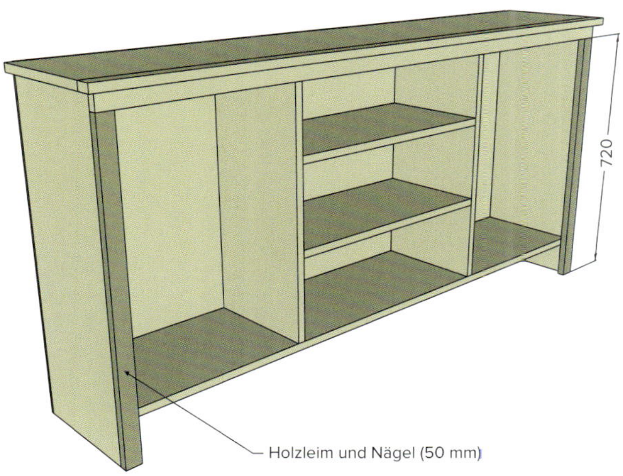

5

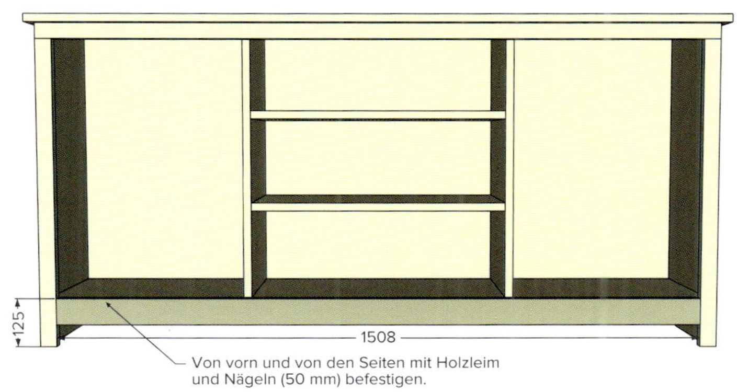

6

7

PROJEKT

Nr. 8

Rustikale BANK

DIESE CHARMANTE BANK MACHT SICH im Wohnzimmer mal als Couchtisch, mal als zusätzliche Sitzgelegenheit nützlich. Sie ist ganz einfach zu bauen und sieht mit den schräg montierten Versteifungen interessant aus. Mit einer Gehrungssäge lassen sich auch die schrägen Sägeschnitte leicht bewerkstelligen.

MATERIALLISTE

MDF 19 mm dick:

- 2 Sitzbretter, 1200 x 185 mm
- 4 Beinbretter*, 470 x 65 mm
- 2 Längsbretter (oben), 990 x 65 mm
- 2 Längsleisten (unten), 990 x 40 mm
- 2 Stirnbretter, 278 x 65 mm
- 2 Stirnleisten, 278 x 40 mm
- 2 Zwischenleisten, 240 x 40 mm
- 2 Diagonalstreben*, 1070 x 40 mm

* Rohmaße, bei Montage winkelgenau einpassen.

Spanplatten-/Taschenschrauben oder Holzdübel

Nägel

Holzleim

Material für die Endbehandlung

WERKZEUG

Grundausstattung

Gehrungssäge

Nagler

Bohrschrauber mit Bohrer und Senker

ABMESSUNGEN

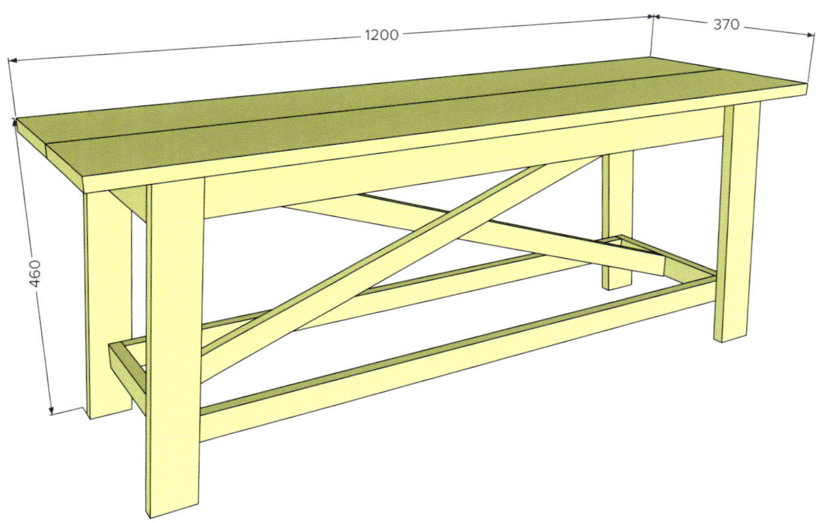

· GEBAUT VON ·
WHITNEY GAINER
shanty2chic, www.shanty-2-chic.com

»Im Hauptberuf bin ich Hausfrau und Mutter von fünf Kindern. Ich habe fast alle Handarbeits- und Handwerkstechniken ausprobiert (nicht immer erfolgreich). Wir haben gerade ein neues Haus gebaut, und seit etwa sechs Monaten bin ich damit beschäftigt, es einzurichten und auszustatten.

Diese Bank ist sehr einfach zu bauen. Ich habe nur 45 Minuten gebraucht, und sie ist überall im Haus gut zu gebrauchen. Ich habe sie zweimal mit Latexfarbe gestrichen, die Kanten abgeschliffen und mit Beize etwas abgedunkelt.«

1 BEINE ANZEICHNEN

Zuerst die Positionen der oberen Längsbretter auf allen vier Beinen anzeichnen. Achten Sie darauf, die Winkel jeweils spiegelbildlich anzuzeichnen. Sie benötigen zwei gleiche, achsensymmetrische Teile. Sorgfältig messen, dann die Rahmen-Längsseiten mit Stahlstiften (30 mm) an den Beinen befestigen.

2 LÄNGSLEISTEN UNTEN

Auch ihre Positionen akkurat ausmessen und anzeichnen, dann die Leisten mit Holzleim und Stahlstiften (30 mm) anbringen. Sie müssen zwei Teile bauen. Jedes sieht aus wie in Abbildung 2.

3 SCHMALSEITEN

Nun setzen Sie zwischen die beiden Beinpaare oben die Stirnbretter und unten die Stirnleisten. Sie bilden die Schmalseiten der Unterkonstruktion. Da das Gestell einigen Belastungen ausgesetzt ist, verwenden Sie diesmal zusätzlich zum Holzleim keine Nägel, sondern Schrauben (50 mm).

4 DIAGONALSTREBEN

Die Streben erst nach dem Rohmaß in der Materialliste zuschneiden, dann am Gestell die nötigen Winkel ermitteln und die Streben entsprechend schneiden. Die Positionen der Hölzer auf den oberen Brettern und unteren Leisten gemäß Abbildung genau anzeichnen. Die Streben sitzen rechts und links der Mittellinie an den Schmalseiten.

Wenn die Positionen genau stimmen, werden die Streben mit Holzleim und Schrauben (50 mm) montiert. Die Kreuzung in der Mitte zusätzlich mit Holzleim und einem Nagel (30 mm) fixieren.

5 ZWISCHENLEISTEN

Um den Rahmen zu stabilisieren und der Sitzfläche mehr Halt zu geben, werden zwei Leisten in den Rahmen eingesetzt. Die Positionen anzeichnen und die Hölzer mit Holzleim und Stahlstiften (50 mm) befestigen.

6 SITZFLÄCHE

Die beiden Bretter für die Sitzfläche auf die Unterkonstruktion leimen und mit Stahlstiften (50 mm) an allen Teilen der Unterkonstruktion befestigen.

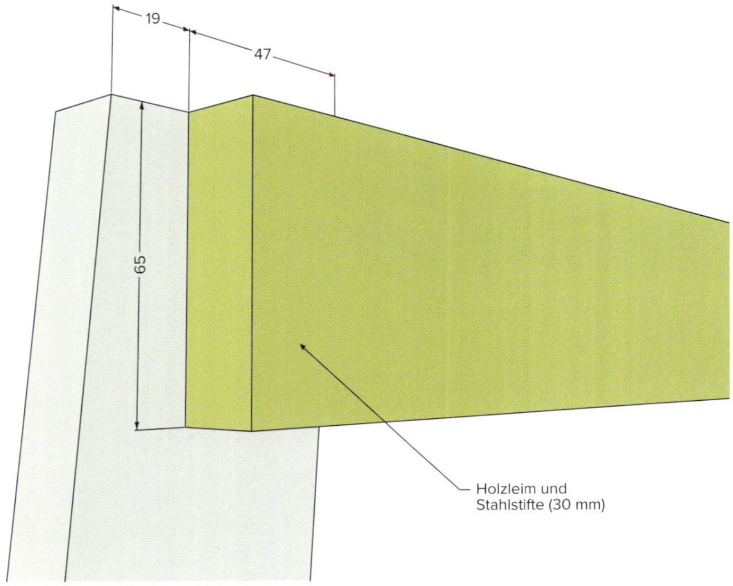

1

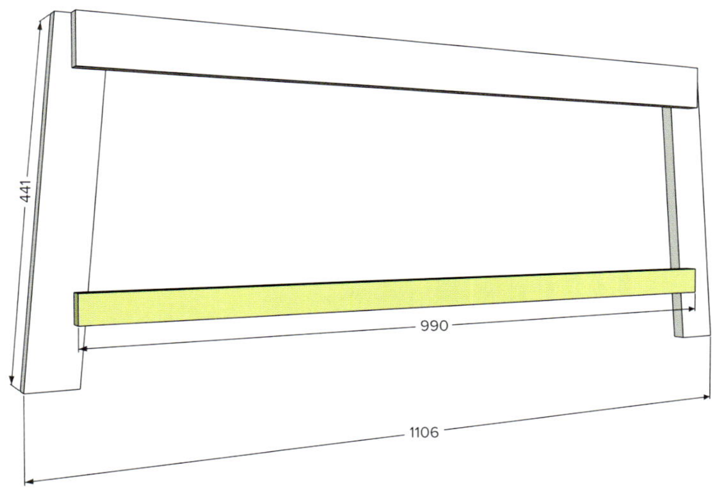

2

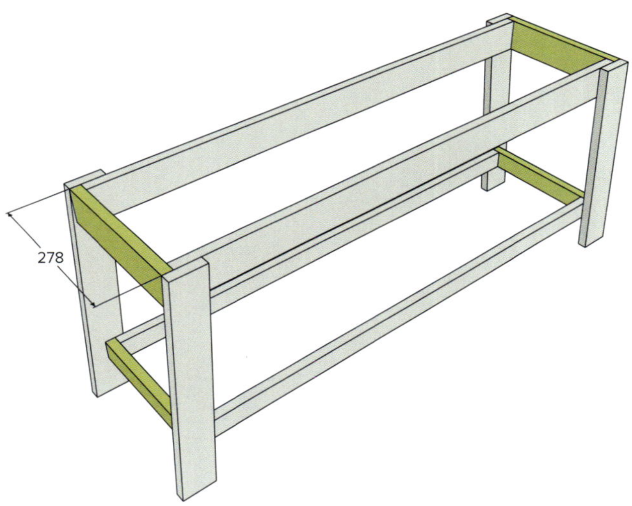

3

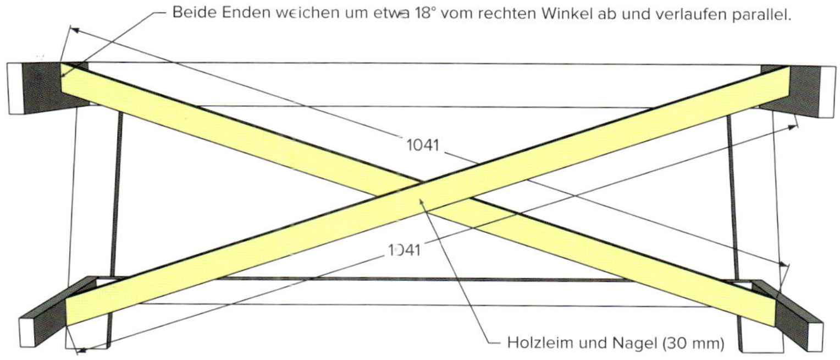

4

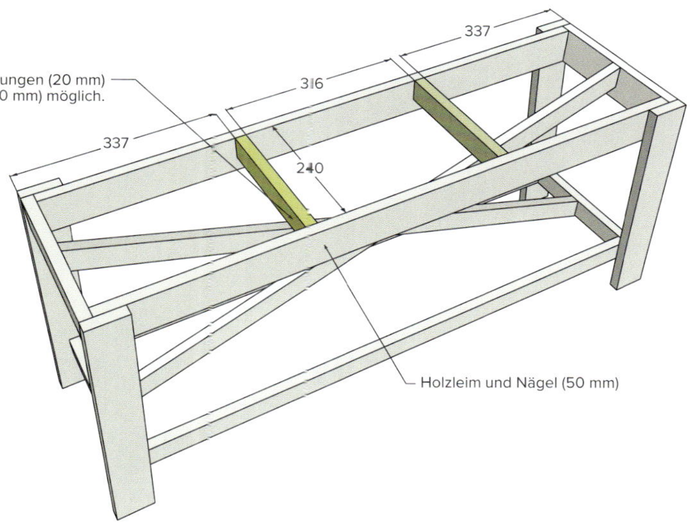

5

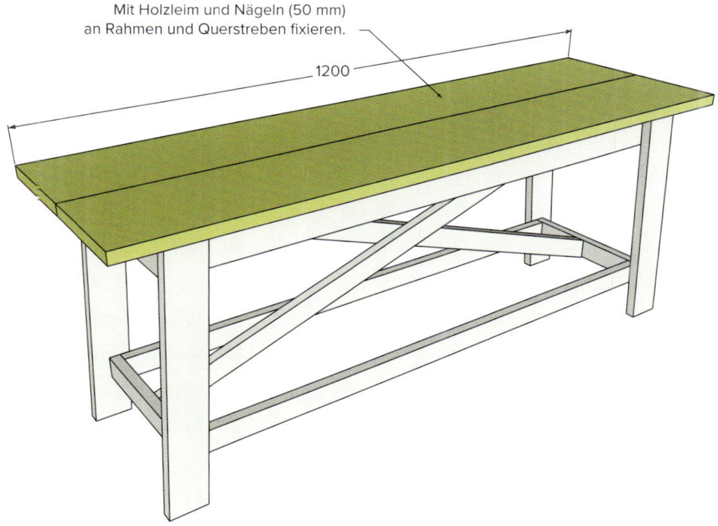

· WHITNEYS TIPP ·

„Nicht am Holz sparen. Ich verwende gern hochwertiges Kiefern-Massivholz. Damit lässt sich sehr gut arbeiten."

6

5

DAS ESSZIMMER

LINKS UND UNTEN: Aufsatz für den Ablagetisch
OBEN RECHTS: Solider Esstisch

Ein Esstisch, an dem sich Familie und Freunde treffen,

sollte Wärme und Charakter ausstrahlen und standfest sein. Holz ist dafür das ideale Material. Bauen Sie am besten gleich passende Bänke dazu. Der Ablagetisch aus dem Flur wird mit einem Aufsatz zum dekorativen Esszimmerschrank. Und für die Bilderrahmen finden Sie genug Material in der Restekiste.

LINKS: Bilderrahmen
OBEN RECHTS: Ländliche Bank

PROJEKT

Nr. 9

BILDER-RAHMEN

MATERIALLISTE

MDF 19 mm dick:

- **2** Längsbretter, 356 x 65 mm
- **2** Seitenbretter, 178 x 65 mm
- **2** Kantenleisten, 394 x 40 mm
- **2** Kantenleisten, 308 x 40 mm

Spanplatten-/Taschenschrauben oder Holzdübel

Nägel

Holzleim

Material für die Endbehandlung

WERKZEUG

Grundausstattung

Hilfsvorrichtung für Taschenbohrungen

Handkreissäge oder andere Säge zum Ablängen

Nagler

WER ÖFTER MÖBEL BAUT, BESITZT BALD einen Stapel Holzreste. Bewahren Sie sie auf! Ich habe in dieses Buch bewusst einige Anleitungen aufgenommen, die sich bestens zur Resteverwertung eignen.

Diese Rahmen sind die moderne Version eines traditionellen Vorbilds. Sie können eine Glasscheibe einsetzen, eine Korkplatte oder ein Brett mit Haltebändern einbauen – sogar einen Spiegel. Natürlich sehen sie nicht nur im Esszimmer dekorativ aus.

ABMESSUNGEN

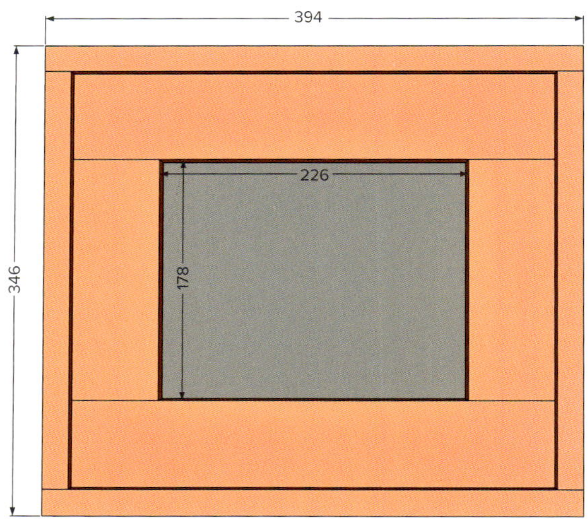

Dieser Rahmen ist für Fotos von etwa 20 x 25 cm Größe ausgelegt. Sein Format lässt sich beliebig verändern.

Sie können die Rahmen in jeder gewünschten Größe bauen.

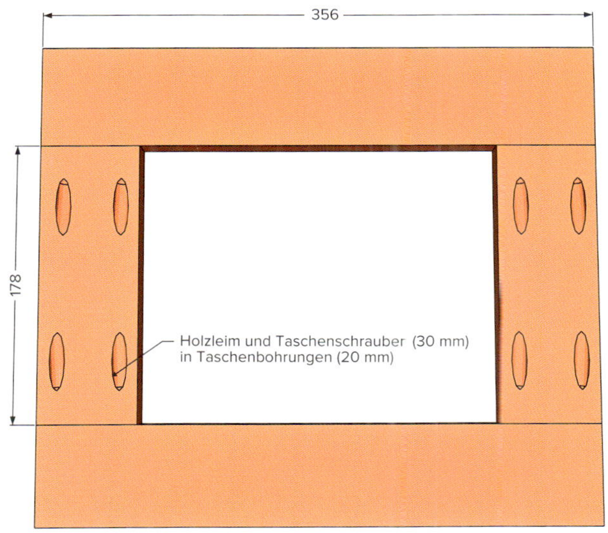

1

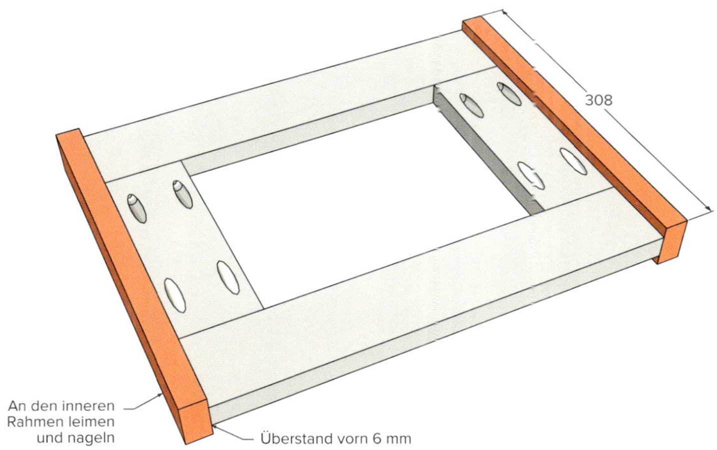

2

1 INNERER RAHMEN

In jedes Ende der Seitenbretter (178 mm lang) zwei Taschenlöcher bohren. Die Längsbretter mit Taschenschrauben (30 mm) an ihnen befestigen.

TIPP Die Verbindung wird genauer, wenn Sie das Holz beim Verschrauben mit Zwingen festhalten.

2 SCHMALSEITEN DES AUSSENRAHMENS

Der äußere Rahmen steht vorne 6 mm über den inneren hinaus. Legen Sie den inneren Rahmen auf einen 6 mm dicken Sperrholzrest. Dadurch wird er gleichmäßig angehoben und Sie können die äußeren Rahmenhölzer leicht montieren. Verwenden Sie dafür Holzleim und Stahlstifte (30 mm). Danach den Sperrholzrest entfernen.

3 LÄNGSSEITEN DES AUSSENRAHMENS

Die beiden seitlichen Rahmenhölzer ebenso mit Holzleim und Stahlstiften (30 mm) anbringen.

4 GLAS EINSETZEN

Glas – oder ein anderes Material – kann mit Spiegelklammern eingesetzt oder mit einem Universalkleber eingeklebt werden. Der stabile, vielseitige Rahmen eignet sich für die verschiedensten Zwecke.

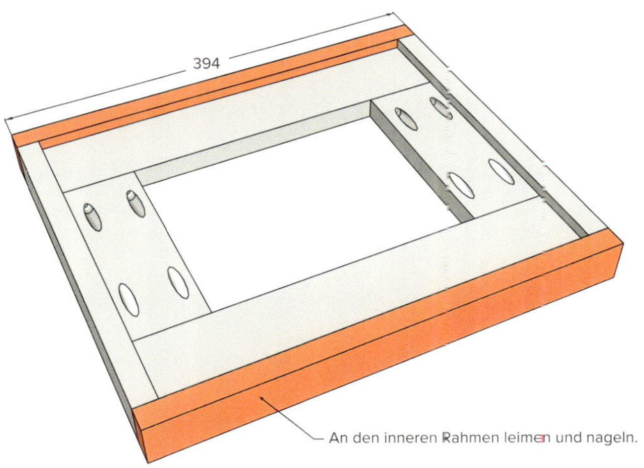

3

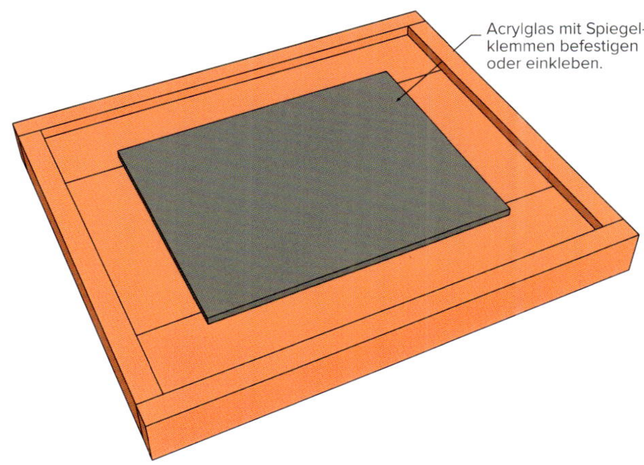

4

· GEBAUT VON ·
REBECCA RIDNER

„Unser Haus soll einladend wirken und gute Laune verbreiten, darum lege ich Wert auf Behaglichkeit und statte es mit fröhlichen Farben und interessanten Fundstücken aus. Seit ich Möbel baue, habe ich ganz neue Möglichkeiten entdeckt. Es ist erstaunlich, welch schöne, nützliche und alltagstaugliche Dinge man aus einem Stapel Holz machen kann. Und ist es nicht toll, wenn Kinder mit Möbeln aufwachsen, die ihre Mutter gebaut hat?

Für den Tisch habe ich 100 Jahre altes Holz mit viel Charakter verwendet. Wer gebrauchtes Holz verarbeiten will, sollte sich genügend Zwingen und einen Elektrohobel anschaffen, um sich die Arbeit zu erleichtern.“

PROJEKT

Nr. 10 Solider ESSTISCH

TRADITIONELLE, LÄNDLICHE ESSTISCHE waren schlicht, robust und groß. Meist hatten die Bauern sie selbst gezimmert – ohne besondere Fachkenntnisse, aber mit viel Liebe. Sie waren so riesig, dass neben der Familie auch Landarbeiter und Erntehelfer daran Platz fanden, und so solide gebaut, dass sie ewig hielten.

Auch unser Modell ist ein echtes Gebrauchsstück, das auch weniger Geübten leicht gelingt. Allerdings habe ich die Konstruktion etwas angepasst, sodass der Tisch sehr robust ist, aber nicht zu wuchtig. Kombinieren Sie ihn stilvoll mit der passenden Bank (Seite 76) oder leichten, matt schimmernden Metallstühlen.

MATERIALLISTE

Kiefer 38 mm dick:

- **7** Tischbretter, 1980 x 140 mm

Kiefer 90 x 38 mm:

- **2** Längsträger, 1524 mm lang
- **1** Mittelträger, 1562 mm lang
- **4** Querträger, 940 mm lang

Kiefer 38 x 38 mm:

- **7** Auflagerleisten, 804 mm lang

MDF 19 mm dick:

- **8** Beinbretter, 720 x 90 mm
- **8** Distanzleisten, 405 x 38 mm
- **8** Distanzleisten, 135 x 38 mm

Spanplatten-/Taschenschrauben oder Holzdübel

Nägel

Holzleim

Material für die Endbehandlung

WERKZEUG

Grundausstattung

Nagler

Bohrschrauber mit Bohrer und Senker

Handkreissäge oder andere Säge zum Ablängen

Hilfsvorrichtung für Taschenbohrungen (nach Belieben)

TIPPS

- Auf exakt rechtwinklig geschnittene Kanten achten, vor allem bei den Distanzleisten der Beine.
- Die Kanten der Beine akkurat zusammensetzen, damit die Beine aussehen, als seien sie massiv.
- Sichtbare Schraublöcher in der Tischplatte so anordnen, dass sie ein Muster bilden.
- Nach jedem Arbeitsschritt auf Rechtwinkligkeit prüfen. Alle Teile verleimen.
- Lücken zwischen den Brettern der Tischplatte möglichst vermeiden. Am besten die Bretter erst mit Taschenschrauben zusammensetzen und dann die Platte im Ganzen montieren.

ABMESSUNGEN

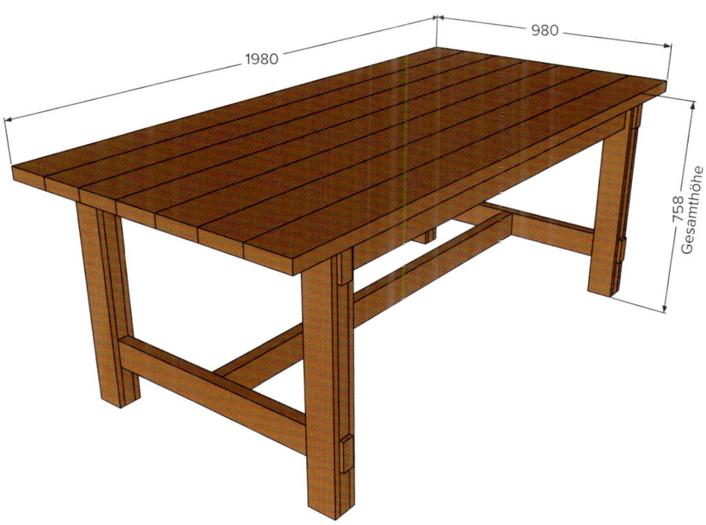

1 SCHMALSEITEN UND BEINE

In 10 mm Abstand zu beiden Enden an Rahmen und Querstrebe einen Strich anreißen. In der Breite der Beinbretter Holzleim auftragen und die Beine exakt rechtwinklig auflegen. Mit Stahlstiften (50 mm) festnageln. Das zweite Teil ebenso bauen.

2 DISTANZLEISTEN

Holzleim auf eine Längsseite der Distanzleisten geben. Die Leisten bündig zu den Außenkanten der Beinbretter mit Stahlstiften (50 mm) festnageln, sodass die Beine wie massiv wirken. Beide Seitenteile mit Distanzleisten ausstatten.

3 LÄNGSSEITEN

Die Enden der Längsträger mit Leim bestreichen und an die übrigen Beinbretter schrauben.

Tipp: Mit einem 20 mm dicken Holzrest gelingt der Überstand genau.

4 UNTERGESTELL MONTIEREN

Holzleim auf die Innenkanten aller Beinteile geben. Seitenteile und Längsseiten zusammensetzen und mit Stahlstiften (50 mm) in Abständen von 150–200 mm zusammennageln.

5 MITTELTRÄGER

Die Position des Mittelträgers auf den Querträgern anzeichnen. Holzleim auf die Enden des Mittelträgers geben, dann diese zwischen die Querträger setzen und mit Schrauben (75 mm) befestigen.

6 AUFLAGER DER TISCHPLATTE

Die Auflagerleisten, auf denen die Tischplatte liegt, in gleichmäßigen Abständen gemäß Abbildung mit Leim und Schrauben (75 mm) bündig zur Oberkante der Längsträger montieren.

TIPP Schneiden Sie einen Holzrest als Abstandhalter auf 155 mm Länge zu. Dann sparen Sie sich das Messen.

7 TISCHPLATTE

Wer eine Hilfsvorrichtung für Taschenbohrungen hat, sollte zuerst die Platte aus den Tischbrettern zusammensetzen (Taschenbohrungen 38 mm, Taschenschrauben 65 mm) und dann montieren. Anderenfalls die Bretter einzeln von unten mit Leim und Schrauben (65 mm) an den Auflagen befestigen. In der Mitte beginnen und Lücken zwischen den Brettern möglichst vermeiden.

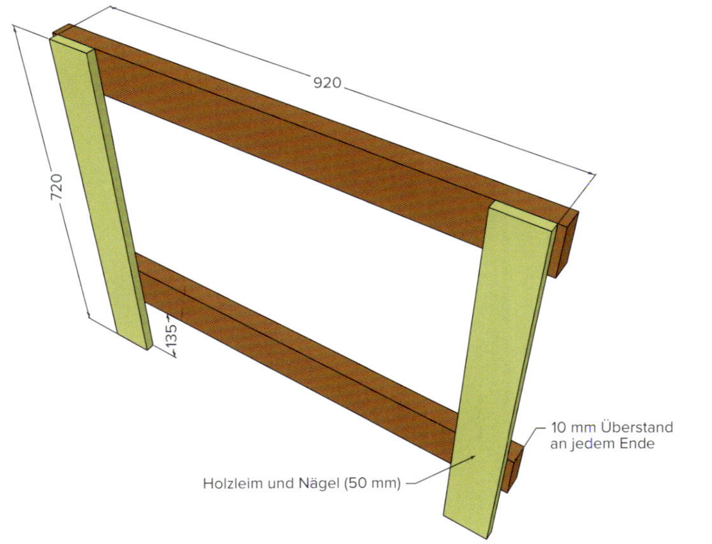

1

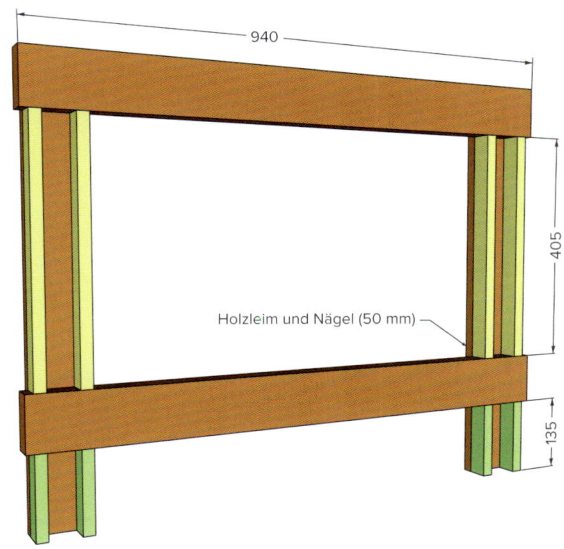

2

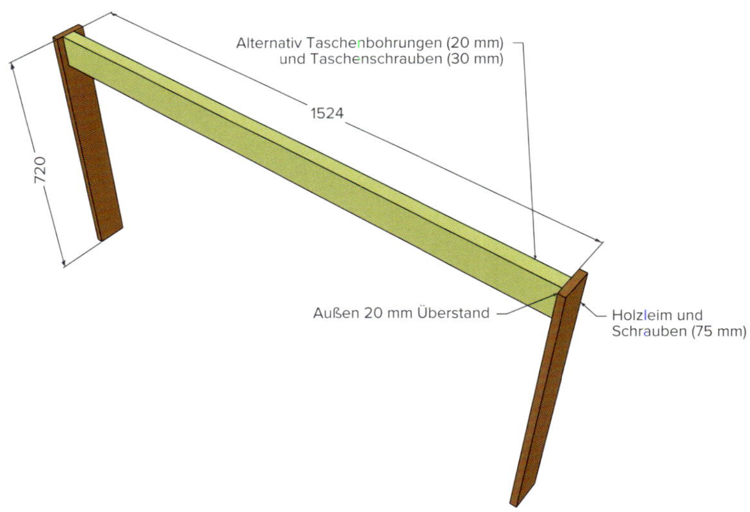

3

TIPP

Der Mittelträger kann auch auf den unteren Querträgern montiert werden. Dafür das Holz 100 mm länger zuschneiden, waagerecht legen und beidseitig 12 mm über die Querträger hinausragen lassen. Mit Schrauben (75 mm) an der Querstrebe befestigen.

4

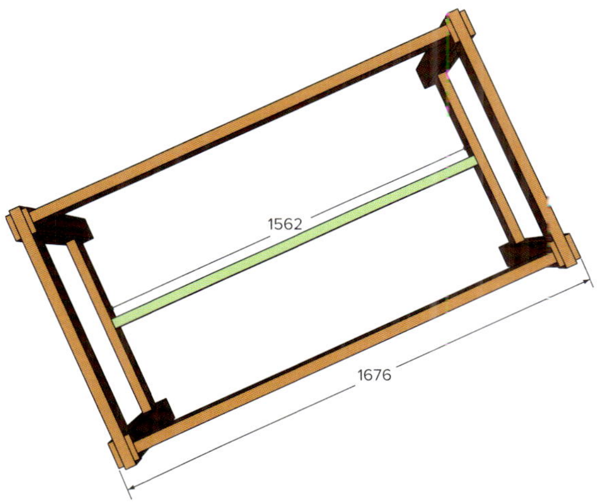

5

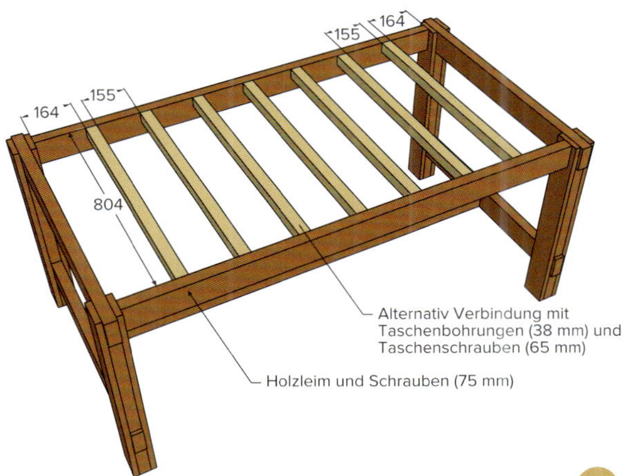

6

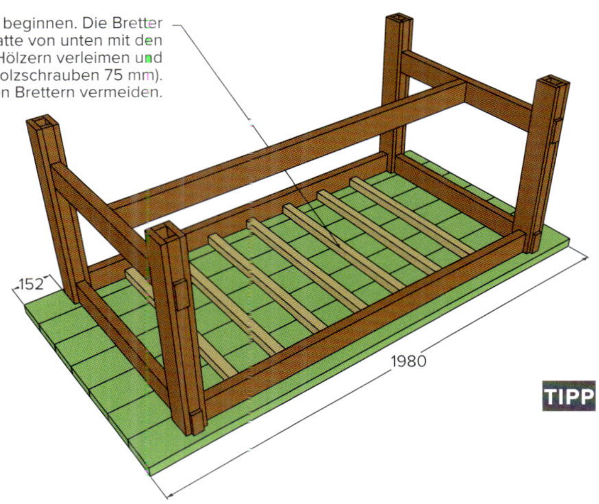

TIPP Wer mehr Sitzplätze benötigt, kann für die Platte längere Bretter verwenden.

7

PROJEKT

Nr. 11 Ländliche BANK

EINE SCHLICHTE HOLZBANK MIT EINIGEN hübschen Details wirkt in jedem Raum charmant. Besonders gut passt das praktische Möbelstück zu unserem soliden Esstisch (Seite 73). Es würde aber auch am Fußende eines Betts eine gute Figur machen oder vielleicht im Flur, wo man gerne sitzt, um sich die Schuhe anzuziehen. Die Bank ist robust und dabei ganz einfach zu bauen. Sie brauchen nur drei Elektrowerkzeuge: Handkreissäge, Stichsäge und Nagler.

MATERIALLISTE

MDF 19 mm dick:

- **1** Sitzplatte, 1510 x 285 mm
- **2** Kantenblenden, 1510 x 65 mm
- **2** Seitenwände, 440 x 285 mm
- **4** Kantenblenden, 394 x 40 mm
- **1** Bodenplatte, 1320 x 285 mm
- **2** Kantenleisten, 1278 x 40 mm

Spanplatten-/Taschenschrauben oder Holzdübel

Nägel

Holzleim

Material für die Endbehandlung

WERKZEUG

Grundausstattung

Stichsäge

Handkreissäge

Nagler

ABMESSUNGEN

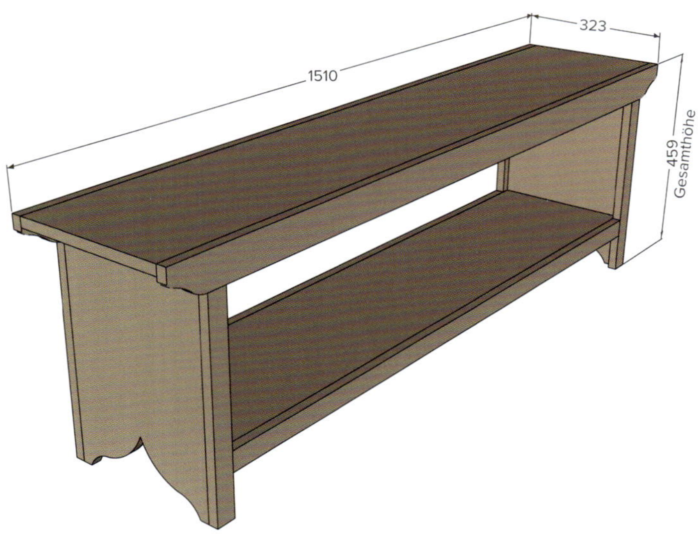

Die Bank ist 151 cm lang, gut 32 cm breit und bietet eine Sitzhöhe von knapp 46 cm. Drei Erwachsene können bequem auf ihr Platz nehmen.

· GEBAUT VON ·
REBECCA RIDNER

1 SEITENWÄNDE

Wenige Verzierungen genügen schon, um die schlichte Bank aufzuwerten. Die Bögen an den Seitenwänden anzeichnen und mit der Stichsäge zuschneiden. Die Kanten glattschleifen.

2 BODENPLATTE

Innen auf beiden Seitenwänden 100 mm über dem Boden einen Querstrich ziehen. Die Bodenplatte mit Holzleim und Stahlstiften (50 mm) so zwischen den Seitenteilen montieren, dass ihre Unterseite am Markierungsstrich anliegt.

3 SITZFLÄCHE

Auf der Unterseite der Sitzplatte in 76 mm Abstand zu beiden Enden Striche anzeichnen. Holzleim auf die Oberkanten der Seitenteile geben. Die Sitzfläche so auflegen, dass sie an beiden Seiten gleich weit übersteht. Mit Stahlstiften (50 mm) an die Seitenteile nageln.

4 BLENDEN AN DER SITZFLÄCHE

Den Bogen an den Enden der Kantenblende gemäß Abbildung auf einem Holzrest vorzeichnen und mit der Stichsäge zuschneiden. Mithilfe dieser Schablone die Blenden zuschneiden, danach die Schnittkanten glattschleifen.

5 BLENDEN MONTIEREN

Auf die Längskanten der Sitzfläche und die oberen 40 mm der Seitenteile Holzleim streichen. Die Blenden mit Stahlstiften (50 mm) befestigen. Sie schließen bündig mit Oberfläche und Seiten der Sitzfläche ab.

6 BLENDEN AN DEN BEINEN

Auf die Schnittkanten der Seitenwände und die äußeren 20 mm der Kanten an der Bodenplatte Holzleim geben. Die Blenden mit Stahlstiften (50 mm) so anbringen, dass sie bündig mit den Außenseiten der Seitenteile abschließen. Auch an die Bodenplatte nageln.

7 LEISTEN AN DER BODENPLATTE

Zuerst prüfen, ob die Kantenleiste genau passt, und gegebenenfalls kürzen. Die Vorderkante der Bodenplatte mit Holzleim bestreichen. Die Leiste mit Stahlstiften (50 mm) bündig zur Oberkante der Platte fixieren.

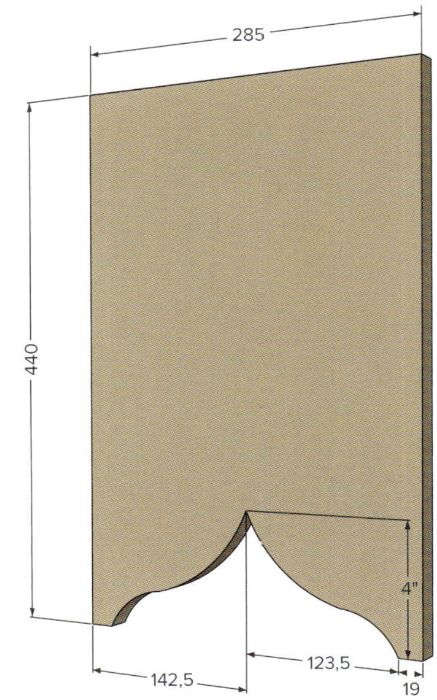

1

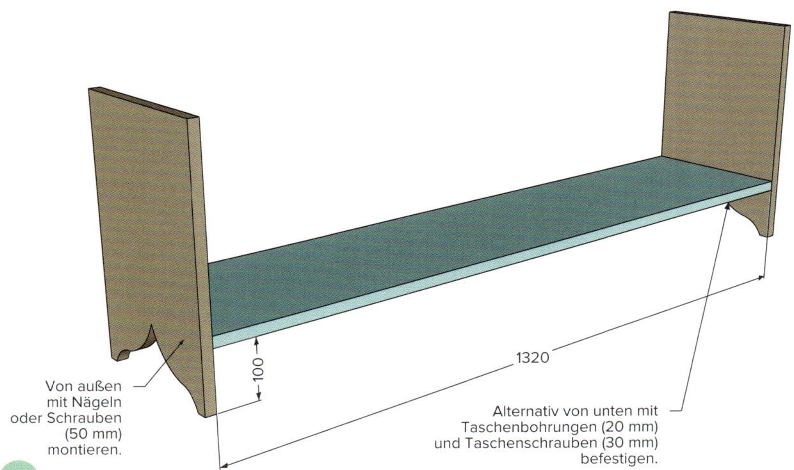

2

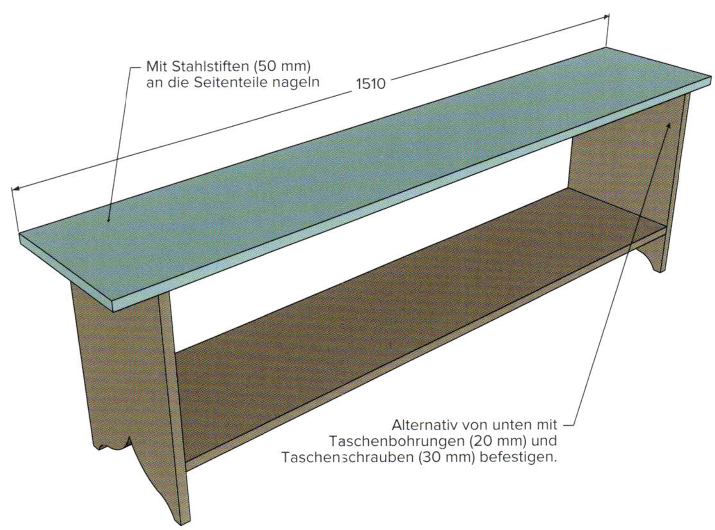

3

ECYCLE

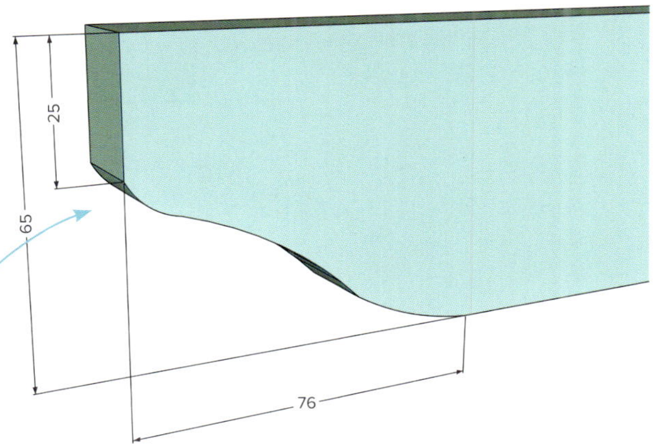
25
65
76

4

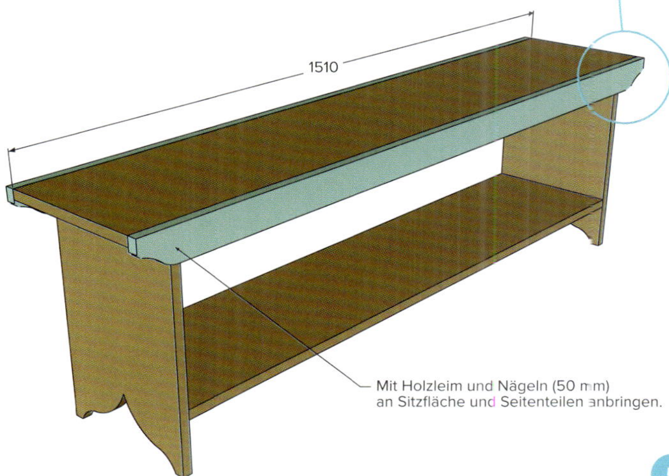
1510
Mit Holzleim und Nägeln (50 mm)
an Sitzfläche und Seitenteilen anbringen.

5

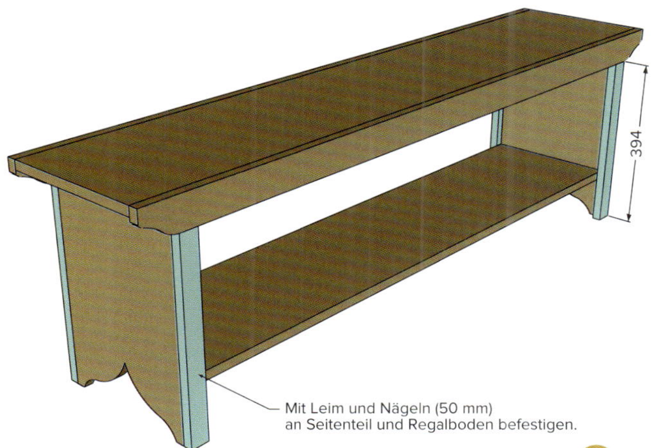
394
Mit Leim und Nägeln (50 mm)
an Seitenteil und Regalboden befestigen.

6

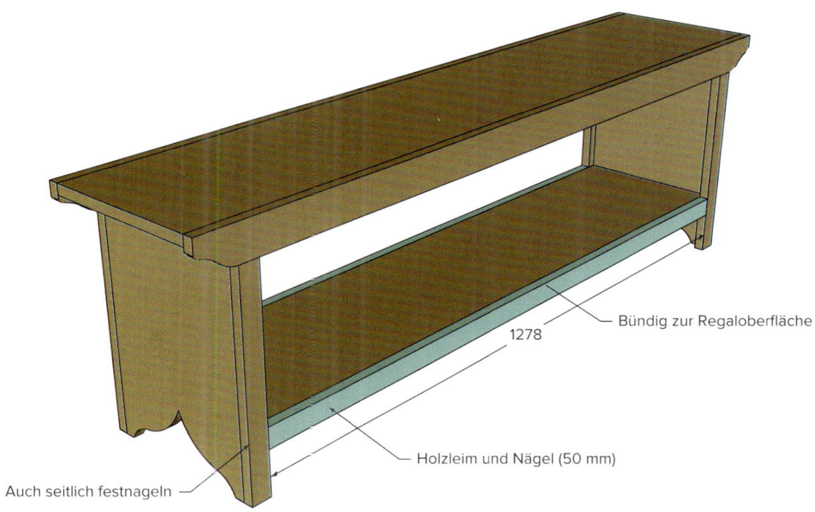
Bündig zur Regaloberfläche
1278
Holzleim und Nägel (50 mm)
Auch seitlich festnageln

7

· GEBAUT VON ·
ASHLEY MILLS
thehandmadehome.net
1
2
3

PROJEKT

Nr. 12

AUFSATZ für den Ablagetisch

ICH LIEBE AUFSÄTZE. SIE SIND SCHNELL gebaut und schaffen viel Platz, um Dekoratives zu verstauen. Dieser Aufsatz passt genau auf den Ablagetisch (Seite 40) und eignet sich zum Aufbewahren von hübschem Geschirr oder anderen Lieblingsstücken. Er lässt sich sehr einfach bauen, denn eigentlich ist dieser Aufsatz nur ein Regal ohne Boden.

MATERIALLISTE

MDF 19 mm dick:

- 1 Kopfplatte, 1160 x 285 mm
- 1 Kantenleiste, 1160 x 65 mm
- 2 Seitenwände, 1065 x 285 mm
- 2 Festböden, 1028 x 285 mm
- 1 Kopfblende, 1066 x 140 mm
- 2 Seitenblenden, 926 x 40 mm

Sperrholz 6 mm dick:

- 1 Rückwand, 1085 x 1066 mm

evtl. Material für die Wandbefestigung

auf Wunsch Leisten für Kranzprofil (mit Gehrung anpassen).

Spanplatten-/Taschenschrauben oder Holzdübel

Nägel

Holzleim

Material für die Endbehandlung

WERKZEUG

Grundausstattung

Nagler

Hilfsvorrichtung für Taschenbohrungen (nach Belieben)

Stichsäge

Schleifgerät und Schleifpapier

Gehrungssäge

ABMESSUNGEN

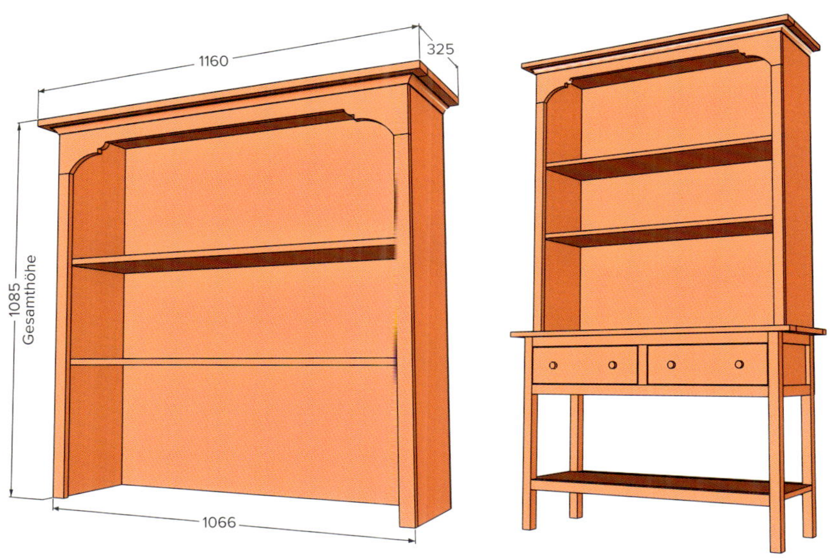

1 KASTEN BAUEN

Im Abstand von 47 mm zu beiden Enden auf der Unterseite der Kopfplatte Striche anzeichnen. Sie entsprechen dem Überstand der Platte. Die Positionen der Regalböden auf den Seitenteilen anzeichnen. Nun die Teile mit Holzleim und Stahlstiften (50 mm) oder Taschenbohrungen (20 mm) und Taschenschrauben (30 mm) zusammenbauen.

2 RÜCKWAND

Die Positionen der Regalböden auf der Rückseite der Sperrholz-Rückwand anzeichnen. Das Werkstück hinlegen, Rückseite nach oben. Leim auf alle rückwärtigen Kanten geben (ausgenommen die Überstände), das Sperrholz auflegen und mit Nägeln (30 mm) an Oberteil, Seitenteilen und Regalböden befestigen.

3 SEITENBLENDEN

Den Aufsatz umdrehen, Vorderseite nach oben. Die Seitenblenden gemäß Abbildung auflegen und ihre Positionen anreißen. Innerhalb des markierten Bereichs Leim auf die Kanten der Seitenwände geben. Die Blenden wieder auflegen und mit Stahlstiften (50 mm) so festnageln, dass sie bündig mit den Außenseiten der Wände abschließen. Auch an den Regal-Vorderkanten festnageln.

4 KOPFBLENDE

Die Kontur der geschwungenen Unterkante gemäß Abbildung vorzeichnen und mit einer Stichsäge sorgfältig ausschneiden. Danach die Kanten sorgfältig glattschleifen. Holzleim auf die noch freien Bereiche der Seitenkanten geben, die Blende auflegen und mit Stahlstiften (50 mm) festnageln.

5 KANTENLEISTE OBEN

Die Oberkante der Kopfblende und die Vorderkante der Kopfplatte mit Leim bestreichen. Die Kantenleiste auflegen und von oben mit Stahlstiften (50 mm) befestigen. Durch das Kranzprofil wird diese Verbindung zusätzlich verstärkt.

6 KRANZPROFIL

Die Profilleisten erst jetzt passend und auf Gehrung zuschneiden. Von unten mit Leim und Stahlstiften (30 mm) am oberen Überstand des Aufsatzes befestigen.

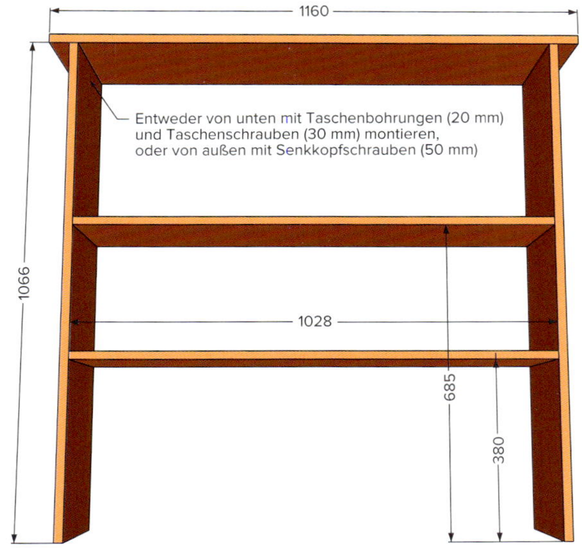

1

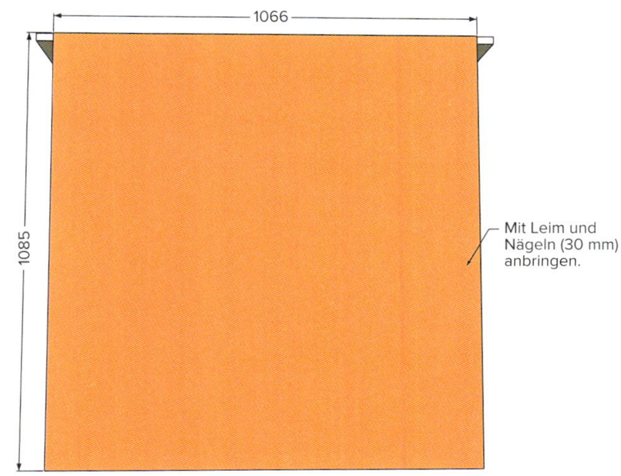

2

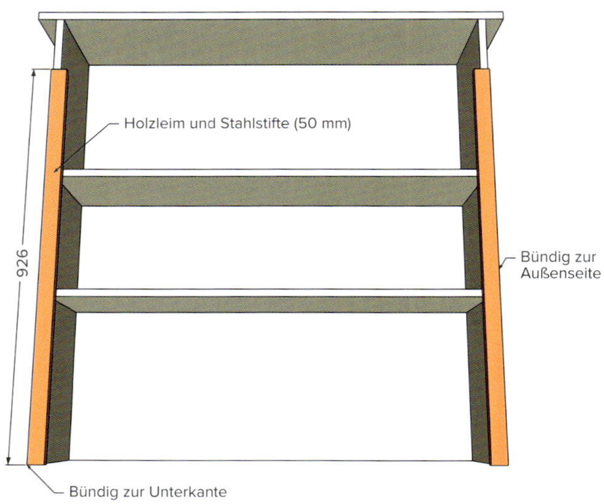

3

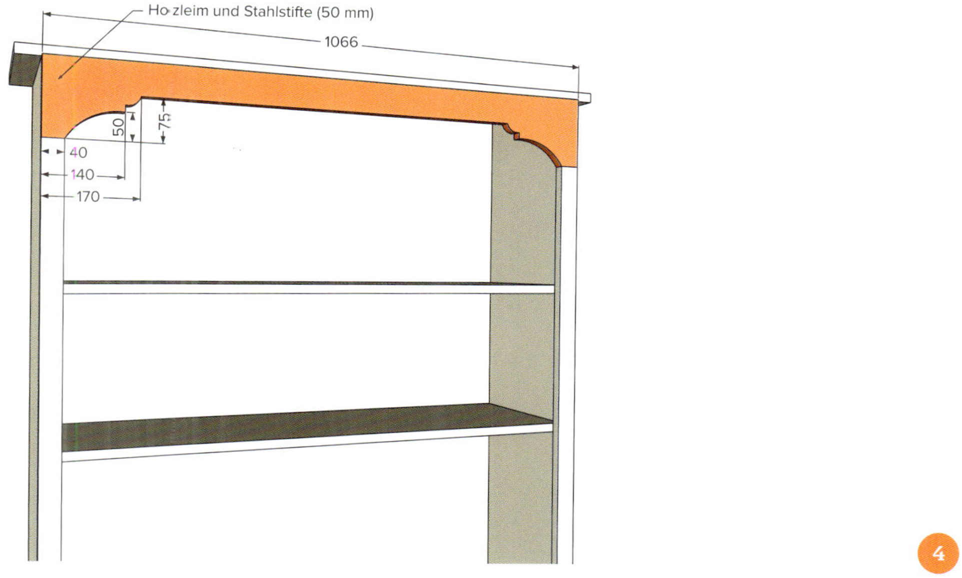

TIPP

Aufsätze müssen immer sicher an der Wand befestigt werden, damit sie nicht nach vorn kippen können. Zusätzlich auch am Ablagetisch festschrauben.

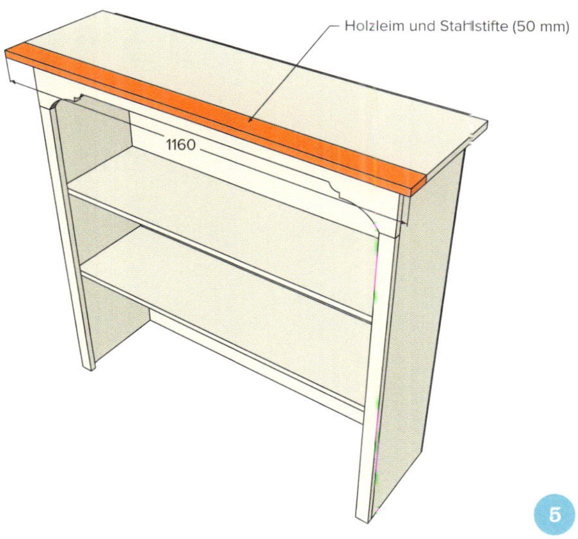

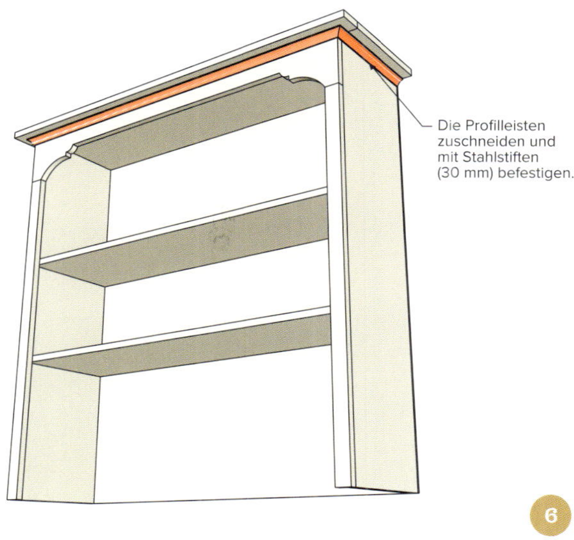

6

KÜCHE & BAD

LINKS UNTEN: Recycling-Station
OBEN RECHTS: Tritthocker

Selbstgebaute Möbel tun auch in Küche und Bad gute Dienste.

In diesem Kapitel finden Sie eine vielseitige Kücheninsel auf Rollen, eine Recycling-Station mit Klappfach für den Mülleimer, einen Tritthocker für kleine Helfer und ein hübsches Regal fürs Bad. Natürlich können alle Möbel auch andere Funktionen übernehmen. Die Kücheninsel ist ein guter Basteltisch, und die Recycling-Station versteckt auch Schmutzwäsche. Kleine Regale kann man sowieso überall gebrauchen.

LINKS: Kücheninsel
OBEN RECHTS: Regal fürs Bad

PROJEKT

Nr. 13

RECYCLING-STATION

MATERIALLISTE

Korpus

MDF 19 mm dick.

- 1 Kopfplatte, 810 x 285 mm
- 1 Kantenleiste, 810 x 40 mm
- 2 Seitenwände, 745 x 285 mm
- 1 Bodenplatte, 772 x 285 mm
- 1 Trennwand, 681 x 285 mm
- 2 Einlegeböden, 345 x 285 mm
- 1 Kopfblende, 810 x 40 mm
- 1 Seitenblende, 640 x 40 mm
- 1 Sockelblende, 810 x 65 mm

Sperrholz 6 mm dick.

- 1 Rückwand, 810 x 764 mm

Klappe

MDF 19 mm dick:

- 2 Rahmenbretter (senkrecht), 505 x 65 mm
- 2 Rahmenbretter (quer), 444 x 65 mm
- 1 Bodenplatte, 360 x 285 mm
- 2 Seitendreiecke, 285 x 285* mm

* Kantenlängen der Dreiecke.

Sperrholz 4 mm dick:

- 1 Klappenfüllung, 580 x 360

- 2 Scharniere 60 x 40 mm (geöffnet)
- 1 Magnetschnäpper

Bodenträger

Spanplatten-/Taschenschrauben oder Holzdübel

Nägel

Holzleim

Material für die Endbehandlung

WERKZEUG

Grundausstattung

Hilfsvorrichtung für Taschenbohrungen

Handkreissäge oder andere Säge zum Ablängen

Nagler

Bohrschrauber und Bohrsenker (bei Bedarf)

Stichsäge

MIT EINEM „RECYCLING-CENTER" WIRD die Mülltrennung zu einem selbstverständlichen Teil des Familienalltags. Der Mülleimer, der nicht sonderlich hübsch aussieht, versteckt sich hinter der großen Klappe. In Körben auf den drei Regalen können Wertstoffe sortiert und verstaut werden. Außerdem macht sich der Schrank als zusätzliche Abstell- und Arbeitsfläche nützlich.

ABMESSUNGEN

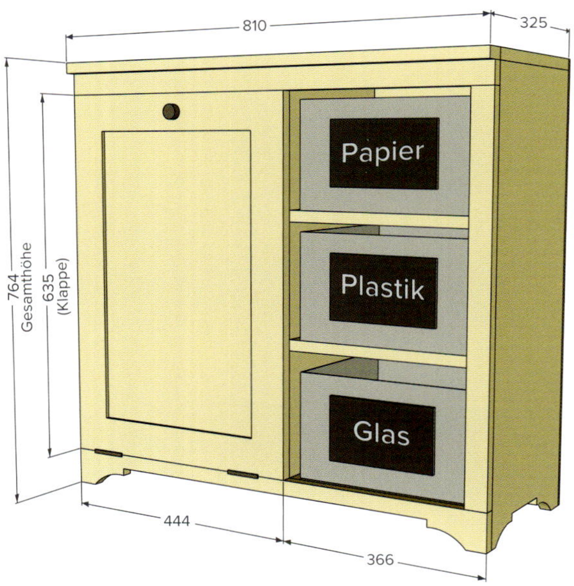

Hinter der Klappe versteckt sich der Mülleimer.

1 KASTEN BAUEN

Die Positionen aller Verbindungen an der Kopfplatte, der Bodenplatte und den Seitenwänden anzeichnen. Falls Sie Taschenschrauben verwenden, die Löcher bohren. Leim auf beide Enden der Trennwand geben. Die Trennwand gemäß Markierung mit Taschenschrauben (30 mm), versenkten Schrauben (50 mm) oder Nägeln zwischen Kopf- und Bodenplatte befestigen. Danach die Seitenwände anbringen.

2 EINLEGEBÖDEN

Die Positionen der Böden im Regalteil ausmessen und anzeichnen. Leim auf die Kanten der Böden geben. Die Böden einschieben und mit Nägeln (50 mm) befestigen.

3 RÜCKWAND

Den Kasten umdrehen. Leim auf alle rückwärtigen Kanten geben. Die Sperrholz-Rückwand auflegen und mit Nägeln (30 mm) befestigen. Die Positionen der Regalböden anzeichnen und die Regale auch durch die Rückwand festnageln.

4 KOPFBLENDE

Den Kasten wieder umdrehen. Die Kopfblende so anlegen, dass ihre Oberkante an die Unterkante der Kopfplatte stößt. Die Position anzeichnen, Blende abnehmen, Leim auftragen. Die Blende wieder anlegen und mit Nägeln (50 mm) an Seitenwänden und Trennwand befestigen.

5 SOCKELBLENDE

Leim auf die unteren 50 mm der Seitenwände und auf die Kante der Bodenplatte geben. Die untere Blende so auflegen, dass sie bündig mit den Seiten und der Bodenplatte abschließt. Mit Nägeln (50 mm) befestigen.

6 SEITENBLENDE

Die Blende anlegen, ihre Position an allen Teilen des Kastens anzeichnen. Die Blende abnehmen, Leim in den markierten Bereichen auftragen. Die Blende so anlegen, dass sie bündig mit den Seiten abschließt, und mit Nägeln befestigen. Diese Blende wird nur an der Seite mit dem Regalfach angebracht.

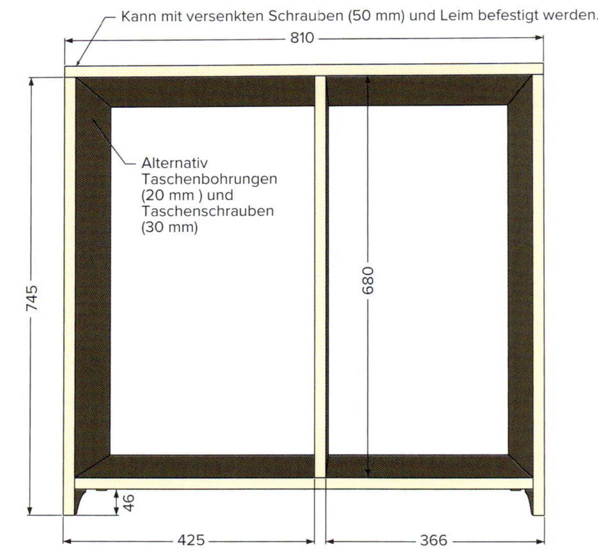

1

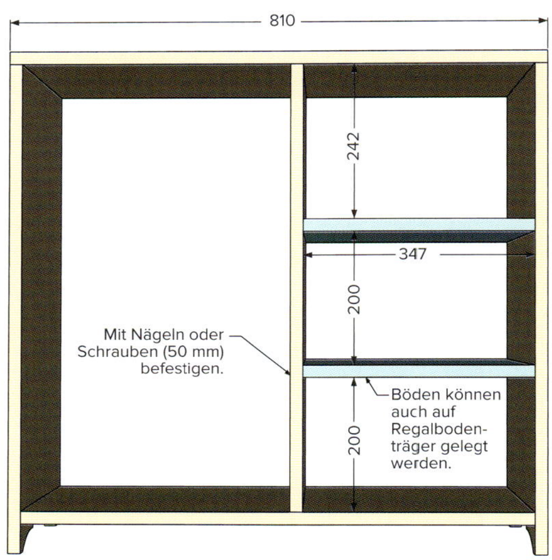

2

TIPP

Statt die Böden jetzt einzubauen, können Sie später Regalträger anbringen, sodass die Böden verstellbar sind.

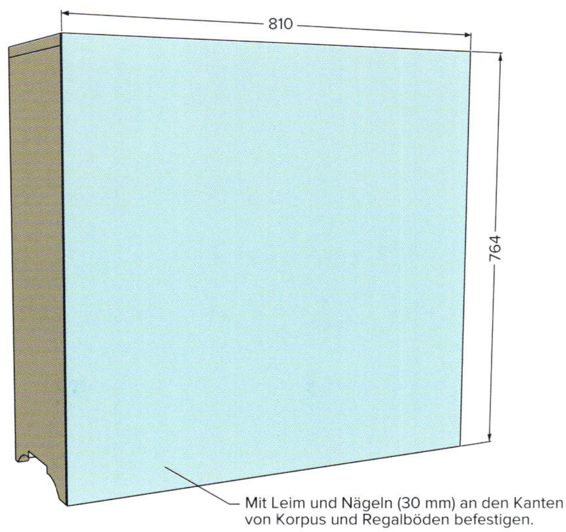

3

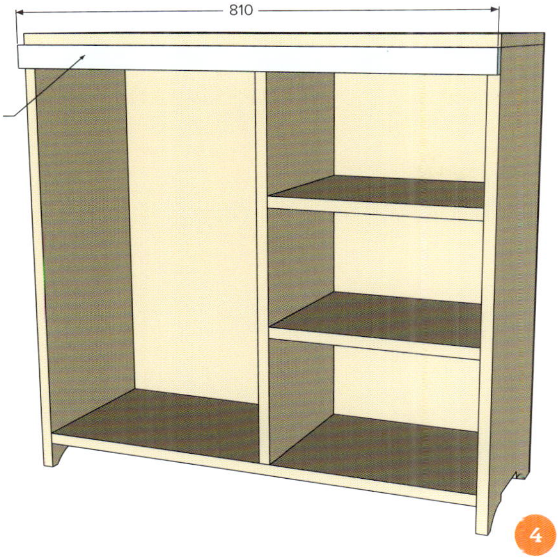

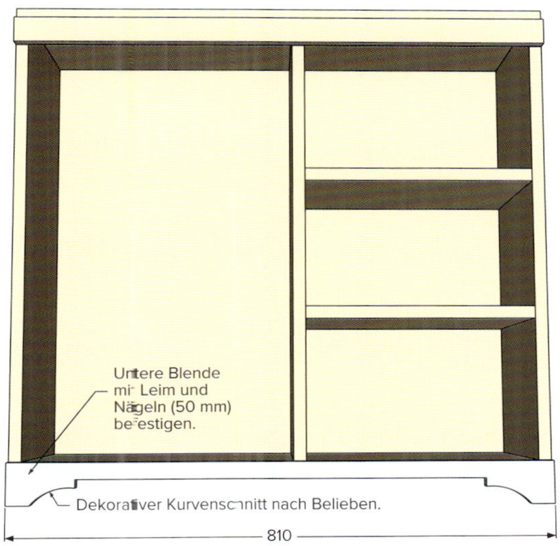

TIPP

Wenn Sie möchten, schneiden Sie mit der Stichsäge die Sockelblende in eine dekorative Form.

5

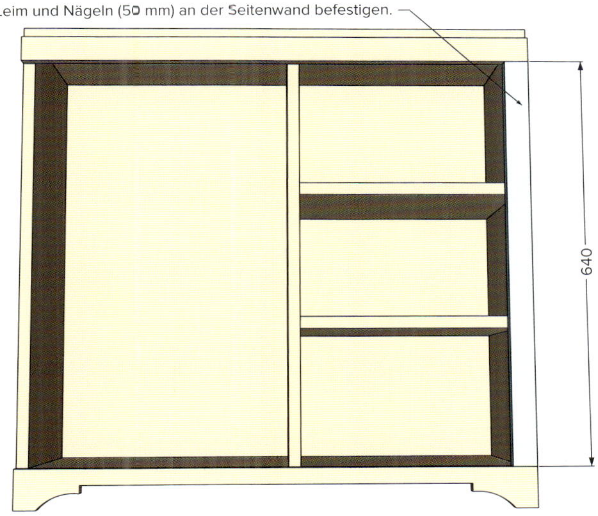

6

7 KANTENLEISTE OBEN
Leim auf die Vorderkante der Kopfplatte und die Oberkante der Kopfblende geben. Die Kantenleiste bündig zur Platte und den Seiten auflegen. Von vorn mit Nägeln (50 mm) an der Plattenkante befestigen, dann von oben in die Kopfblende nageln.

8 KLAPPENRAHMEN
Prüfen Sie, ob die in der Zuschnittliste angegebenen Maße für die Teile des Klappenrahmens Ihrem Möbelstück entsprechen. In jedes Ende jedes Rahmenteils zwei Taschenlöcher (20 mm) bohren. Die Teile mit Leim und Taschenschrauben (30 mm) zusammenbauen.

9 KLAPPFACH
Nun das Klappfach gemäß Abbildung bauen. Die Teile mit Taschenschrauben oder Holzschrauben (50 mm) verbinden und so auf der Rückseite des Rahmens befestigen, dass dieser beidseitig um das gleiche Maß übersteht.

10 KLAPPENFÜLLUNG
Das Sperrholz hinter den Rahmen legen, seinen Umriss anzeichnen. Das Sperrholz herausnehmen, Leim im markierten Bereich auftragen und die Platte wieder einsetzen. Mit kurzen Nägeln (25 mm) befestigen.

11 SCHARNIERE
Das Klappfach in die entsprechende Öffnung setzen und mit schmalen Scharnieren befestigen. Oben einen Magnetschnäpper anbringen. Ein kurzes Stück Kette verhindert, dass sich das Klappfach zu weit öffnet. Einen Griff montieren.

12 VERZIERUNG
Die Recycling-Station sieht gefälliger aus, wenn Sie mit der Stichsäge dekorative Bögen in die Sockelblende und die Seitenteile sägen.

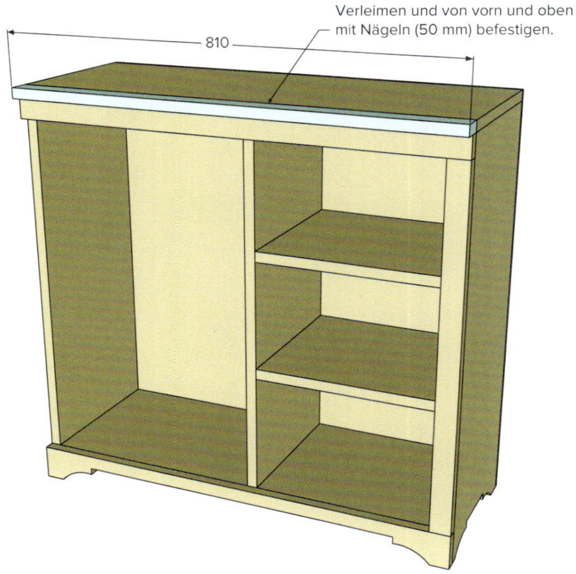

7

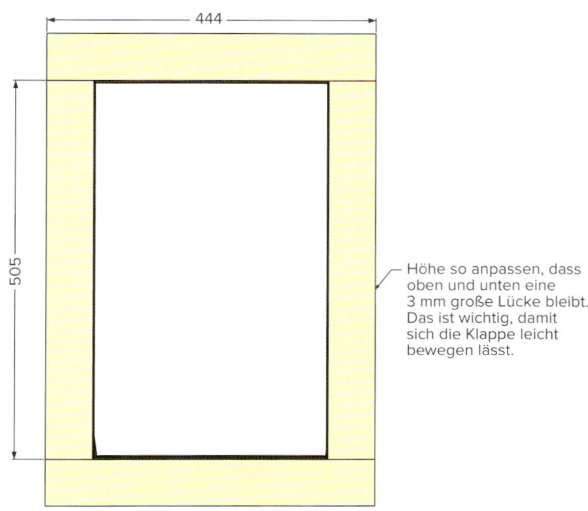

8

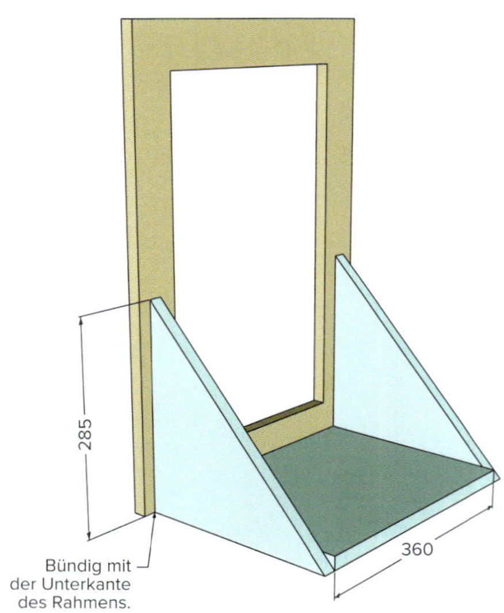

9

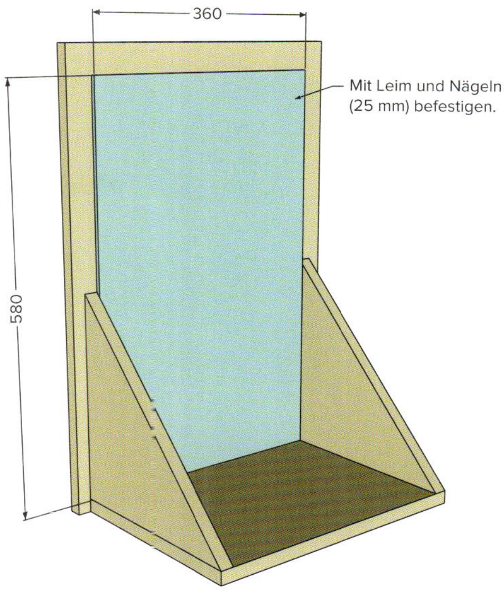

10

TIPP

Entscheiden Sie selbst, auf welcher Seite Sie die Klappe einbauen wollen.

11

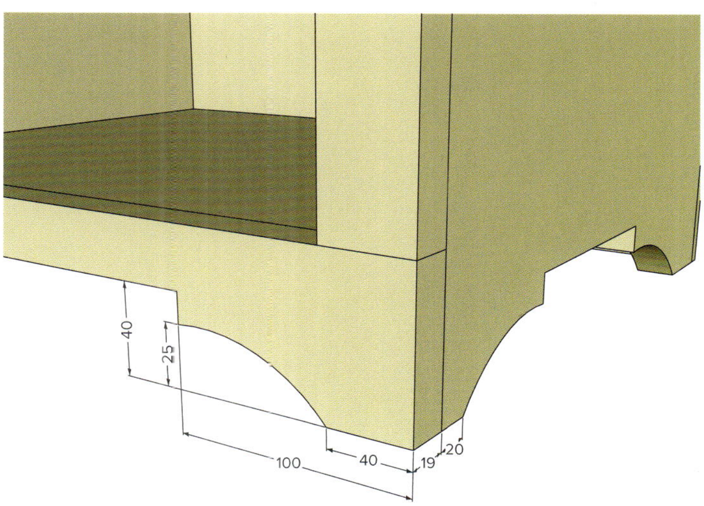

12

Der Hocker ist sehr stabil. Ich benutze ihn, um hohe Regale zu erreichen.

PROJEKT

Nr. 14

TRITTHOCKER

ICH HABE VOR EINIGEN JAHREN EINEN niedlichen Tritthocker im nostalgischen Stil gebaut, aber die Anleitung nicht veröffentlicht, weil der Zuschnitt so kompliziert war. Inzwischen habe ich eine einfachere Konstruktion entwickelt, die wirklich jedem ohne große Mühe gelingen wird.

MATERIALLISTE

MDF 19 mm dick:

- 2 Seitenwände*, 395 x 285 mm
- 1 Trittplatte**, 380 x 185 mm
- 1 Kopfplatte, 380 x 185 mm
- 3 Querhölzer**, 390 x 40 mm
- 2 Querhölzer**, 340 x 40 mm

* anfasen (10°)

** Längen sind Rohmaße, bei Montage anpassen.

Spanplatten-/Taschenschrauben oder Holzdübel

Nägel

Holzleim

Material für die Endbehandlung

WERKZEUG

Grundausstattung

Stichsäge

Schleifmaschine und Schleifpapier

Kapp- und Gehrungssäge mit Einstellmöglichkeit für Fasenschnitt

Hilfsvorrichtung für Taschenbohrungen

Bohrschrauber mit Bohrer und Senker

ABMESSUNGEN

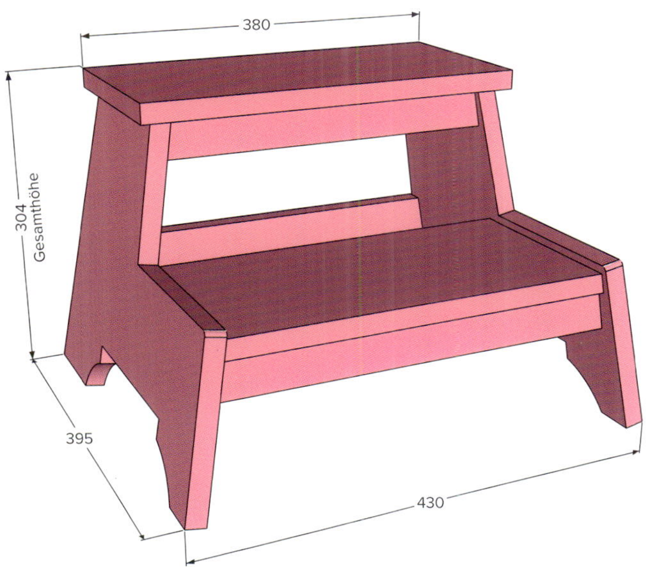

1 SEITENWÄNDE

Auf den Rechtecken für die Seitenwände die genaue Form anhand der Maße in der Abbildung anreißen und mit einer Stichsäge ausschneiden. Die Schnittkanten glattschleifen. Dabei darauf achten, dass beide Seitenwände gleich ausfallen.

2 KANTEN ANFASEN

Das Sägeblatt einer Kappsäge, Handkreissäge oder Stichsäge auf eine Neigung von 10° einstellen und die Oberkanten der Seitenwände anfasen.

3 VERSTREBUNG OBEN

Entweder Taschenbohrungen (20 mm) in die Enden der oberen Querhölzer bohren und zur Befestigung Taschenschrauben (30 mm) verwenden oder die Teile mit Holzleim und Senkkopfschrauben (50 mm) bündig zur Oberkante einbauen.

4 VERSTREBUNG UNTEN

Die Positionen der Querhölzer auf den Seitenteilen anzeichnen und die Hölzer mit Taschenschrauben (30 mm) in Taschenbohrungen (20 mm) oder mit Senkkopfschrauben (50 mm) montieren. Der Hocker soll waagerecht stehen.

5 UNTERE TRITTPLATTE

Das Holz für die Trittplatte auflegen, die Passform prüfen und gegebenenfalls korrigieren.

Holzleim auf die unteren Streben und die angrenzenden Bereiche der Seitenteile geben. Die Stufe auflegen und mit Schrauben (50 mm) montieren. Auch von außen durch die Seitenteile festschrauben.

6 KOPFPLATTE

Das Holz für die Platte auflegen, die Passform prüfen und gegebenenfalls korrigieren.

Holzleim auf die oberen Streben und die oberen Kanten der Seitenteile geben. Die Platte auflegen und mit Senkkopfschrauben (50 mm) montieren.

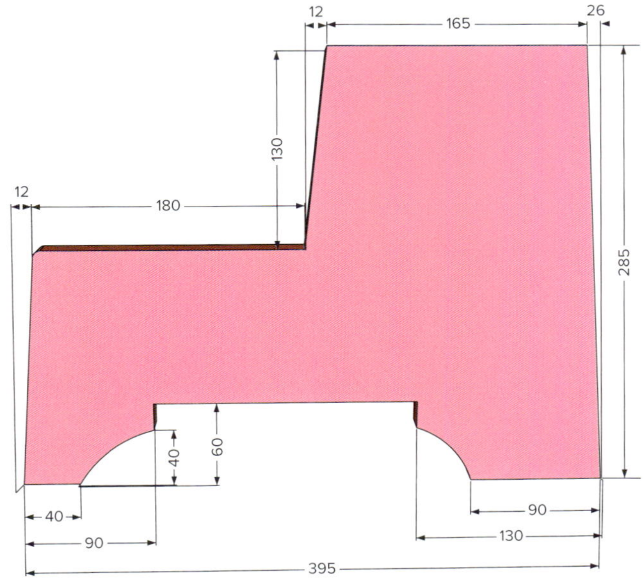

1

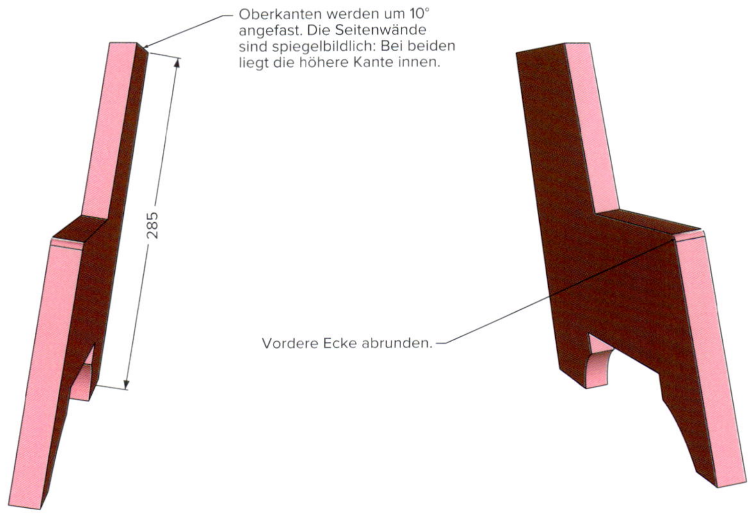

2

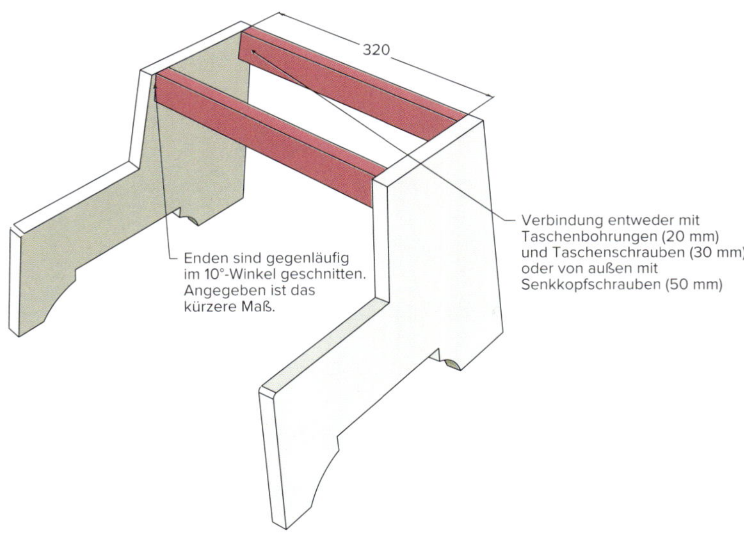

3

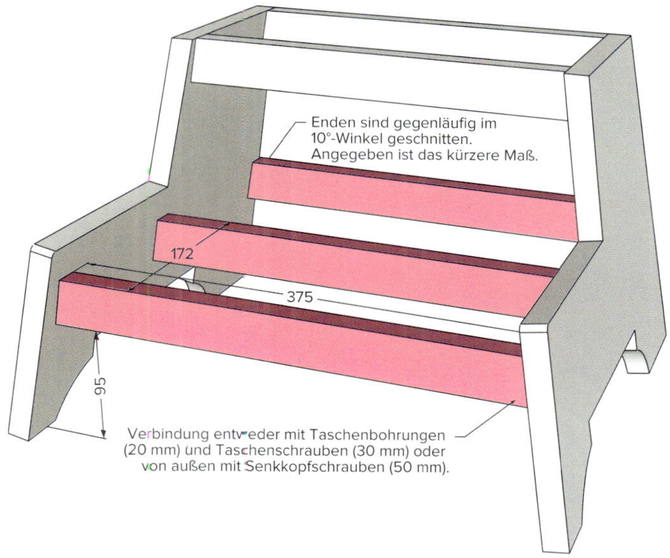
Enden sind gegenläufig im 10°-Winkel geschnitten. Angegeben ist das kürzere Maß.
172
375
95
Verbindung entweder mit Taschenbohrungen (20 mm) und Taschenschrauben (30 mm) oder von außen mit Senkkopfschrauben (50 mm).

4

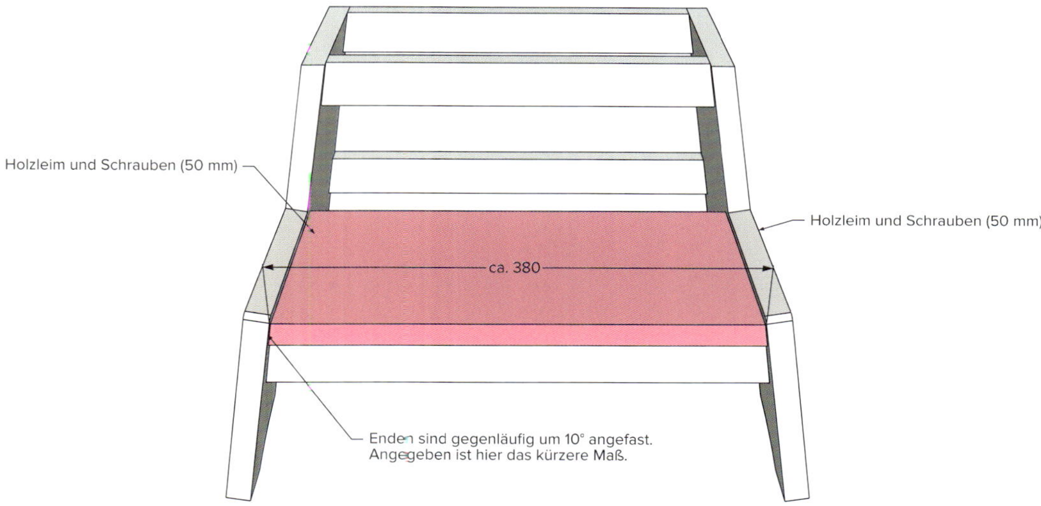
Holzleim und Schrauben (50 mm)
Holzleim und Schrauben (50 mm)
ca. 380
Enden sind gegenläufig um 10° angefast. Angegeben ist hier das kürzere Maß.

5

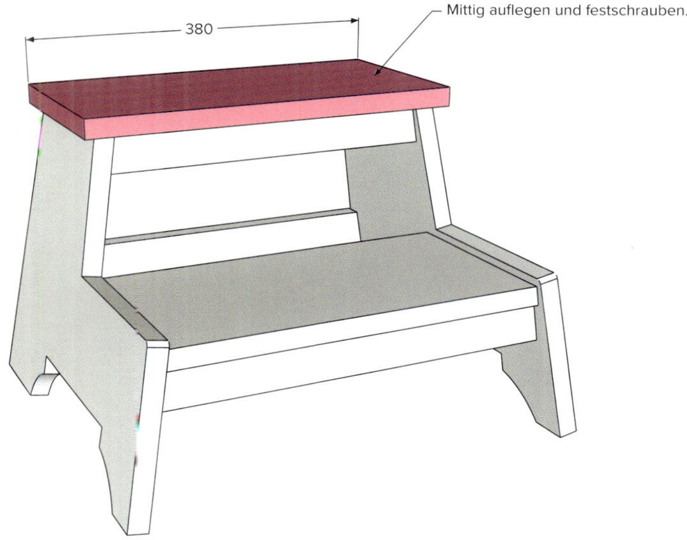
380
Mittig auflegen und festschrauben.

6

PROJEKT

Nr. 15

REGAL fürs Bad

IN DEN PRAKTISCHEN KLEINEN FÄCHERN dieses Regals finden allerlei Badutensilien Platz: von hübschen Seifenstücken bis zu sorgfältig gefalteten Handtüchern. Die Regalböden können fest oder verstellbar eingebaut werden. Sie können auch die Rückwand weglassen, sodass man die Farbe der Wand sieht. Achten Sie auf eine stabile Wandbefestigung.

MATERIALLISTE

Korpus

MDF 19 mm dick:

- 2 Kopf-/Bodenplatte, 610 x 235 mm
- 3 Wände, 705 x 235 mm
- 4 Einlegeböden, 274 x 235 mm
- 2 Verstärkungsleisten (hinten/oben), 276 x 40 mm
- 1 Kantenleiste (vorn), 650 x 40 mm
- 2 Kantenleisten (seitlich), 215 x 40 mm

Sperrholz 6 mm dick:

- 1 Rückwand, 743 x 610 mm

Auf Wunsch: passende Leisten als Kranzprofile oben und unten (mit Gehrungen exakt anpassen).

Bodenträger

Spanplatten-/Taschenschrauben oder Holzdübel

Nägel

Holzleim

Material für die Endbehandlung

WERKZEUG

Grundausstattung

Gehrungssäge

Hilfsvorrichtung für Taschenbohrungen

Bohrschrauber mit Bohrer und Senker (nach Belieben)

Nagler

Balkensucher (falls für die Wandbefestigung erforderlich)

ABMESSUNGEN

· GEBAUT VON ·
ASHLEY TURNER
www.shanty-2-chic.com

„Das hübsche Regal lässt viel Gestaltungsspielraum. Ich habe die Fugen zwischen Kranz- und Profilleisten mit Holzkitt verspachtelt, sodass sie wie aus einem Guss wirken. Danach habe ich das Regal mit seidenglänzender Latexfarbe gestrichen, die Kanten mit 220er Schleifpapier abgeschliffen und dunkel gebeizt.“

1 KASTEN BAUEN

An Kopf- und Bodenplatte die Position der Trennwand anzeichnen. In beide Enden der Seitenwände und der Trennwand Taschenbohrungen (20 mm) setzen. Holzleim auf die Stirnkanten von Seitenwänden und Trennwand geben, dann diese Teile mit Taschenschrauben (30 mm) an Kopf- und Bodenplatte montieren. Alternativ Holzleim und Senkkopfschrauben oder Nägel (50 mm) verwenden.

TIPP Ist Ihr Bohrschrauber für den Platz zwischen den Wänden zu groß, bohren Sie die Löcher für die Regalträger vor dem Zusammenbau.

2 VERSTÄRKUNG HINTEN

In die Enden der beiden Verstärkungsleisten je eine Taschenbohrung (20 mm) einbringen. Holzleim auf Enden und Oberkante der Leisten geben, dann die Hölzer bündig zur Oberkante auflegen und mit Taschenschrauben (30 mm) befestigen. Alternativ durch Oberteil und Seitenteile nageln (Stahlstifte 50 mm).

3 RÜCKWAND

Alle rückwärtigen Kanten mit Holzleim bestreichen. Die Sperrholzrückwand auflegen und mit Stahlstiften (30 mm) festnageln. Auch in die Trennwand einige Nägel schlagen.

4 SEITLICHE KANTENLEISTEN

Die Hölzer mit Leim und Nägeln (30 mm) anbringen. Sie stehen 20 mm über die Seitenteile hinaus. Der Abstand zur Vorderkante des Oberteils misst 20 mm. Mit einem Holzrest in dieser Stärke geht das Abmessen schnell und einfach.

5 VORDERE KANTENLEISTE

Auf einem 20 mm breiten Streifen entlang der Vorderkante des Oberteils Holzleim auftragen. Die vordere Leiste auflegen und mit Stahlstiften (30 mm) befestigen. An den Enden zur Fixierung an den seitlichen Leisten längere Nägel (50 mm) verwenden.

6 KRANZPROFILE

Die Profilleiste in passender Länge auf Gehrung (45°) schneiden. Dann die Leistenteile mit Holzleim und Stahlstiften (30 mm) anbringen.

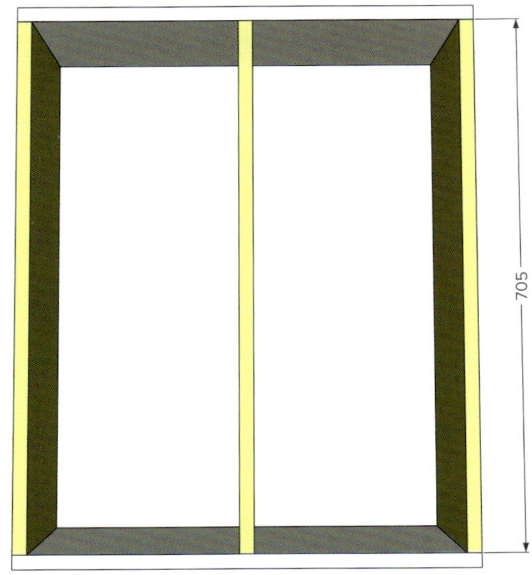

1

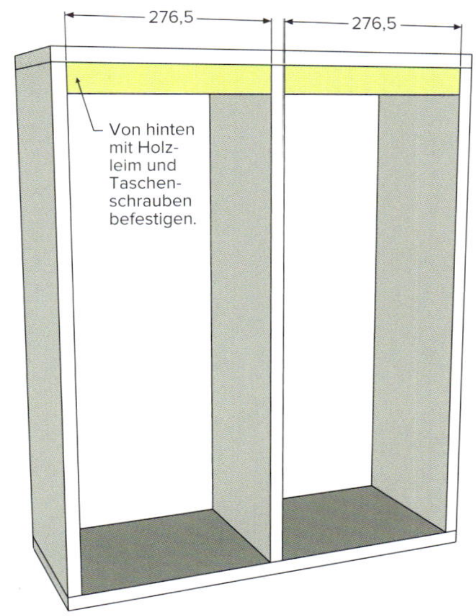

2

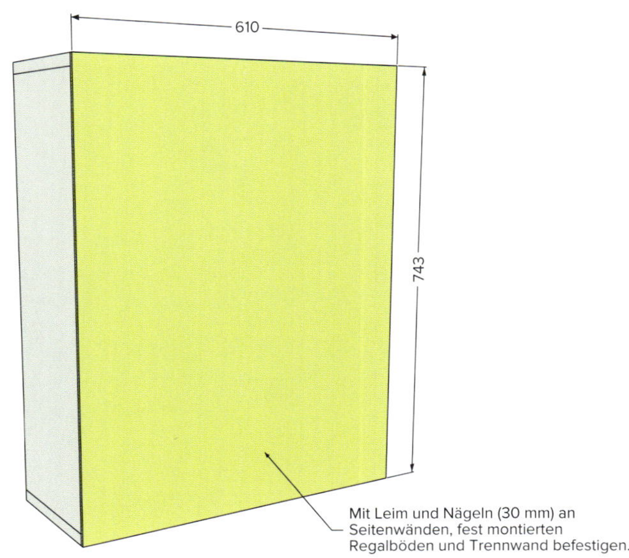

3

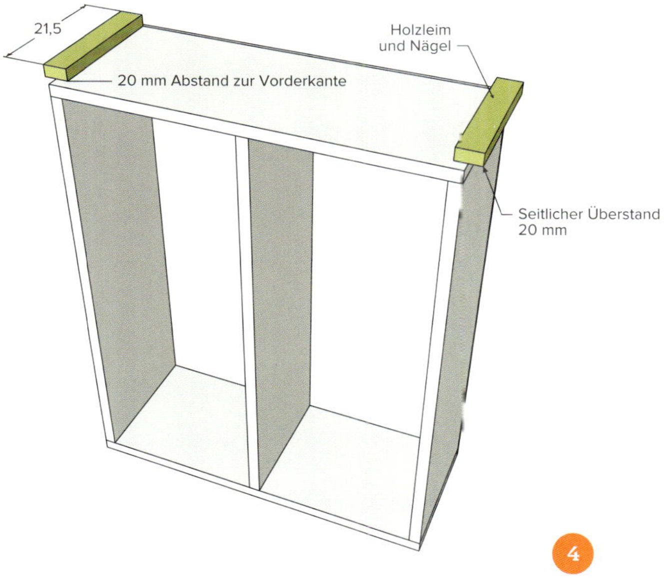

7 REGALBODENTRÄGER

Die Positionen der Einlegeböden anzeichnen und Löcher für die Träger bohren. Durchmesser und Tiefe der Bohrungen sind normalerweise auf der Verpackung der Regalträger angegeben. Träger einstecken und Böden einlegen.

AUFHÄNGEN

Mindestens zwei Löcher in die hintere Verstärkung bohren, um das Regal an der Wand aufzuhängen. Alternativ können Sie Hängeschrank-Beschläge verwenden.

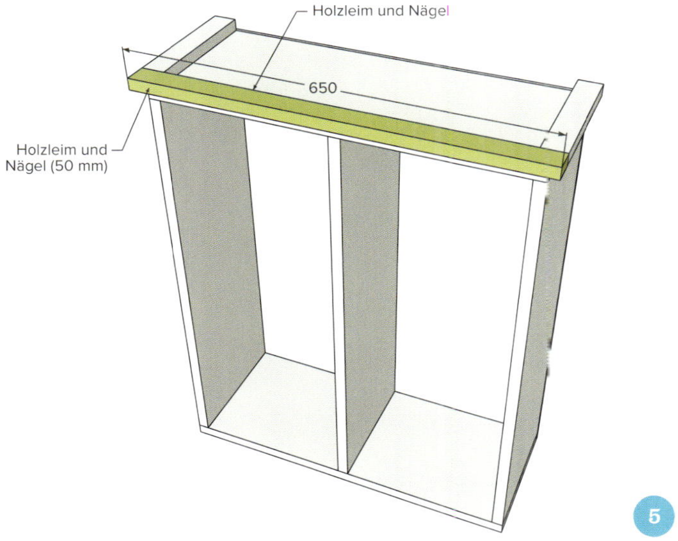

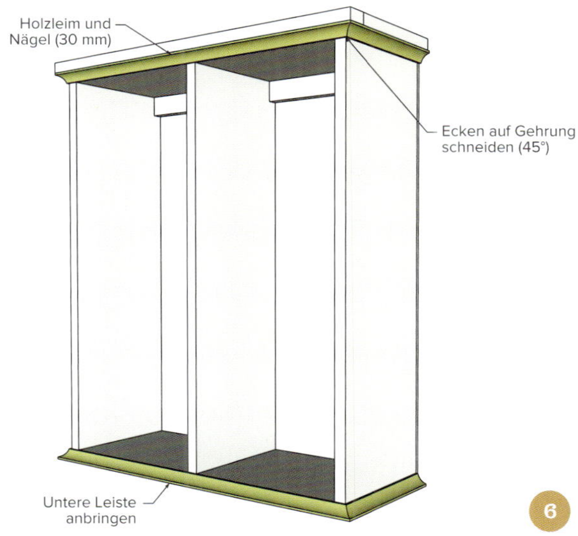

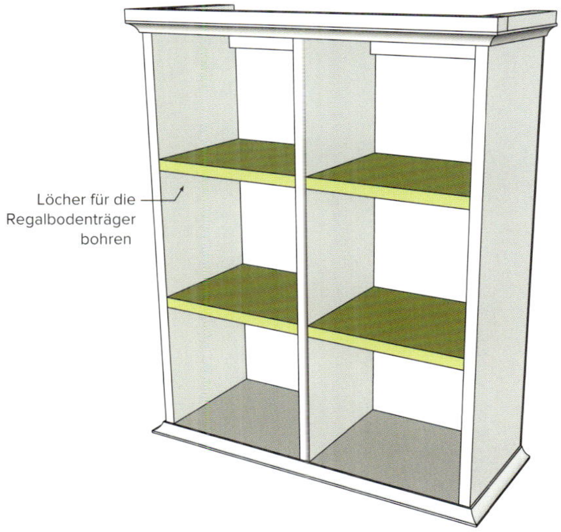

TIPP

Wenn für die Bodenträger Bohrungen mit 6 mm Durchmesser und Tiefe benötigt werden, verwenden Sie einen 6-mm-Holzbohrer und kleben in 6 mm Abstand zur Spitze einen Streifen Malerkrepp herum. Alle Löcher auf gleicher Höhe bohren, sonst sitzen die Böden später schief oder wackeln.

· GEBAUT VON ·

CRYSTAL ROSE

thereadinggirl.com

„Diese Kücheninsel sieht toll aus und ist superpraktisch, weil man sie einfach dorthin rollen kann, wo gerade zusätzliche Arbeitsfläche gebraucht wird. Die Größe lässt sich nach Belieben variieren, und die Farbgestaltung kann problemlos der Kücheneinrichtung angepasst werden. Das Baumaterial für die Insel kostet kaum mehr als ein Wochen-Großeinkauf für die Familie, und dieses Geld ist wirklich gut angelegt."

PROJEKT

Nr. 16

KÜCHENINSEL

DIESE STATTLICHE KÜCHENINSEL MIT DER Holzplatte bringt Country-Stil und Industrie-Chic in Einklang. Sie bietet jede Menge Stauraum und Arbeitsfläche und kann mit Hockern als zusätzlicher Essplatz genutzt werden. Sie lässt sich leicht aus dem Weg rollen und kann auch auf der Terrasse zum Einsatz kommen. Neben dem Bauholz müssen Sie vier gedrechselte Beine und vier robuste Rollen kaufen. Weil das Möbelstück stabil und tragfähig sein muss, rate ich dringend dazu, alle Verbindungen mit Taschenbohrungen auszuführen.

MATERIALLISTE

Kiefer 90 x 38 mm:

- 4 Längsträger, 1525 mm lang
- 4 Querträger, 560 mm lang
- 8 Querträger, 614 mm lang

MDF 19 mm dick:

- 6 Tischbretter, 1525 x 140 mm
- 2 Kantenbretter, 840 x 140 mm
- 4 Bodenbretter, 1525 x 140 mm
- 2 Kantenbretter, 1525 x 90 mm
- 2 Kantenbretter, 560 x 90 mm
- 2 Transport-Lenkrollen, 125 mm (Durchmesser), 155 mm (Bauhöhe)
- 2 Transport-Bockrollen, 125 mm (Durchmesser), 155 mm (Bauhöhe)
- 4 Tischbeine mit je 2 quadratischen Endstücken, 90 x 90 x 745 mm lang

Spanplatten-/Taschenschrauben oder Holzdübel

Nägel

Holzleim

Material für die Endbehandlung

WERKZEUG

Grundausstattung

Hilfsvorrichtung für Taschenbohrungen

Nagler

Bohrschrauber

Handkreissäge oder andere Säge zum Ablängen

ABMESSUNGEN

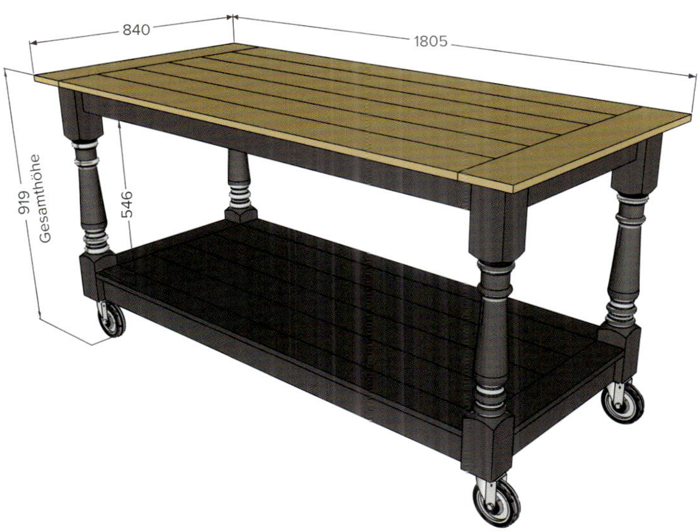

1 SCHMALSEITEN

Zuerst in jedes Ende der 4 kürzeren Querträger Taschenbohrungen (38 mm) einbringen. Die Enden der Träger mit Taschenschrauben (65 mm) mittig an den Endstücken der gedrechselten Beine befestigen. Hinweis: Wenn Sie die Tischplatte ebenfalls mit Taschenschrauben montieren wollen, stellen Sie jetzt an der inneren Oberseite der oberen Querträger nach oben gerichtete Taschenbohrungen (20 mm) her.

2 LÄNGSSEITEN

Die Träger für die Längsseiten wie oben beschrieben befestigen. Hinweis: Wenn Sie die Tischplatte mit Taschenschrauben montieren wollen, stellen Sie an der inneren Oberseite der Rahmenhölzer nach oben gerichtete Taschenbohrungen (20 mm) her.

3 QUERVERSTREBUNG

Nun in die Enden der 8 längeren Querträger Taschenbohrungen (38 mm) einbringen und die Träger mit Taschenschrauben (65 mm) befestigen. Hinweis: Wenn Sie die obere Platte mit Taschenschrauben montieren wollen, stellen Sie an der inneren Oberseite der Querstreben nach oben gerichtete Taschenbohrungen (20 mm) her.

4 TISCHPLATTE

In die Bretter für die Tischplatte gemäß Abbildung Taschenbohrungen (20 mm) bohren. Die Bretter mit Taschenschrauben (30 mm) möglichst lückenlos zusammensetzen.

5 BODEN

In die Bretter für den Boden gemäß Abbildung Taschenbohrungen (20 mm) bohren. Die Bretter mit Taschenschrauben (30 mm) möglichst lückenlos zusammensetzen.

6 TISCHPLATTE UND BODEN MONTIEREN

Die Tischplatte und den Boden auflegen und mit Holzleim und Schrauben (50 mm) befestigen.

7 ROLLEN

Die Insel kopfüber drehen und die Rollen an die unteren Enden der Beine schrauben. Beachten Sie dabei die Anweisungen des Herstellers.

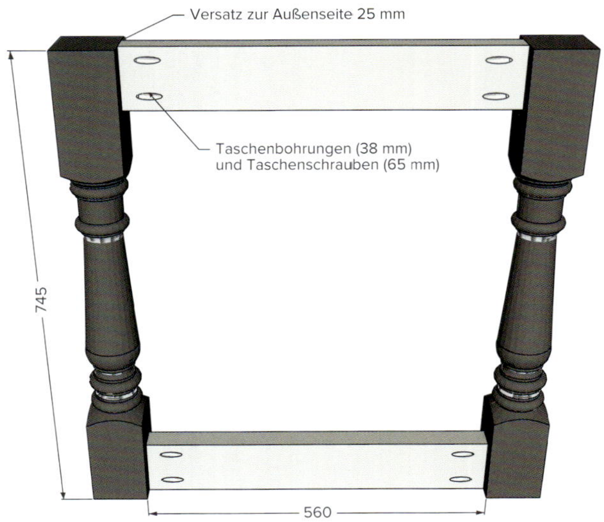

1

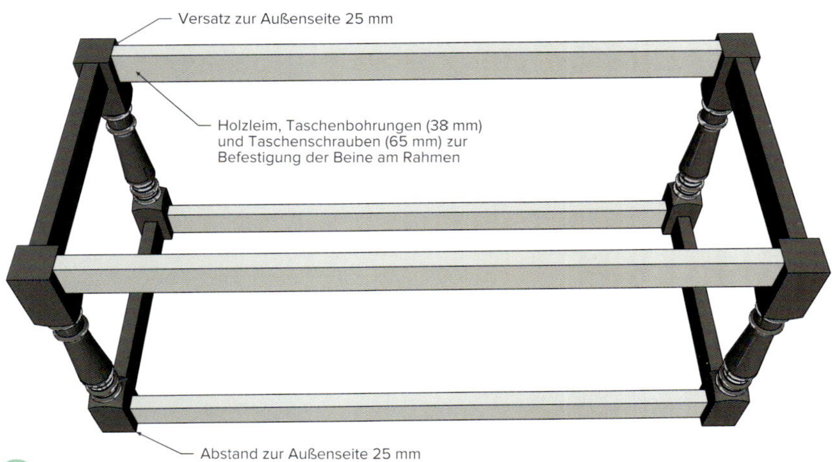

2

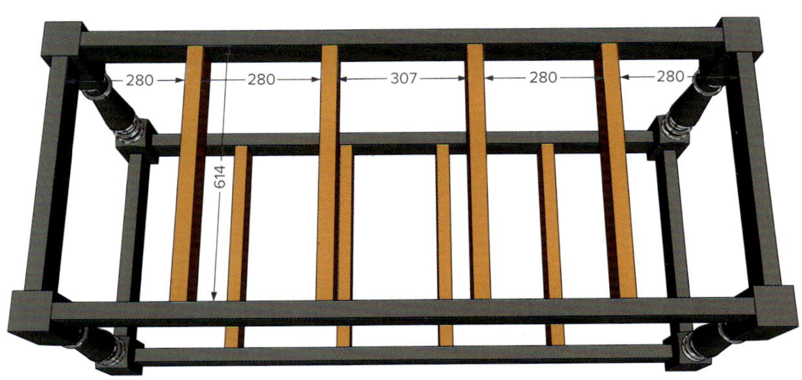

3

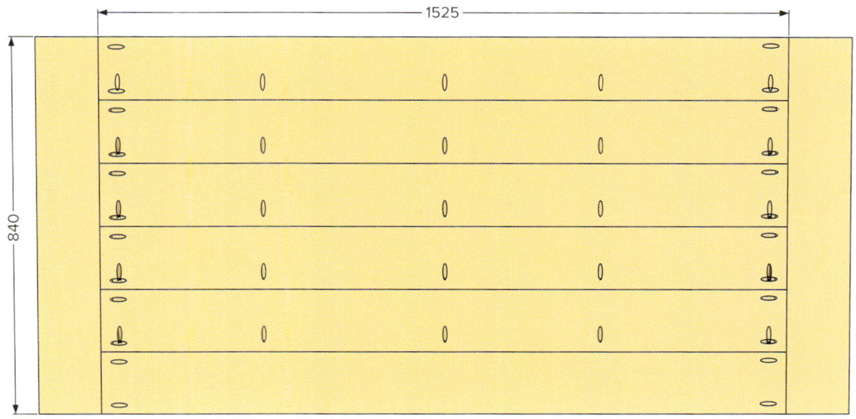

4

· CRYSTALS TIPPS ·

Für dieses Projekt lohnt es sich, eine Hilfsvorrichtung für Taschenbohrungen zu kaufen. Ich hatte vorher noch nie damit gearbeitet, aber bei Möbeln dieser Art verringern sich Zeitaufwand und mögliche Pannen mindestens um die Hälfte.

Legen Sie die Bretter für die Platte und den Boden zuerst auf den Boden. Probieren Sie wie bei einem Puzzle aus, wie sie am besten zusammenpassen: Manche Bretter sind vielleicht verzogen oder haben Unregelmäßigkeiten in der Maserung, die Sie lieber nach unten drehen möchten. Wenn Ihnen die Anordnung gefällt, nummerieren Sie die Bretter mit Bleistift. Das erleichtert es, sie später in der richtigen Reihenfolge zu stabilen, geraden und attraktiven Platten zusammenzusetzen.

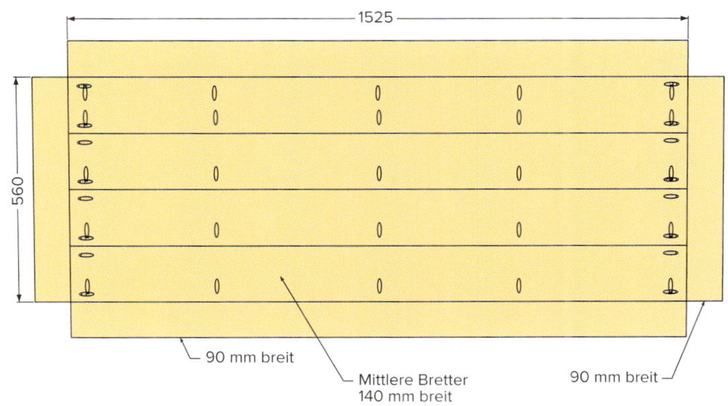

5

6

7

ARBEIT UND HOBBY

LINKS: Leiter-Regal • OBEN RECHTS: Arbeitstisch • UNTEN: Sofabett mit Stauraum

Dieses Kapitel mag ich besonders gern.

Das liegt vielleicht daran, dass ich den Großteil meiner Zeit am Schreibtisch oder im Hobbyraum verbringe. Auf den folgenden Seiten stelle ich praktische Möbel wie einen Nähtisch zum Ausklappen oder einen Arbeitstisch mit viel Stauraum vor. Das praktische Sofabett ist einfach zu bauen und kostet erstaunlich wenig. Für alle, die ihren Arbeitsplatz in einem Wohn- oder Schlafraum unterbringen müssen, ist der Sekretär eine elegante Lösung.

LINKS: Nähtisch zum Ausklappen
OBEN RECHTS: Sekretär

PROJEKT

Nr. 17

NÄHTISCH
zum Ausklappen

WENN ICH EIN NEUES PROJEKT IN ANGRIFF nehmen wollte, musste ich früher immer einen freien Tisch suchen und alle Utensilien zusammentragen. Folglich mussten andere Familienaktivitäten warten, bis ich fertig war und alles weggeräumt hatte. Darum habe ich diesen Nähtisch entworfen. Auf seinen Rollen kann er mal hier, mal dort benutzt werden. Zusammengeklappt nimmt er wenig Platz ein und kann als praktische Ablage dienen. Und wenn ich nähen will, klappe ich ihn kurzerhand aus. In den Fächern werden Nähmaschine und Zubehör verstaut, und wer möchte, kann sogar eine Verlängerungsplatte zum Zuschneiden anhängen.

MATERIALLISTE

MDF 19 mm dick:

- 1 Tischplatte, 810 x 395 mm
- 2 Seitenwände, 810 x 680 mm
- 1 Bodenplatte, 810 x 307 mm
- 1 Einlegeboden, 810 x 305 mm
- 2 Klappen, 810 x 510 mm

Buche-Leimholz 90 x 20:

- 4 Klappbeine, 745* mm lang

* bei abweichender Rollen-Bauhöhe Länge anpassen.

- 2 Lenkrollen mit Feststeller, 50 mm (Durchmesser), 65 mm (Bauhöhe)
- 2 Lenkrollen ohne Feststeller, 50 mm (Durchmesser), 65 mm (Bauhöhe)
- 10 (3 je Klappe, 1 je Bein) Scharniere 60 x 40 mm (geöffnet)

Bodenträger

Spanplatten-/Taschenschrauben oder Holzdübel

Nägel

Holzleim

Material für die Endbehandlung

WERKZEUG

Grundausstattung

Handkreissäge

Bohrschrauber

Hilfsvorrichtung für Taschenbohrungen oder Bohrer und Senker

ABMESSUNGEN

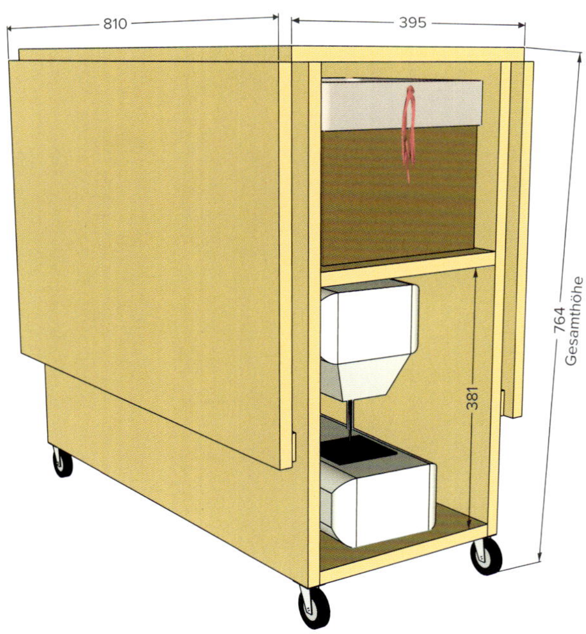

Ausgeklappt hat die Platte eine Größe von etwa 141 x 81 cm.

Zusammengeklappt als Ablage mit Stauraum nutzbar.

· GEBAUT VON ·
BROOK WILHELMSEN
www.beingbrook.com

„Ich bin mit einem Soldaten verheiratet und in den letzten elf Jahren 14-mal umgezogen. Wo immer wir wohnen, möchte ich unsere Wohnung rundum schön und praktisch einrichten. Diesen Klapptisch mag ich so gern, weil man damit fast überall nähen kann.

Nach dem Grundieren habe ich ihn zweimal mit Lackfarbe in korallenrosa gestrichen und dann die Platte zweimal klar lackiert, um sie besonders strapazierfähig zu machen."

1 PLATTENWARE SELBST ZUSCHNEIDEN

Zuerst die Platte mit der Handkreissäge in drei Stücke von je 810 mm Breite schneiden. Aus diesen drei Stücken die Teile gemäß Abbildung und Materialliste sägen.

2 MITTELKASTEN

Die Positionen von Einlegeboden und Bodenplatte auf den Seitenwänden anzeichnen. Löcher vorbohren. Dann die Teile mit Leim und Senkkopfschrauben zwischen den Seitenwänden montieren. Die Kopfplatte mit Leim und Senkkopfschrauben so montieren, dass sie auf beiden Seiten 25 mm über die Seitenwände hinaussteht. Alternativ kann sie mit Holzleim, Taschenbohrungen (20 mm) und Taschenschrauben (30 mm) angebracht werden.

3 ROLLEN MONTIEREN

Den Kasten kopfüber drehen. Die Rollen an den Ecken des Bodens auflegen und die Schraublöcher anzeichnen. Vorbohren, damit das Holz nicht reißt. Schrauben gemäß Empfehlung des Rollenherstellers verwenden und die Rollen festschrauben.

4 KLAPPEN MONTIEREN

Die Klappen rechts und links neben das kopfüber liegende Werkstück legen und exakt an der Kopfplatte ausrichten. Scharniere an den Unterseiten der Platte und der Klappen festschrauben.

5 BEINE

Die Beine werden gemäß Abbildung mit Scharnieren an den Unterseiten der Klappen befestigt. Falls Sie Rollen in einer anderen als der angegebenen Größe verwenden, müssen Sie die Längen der Beine entsprechend anpassen.

Den Tisch aufrecht stellen, die Beine ausklappen und die Länge prüfen. Sie können nun noch Schieberiegel oder Haken und Ringschrauben montieren, um die Klappen in ausgebreitetem Zustand zu arretieren.

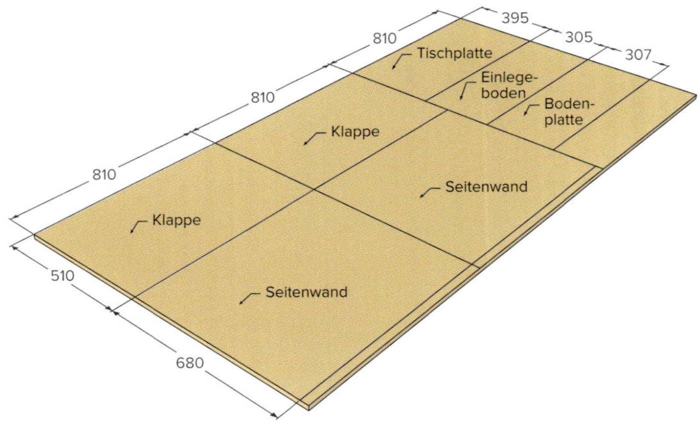

1

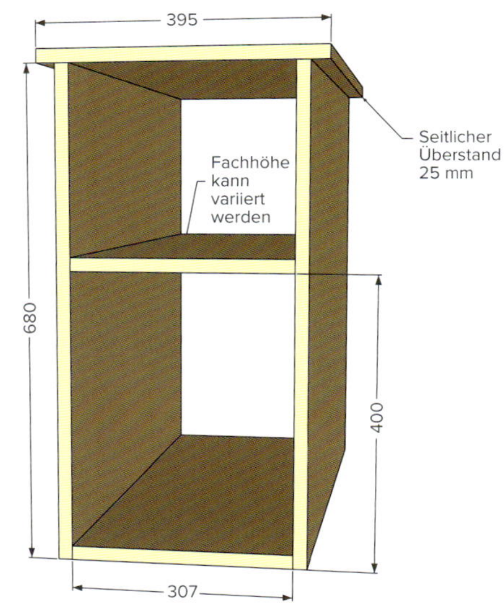

2

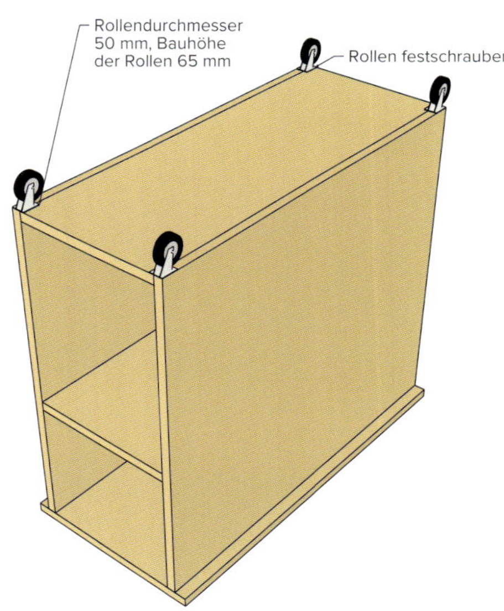

3

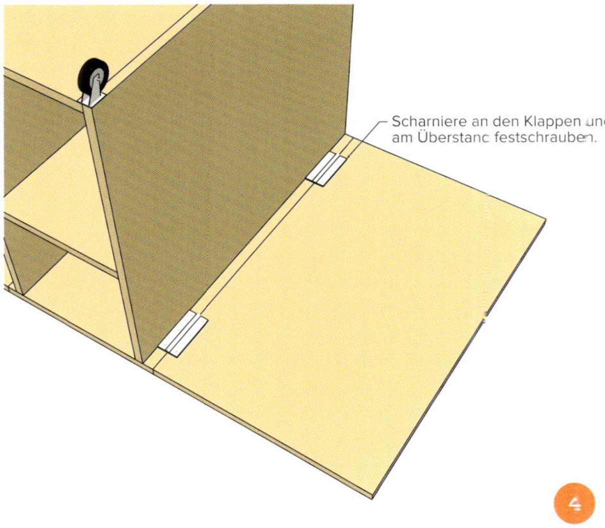
Scharniere an den Klappen und am Überstand festschrauben.
4

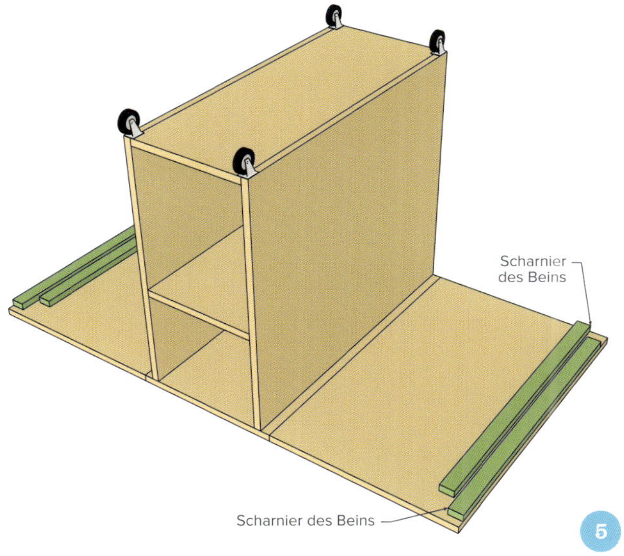
Scharnier des Beins
Scharnier des Beins
5

Create

Regalböden in verschiedenen Tiefen für alles, was verstaut werden muss.

· GEBAUT VON ·
AMANDA CLARK

»Dieses tolle Möbelstück schafft Ordnung und bietet gleichzeitig reichlich Stellfläche für dekorative Stücke. Weil das Design so schlicht ist, passt es zu jedem Einrichtungsstil.«

PROJEKT

Nr. 18

ANLEHNREGAL

OB ARBEITSZIMMER, BAD, KÜCHE ODER FLUR: Mir fällt kein Raum in unserem Haus ein, in dem wir so ein Regal nicht gebrauchen könnten. Es sieht gut aus und nimmt wenig Platz ein, ist einfach zu bauen und kostet nicht viel.

MATERIALLISTE

MDF 19 mm dick:

2 Seitenträger*, 1970 x 90 mm

5 Auflagebretter, 840 x 90 mm

5 hintere Blenden, 838 x 90 mm

je 1 Regalboden, 800 x 440, 360, 310, 260 und 210 mm breit

je 2 Seitenblenden, 90 x 440, 360, 310, 260 und 210 mm lang

* oben: abrunden; unten: von vorn nach hinten Winkelstück 7,5° abschneiden (dient als Schablone für die Auflagebretter).

Spanplatten-/Taschenschrauben oder Holzdübel

Nägel

Holzleim

Material für die Endbehandlung

WERKZEUG

Grundausstattung

Handkreissäge

Bohrschrauber

Hilfsvorrichtung für Taschenbohrungen

Bohrer und Senker

Nagler

Stichsäge

ABMESSUNGEN

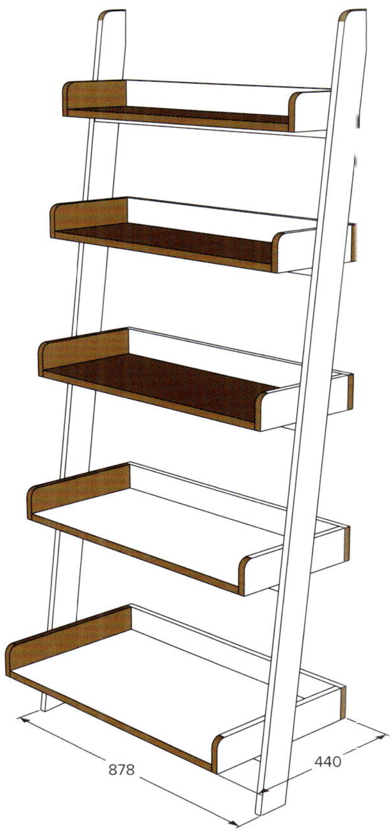

PLATTENWARE ZUSCHNEIDEN

Schneiden Sie für die Böden zunächst Stücke von 800 mm Breite von der Platte. Aus diesen werden dann die einzelnen Böden gemäß Liste zugeschnitten.

TIPP Schneller geht es, wenn Sie sich die Teile millimetergenau im Baumarkt zuschneiden lassen.

1 SEITENTRÄGER

Die Positionen der Auflager auf den Trägern exakt gemäß Abbildung anzeichnen. Achtung: Alle verlaufen schräg, aber parallel zueinander.

TIPP Verwenden Sie das Winkelstück, das beim Abschrägen der Beine unten anfällt, zum Anreißen der schrägen Markierungen.

2 BLENDEN ANBRINGEN

An jedem Regalboden die passenden Seitenblenden mit Holzleim und Schrauben oder Nägeln (50 mm) befestigen, alternativ von unten mit Taschenlöchern (20 mm) und Taschenschrauben (30 mm).

Nachdem die Seitenblenden montiert sind, werden die hinteren Blenden mit Taschenlöchern (20 mm) und Taschenschrauben (30 mm) oder mit Holzleim und Stahlstiften oder Senkkopfschrauben (50 mm) an den Regalböden und den Seitenblenden befestigt.

3 ECKEN ABRUNDEN

Die vorderen Ecken der Seitenteile mit der Stichsäge abrunden und sorgfältig glattschleifen.

TIPP Verwenden Sie das Verschnittstück, das beim Abrunden der ersten Ecke anfällt, als Schablone für alle übrigen.

4 AUFLAGEBRETTER

Jetzt die Bretter an den markierten Positionen zwischen den Beinen montieren – entweder von unten mit Taschenbohrungen (20 mm) und Taschenschrauben (30 mm) oder von außen mit Holzleim und Nägeln oder Schrauben (50 mm).

ZUSAMMENBAUEN

An den oberen Enden der Seitenträger die Bilderösen anbringen und das Gestell damit an der Wand befestigen. Die Regalböden einschieben, dabei mit dem größten beginnen und aufwärts arbeiten. Die Positionen anzeichnen und die Böden herausnehmen. Holzleim auftragen, die Böden wieder einschieben und von unten (an den Auflagebrettern) sowie seitlich durch die Beine mit Schrauben (30 mm) fixieren.

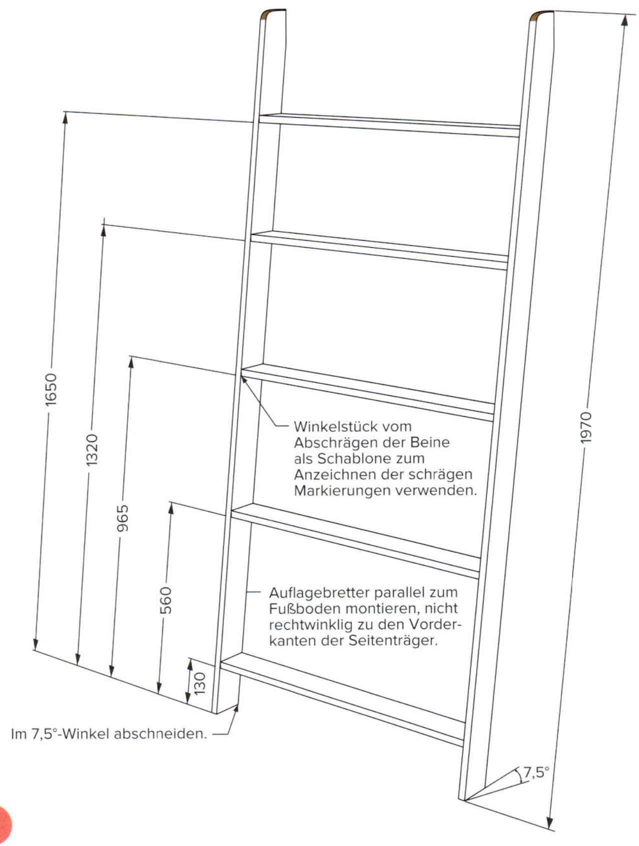

1

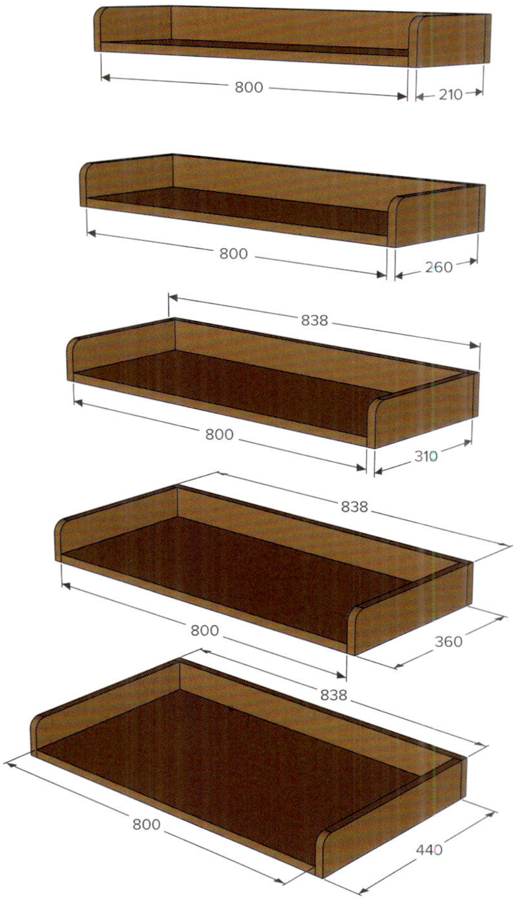

2

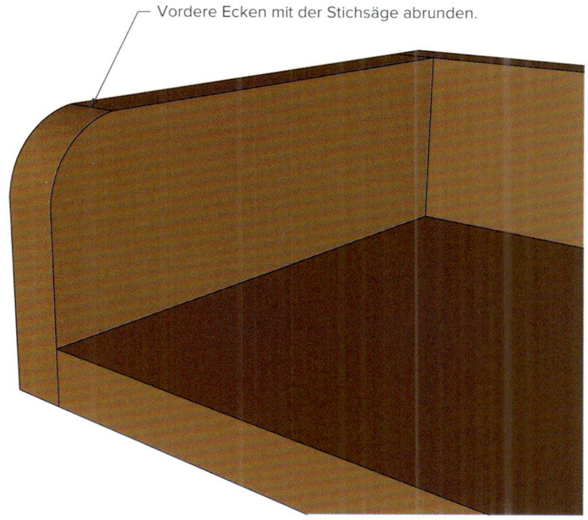

3

4

· ENDBEHANDLUNG ·

Wir haben zwei Schichten seidenglänzenden Lack in Altweiß aufgetragen und zwischen den Anstrichen gut trocknen lassen.

PROJEKT

Nr. 19

Moderner ARBEITS-TISCH

DIE EINRICHTUNG VON WOHNZIMMER UND Schlafräumen nehmen wir wichtig, aber der Platz für Arbeit und Hobbys kommt oft zu kurz. Außerdem kosten wirklich praktische Arbeitstische im Handel ein kleines Vermögen.

Bauen Sie sich den idealen Arbeitstisch doch einfach selbst. Er ist so hoch wie ein Tresen, also sehr rückenschonend beim Zuschneiden und anderen Arbeiten, die man lieber im Stehen erledigt. Zudem gewinnt man durch diese Höhe zusätzlichen Stauraum: Der Tisch besitzt sechs große und sechs kleinere Fächer für alles, was griffbereit sein muss.

MATERIALLISTE

2 Seitenteile

MDF 19 mm dick:

- **2** Kopfplatten, 950 x 285 mm
- **2** Bodenplatten, 931 x 285 mm
- **2** Rückwände, 851 x 285 mm
- **4** Seitenwände, 870 x 241 mm
- **2** Trennwände, 813 x 285 mm
- **4** Regalböden, 690 x 285 mm
- **4** Regalböden, 220 x 285 mm
- **8** Längsblenden, 709 x 40 mm
- **4** Querblenden, 323 x 40 mm
- **8** Blenden (senkrecht), 790 x 40 mm
- **1** Arbeitsplatte, 1370 x 965 mm
- **4** Distanzleisten, 925 x 38 mm

Kiefer 38 x 38 mm:

- **4** Distanzhölzer, 247 mm lang
- **4** Sockelhölzer, 930 mm lang
- **4** Sockelhölzer, 209 mm lang

Spanplatten-/Taschenschrauben oder Holzdübel

Nägel

Holzleim

Material für die Endbehandlung

WERKZEUG

Grundausstattung

Handkreissäge oder andere Säge zum Ablängen

Nagler

Bohrschrauber

ABMESSUNGEN

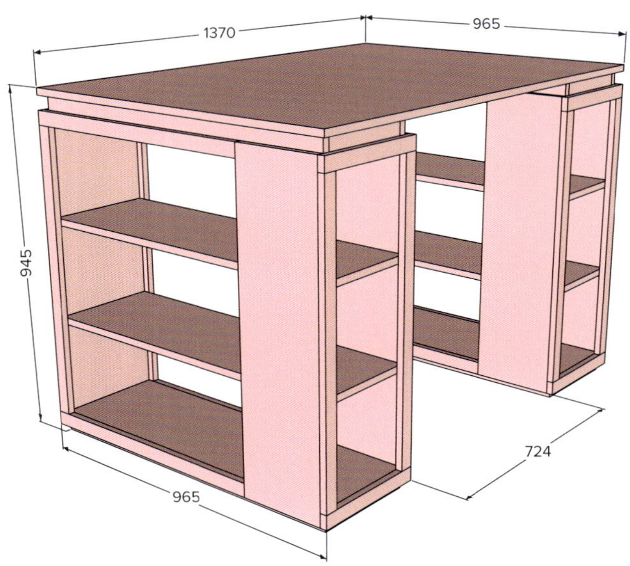

Die Tischplatte misst 137 x 96,5 cm. Die Gesamthöhe entspricht einem durchschnittlichen Tresen.

· GEBAUT VON ·
CHERISH FIELDER

„Ich bin im Hauptberuf Mutter, koche gern und male oder fotografiere alles, was mir unter die Augen kommt. Mein Mann ist bei der US-Luftwaffe beschäftigt, und wir haben viel Spaß daran, gemeinsam zu basteln und zu bauen. Dieser Tisch ist eins unserer anspruchsvollsten Projekte. Jedes Mal, wenn ich ihn anschaue, denke ich stolz: „Wow, den haben wir selbst gebaut!“"

Alles ist griffbereit, aber die Arbeitsfläche bleibt frei.

1 GRUNDREGALE

Für die seitlichen Regale wird zuerst ein Kasten wie auf der Abbildung gebaut. Die Art der Verbindungen können Sie selbst bestimmen: Taschenlöcher (20 mm) und Taschenschrauben (30 mm), Senkkopfschrauben (50 mm) oder Nägel (50 mm). In jedem Fall zusätzlich Holzleim verwenden. Sie müssen zwei solcher Kästen bauen.

2 REGALE FÜR DIE STIRNSEITEN

Die Seitenwände der schmalen Regale so ans offene Ende des Kastens setzen, dass sie bündig mit Ober- und Vorderkante der Kopfplatte abschließen. Falls Ihre Bretter für die Seitenteile etwas schmaler sind, schneiden Sie Kopf- und Bodenplatte passend zu. Die Seitenwände mit Holzleim und Stahlstiften (50 mm) befestigen.

3 SCHMALE REGALBÖDEN

Die Positionen der Böden anzeichnen und Holzleim auftragen. Die Böden einschieben und von außen mit Stahlstiften (50 mm) befestigen.

4 LÄNGSBLENDEN

Leim auf die Regalkanten auftragen und die Blenden mit Stahlstiften (30 mm) festnageln.

5 SENKRECHTE BLENDEN HINTEN

Holzleim auf die äußeren Kanten auftragen und die Blenden mit Stahlstiften (30 mm) festnageln.

6 BLENDEN FÜR DIE SCHMALEN REGALE

Holzleim auftragen und die Blenden mit Stahlstiften (30 mm) festnageln.

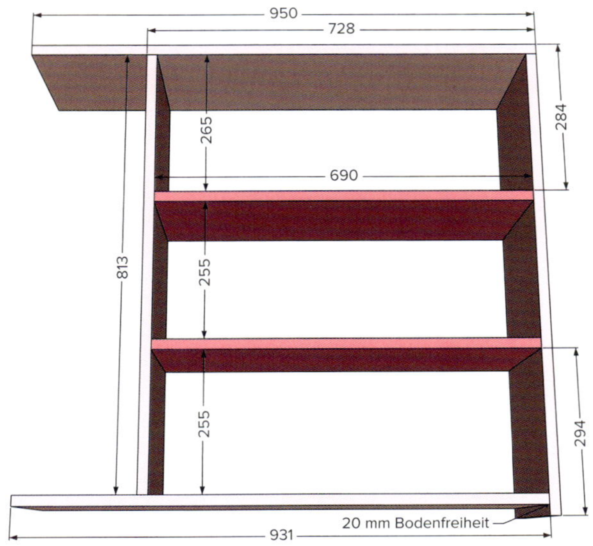

1

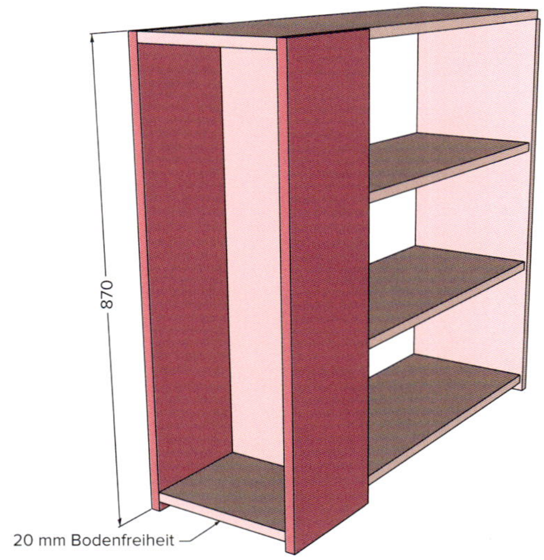

2

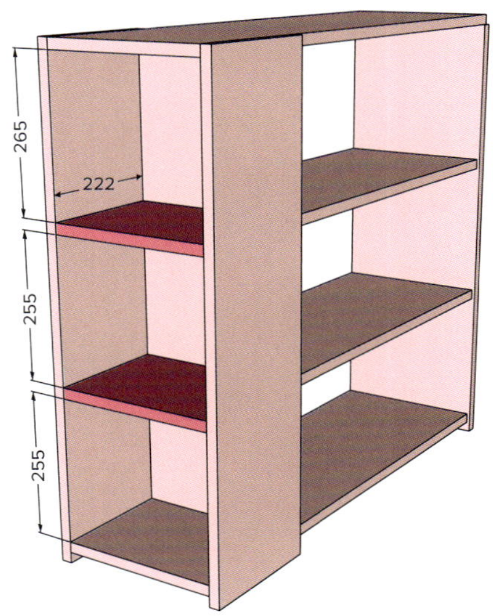

3

4

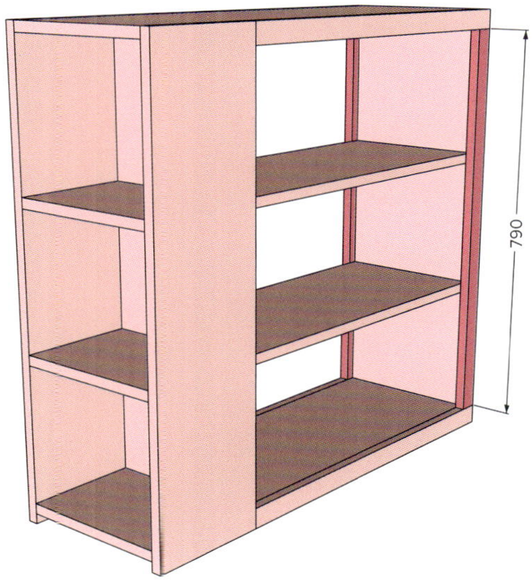

5

6

7 **SENKRECHTE BLENDEN VORNE**

Holzleim auftragen und auch diese Blenden mit Stahlstiften (30 mm) befestigen.

8 **SOCKELHÖLZER LÄNGS**

Die Regale kopfüber drehen. Die längs verlaufenden Sockelhölzer mit Leim bestreichen und mit Stahlstiften (50 mm) an den Böden der Regale befestigen.

9 **SOCKELHÖLZER QUER**

Die kurzen Sockelhölzer zwischen die längs verlaufenden leimen und mit Stahlstiften (50 mm) an den Böden festnageln. Auch durch die Enden der Längshölzer Nägel in die Querhölzer schlagen. Damit sind die Sockel der beiden Regale fertig. Nun geht es mit der Tischplatte weiter.

10 **DISTANZHÖLZER FÜR DIE ARBEITSPLATTE**

Auf der Unterseite der Tischplatte die Positionen der beiden Distanzrahmen ausmessen und anzeichnen. Zuerst die kurzen Distanzhölzer mit Holzleim und Stahlstiften (50 mm) befestigen.

11 **DISTANZLEISTEN**

Die Distanzleisten gemäß Abbildung mit Holzleim und Stahlstiften (50 mm) an der Unterseite der Platte anbringen.

12 **ZUSAMMENBAUEN**

Die Platte auf die beiden Regale legen und passend zurechtschieben. Führungslöcher vorbohren und von unten durch die Kopfplatten der Regale Schrauben (50 mm) in die Distanzleisten der Tischplatte drehen.

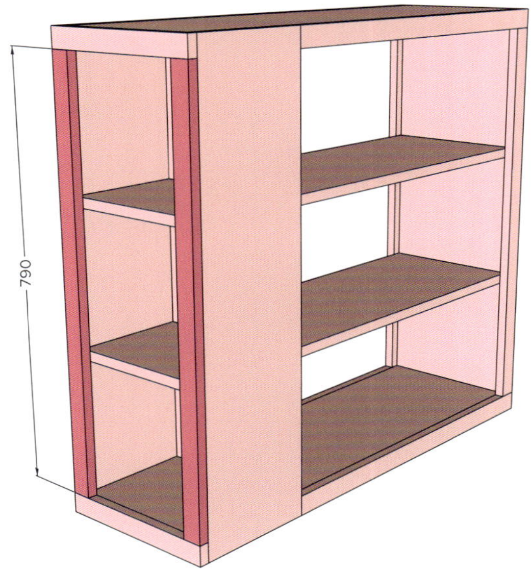

7

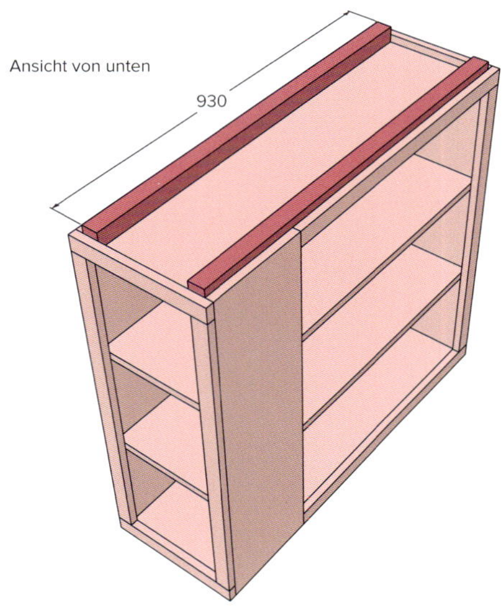

8

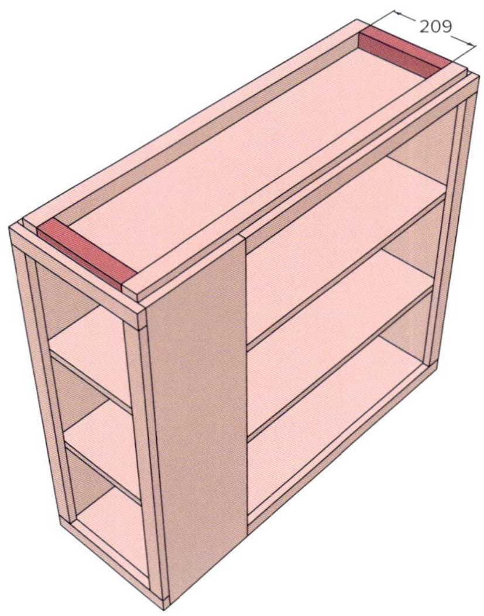

9

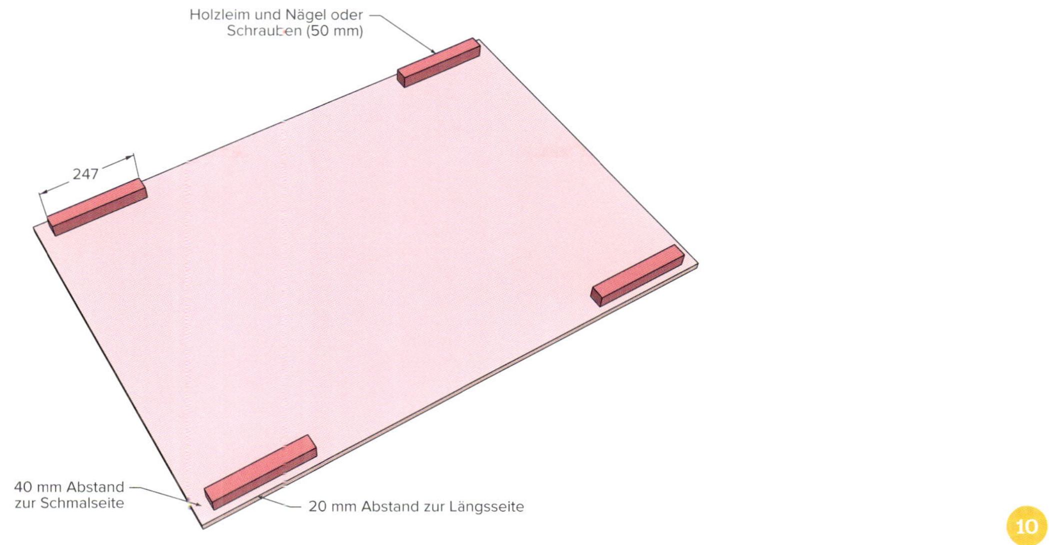

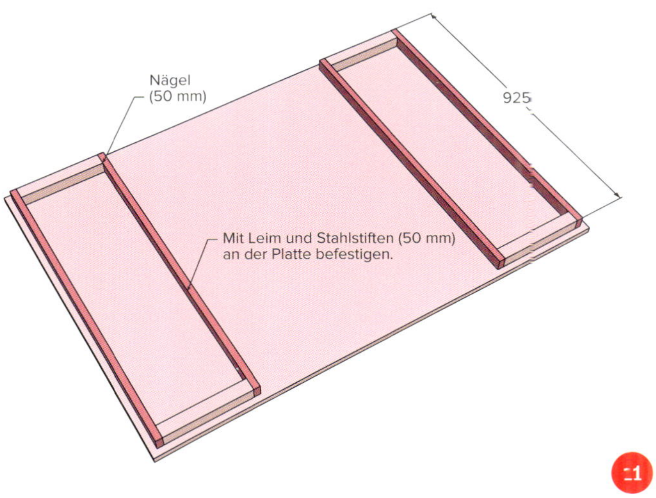

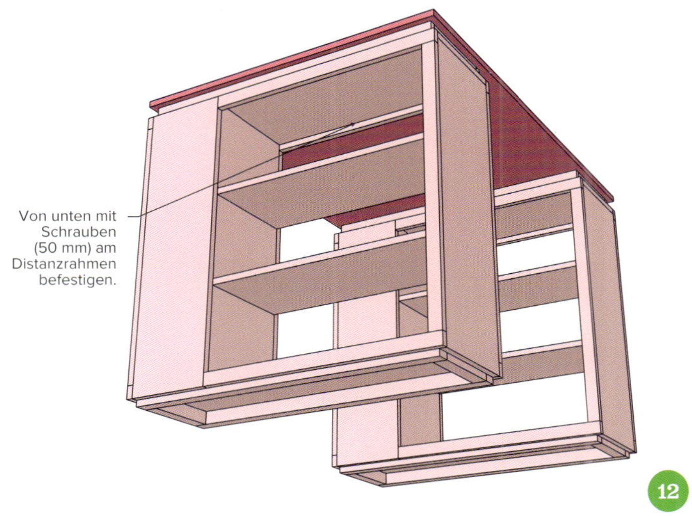

Brook Wilhelmsen hat ihren Tisch in einem zarten Hellblau gestrichen.

Passend für eine Standard-Matratze (100 x 190 cm)

· GEBAUT VON ·
LAYLA PALMER
www.theletteredcottage.com

„Wir wohnen im tiefen Süden der USA, genauer gesagt in Prattville (Alabama), lesen leidenschaftlich gern und haben eine ausgeprägte Schwäche für alte Häuser. Zugegeben, unser eigenes Haus kann noch jede Menge liebevoller Zuwendung gebrauchen."

PROJEKT

Nr. 20

SOFABETT mit Stauraum

ES IST UNGLAUBLICH, WIE VIEL PLATZ sich mit so einem Sofabett gewinnen lässt. Die Fächer haben etwa so viel Volumen wie ein großes Bücherregal, und man kann alles Mögliche verstauen – von Reserve-Wolldecken bis zu Körben mit weniger ansehnlichen Dingen. Ich habe einen älteren Entwurf überarbeitet und ein Modell entwickelt, das mit weniger Material auskommt und einfacher zu bauen ist. Da es von allen Seiten gut aussieht, kann es frei im Raum stehen. Sie können es aber auch – wie Layla – in eine Ecke stellen, um einen gemütlichen Leseplatz zu schaffen.

MATERIALLISTE

Korpusse

MDF 19 mm dick:

- **2** Längsbretter, 1898 x 285 mm
- **2** Längsbretter, 1860 x 285 mm
- **4** Stirnwände, 390 x 285 mm
- **4** Zwischenwände, 325 x 285 mm
- **2** Längsblenden, 1910 x 65 mm
- **2** Längsblenden, 1910 x 40 mm
- **2** Blenden (Kopf/Fuß), 1030 x 65 mm
- **2** Blenden (Kopf/Fuß), 1030 x 40 mm
- **14** Blenden (senkrecht), 304 x 40 mm

Sperrholz 6 mm dick:

- **2** Rückwände, 1898 x 409 mm
- **2** Füllungen, 990 x 409 mm

Kiefer 38 x 38 mm:

- **2** Rostauflager, 1895 mm lang

MDF 19 mm dick:

- **17** Rostbretter, 420 x 65 mm

Spanplatten-/Taschenschrauben oder Holzdübel

Nägel

Holzleim

Material für die Endbehandlung

WERKZEUG

Grundausstattung

Handkreissäge oder andere Säge zum Ablängen

Nagler

Hilfsvorrichtung für Taschenbohrungen (empfehlenswert)

Bohrschrauber

Senker

ABMESSUNGEN

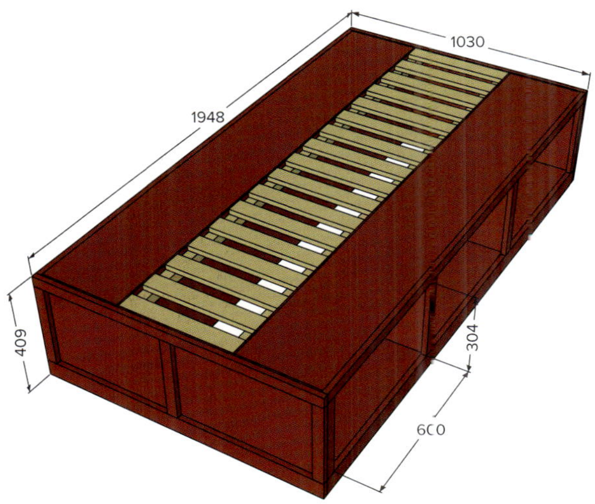

1 SPERRHOLZ ZUSCHNEIDEN

Das Sperrholz zunächst in Streifen von 409 mm Breite sägen. Daraus die Teile gemäß Abbildung zuschneiden.

2 STAURAUM-KÄSTEN

Die beiden Stauraum-Kästen ähneln Bücherregalen, die auf der Seite liegen. Sie werden zuerst gebaut. Die Positionen der Zwischenwände auf den Längsbrettern anzeichnen. Achtung: Das obere Brett ist länger als das untere. Löcher vorbohren, dann die Regale so zusammensetzen, wie in der Abbildung dargestellt.

3 BLENDEN

Die Blenden werden mit Holzleim und Stahlstiften (30 mm) an den äußeren Kanten befestigt. Sie stehen 6 mm über die Stirnwände der Stauraum-Kästen hinaus.

Wenn Sie mit Taschenbohrungen arbeiten, bohren Sie die Löcher vor (20 mm) und setzen den Blendrahmen mit Holzleim und Taschenschrauben (30 mm) zusammen. Danach wird er im Ganzen mit Stahlstiften (30 mm) am Kasten montiert.

4 RÜCKWAND

Die Kästen exakt rechtwinklig ausrichten. Auf alle rückwärtigen Kanten Holzleim geben, dann die Rückwände auflegen und mit Stahlstiften (30 mm) festnageln.

5 AUFLAGER FÜR DEN LATTENROST

Auf jeder Rückwand 19 mm unterhalb der Oberkante eine Linie anzeichnen.

TIPP Das gelingt ganz leicht mit einer 19 mm breiten, geraden Leiste.

Die Auflager werden an den Zwischen- und den Stirnwänden festgeschraubt. An den entsprechenden Positionen Löcher in die Auflager bohren. Dann die Auflager jeweils mit 19 mm Abstand zur Oberkante mit Holzschrauben (65 mm) montieren.

6 RAHMEN FÜR KOPF- UND FUSSENDE

Die Blenden für die Rahmen mit Taschenlöchern (20 mm) und Taschenschrauben (30 mm) zusammensetzen oder sorgfältig vorbohren und Schrauben (50 mm) verwenden.

TIPP Die Teile mit Zwingen spannen und auf exakte Winkel achten.

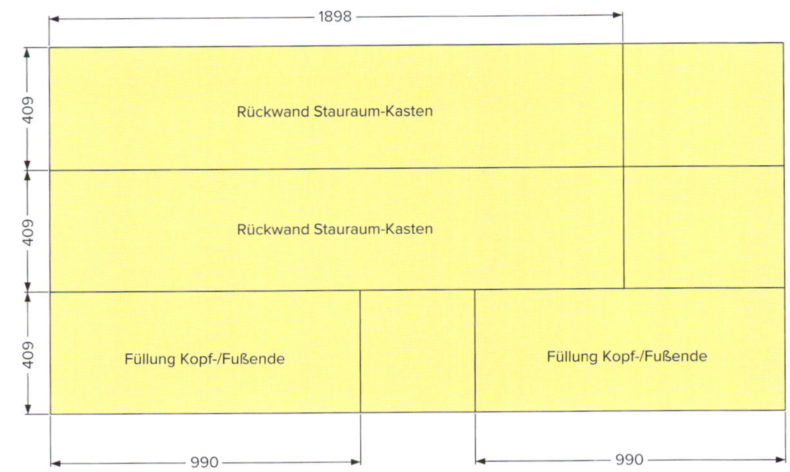

1

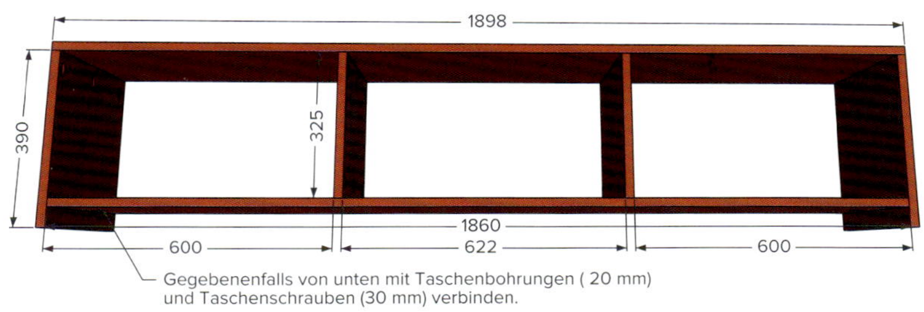

2

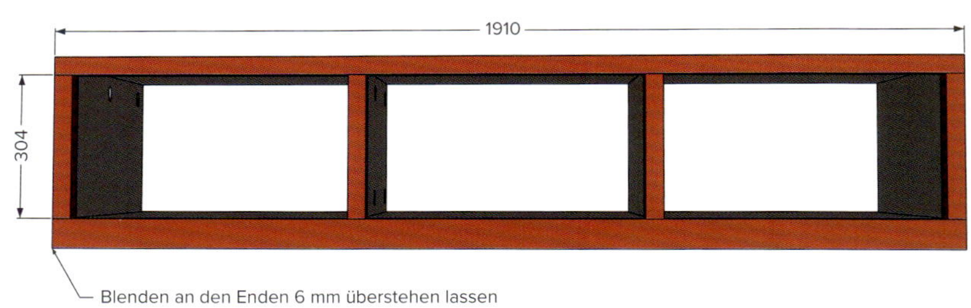

3

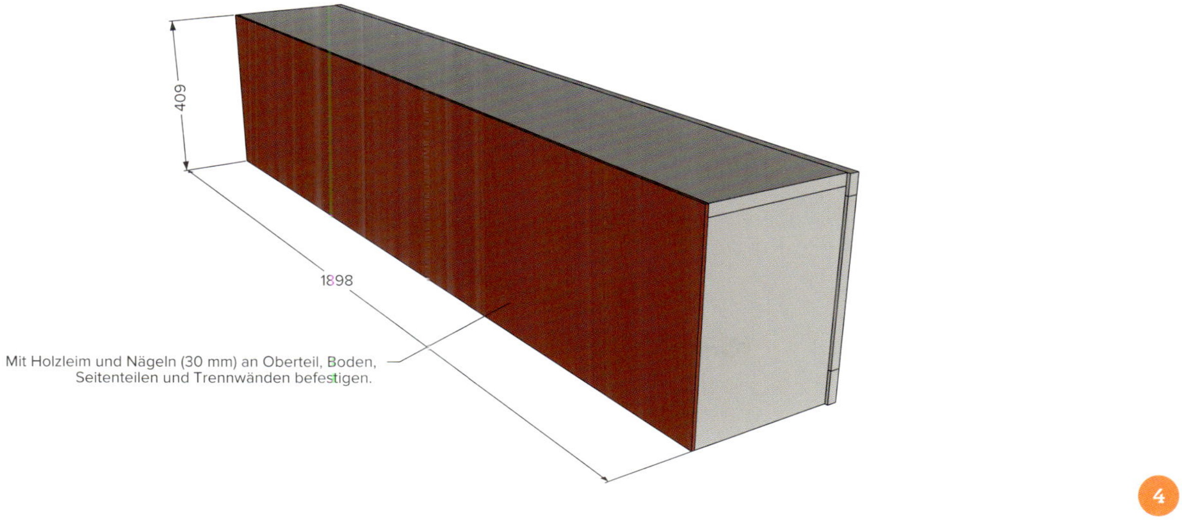
409
1898
Mit Holzleim und Nägeln (30 mm) an Oberteil, Boden, Seitenteilen und Trennwänden befestigen.
4

Abstand oben 19 mm
Auflager vorbohren und an Zwischen- und Stirnwänden festschrauben.
5

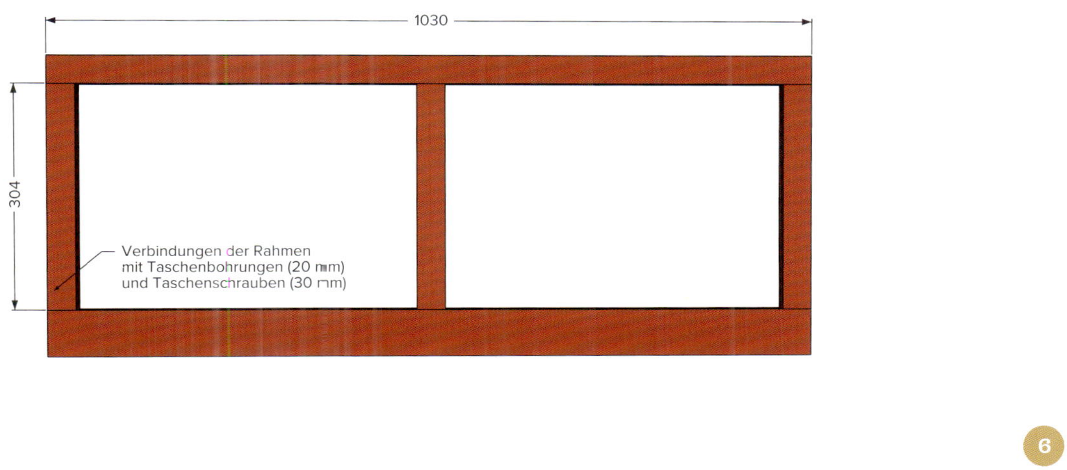
1030
304
Verbindungen der Rahmen mit Taschenbohrungen (20 mm) und Taschenschrauben (30 mm)
6

7 KOPF-/FUSSENDE

Die Sperrholzplatten auf die Rückseiten der Rahmen leimen und mit Stahlstiften (20 mm) befestigen. An jeder Schmalseite müssen mindestens 20 mm frei bleiben.

8 ZUSAMMENBAUEN

Die Einzelteile des Betts lassen sich gut transportieren. Sie werden erst an Ort und Stelle zusammengebaut. Kopf- und Fußteil anstellen, dann vorbohren und von den Innenseiten der Fächer Schrauben in die Rahmenblenden drehen. Keinen Leim verwenden, sonst lässt sich das Bett später nicht mehr zerlegen.

9 LATTEN

Die Latten in Abständen von ca. 50 mm von oben an den Auflagern festschrauben. Keinen Leim verwenden, sonst lässt sich das Bett später nicht mehr zerlegen.

TIPP Für ein französisches Doppelbett bauen Sie Kopf- und Fußende 380 mm breiter und schneiden auch die Latten 380 mm länger zu.

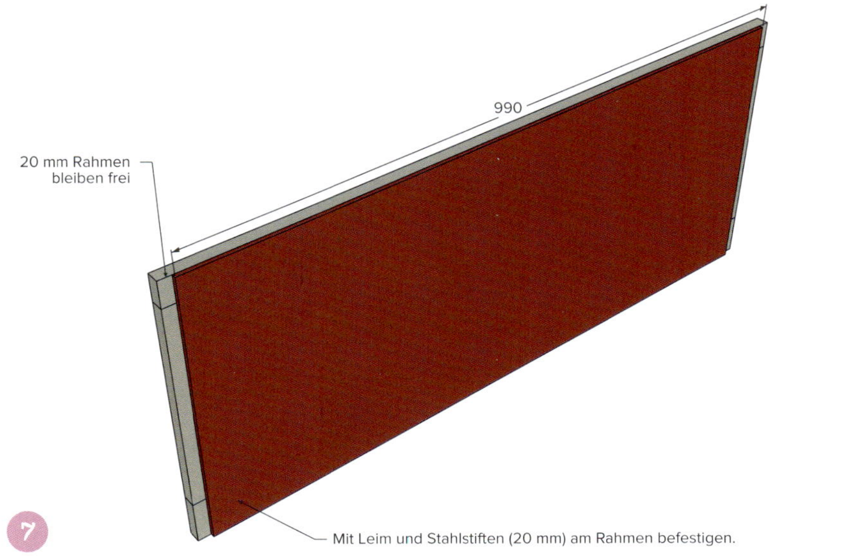

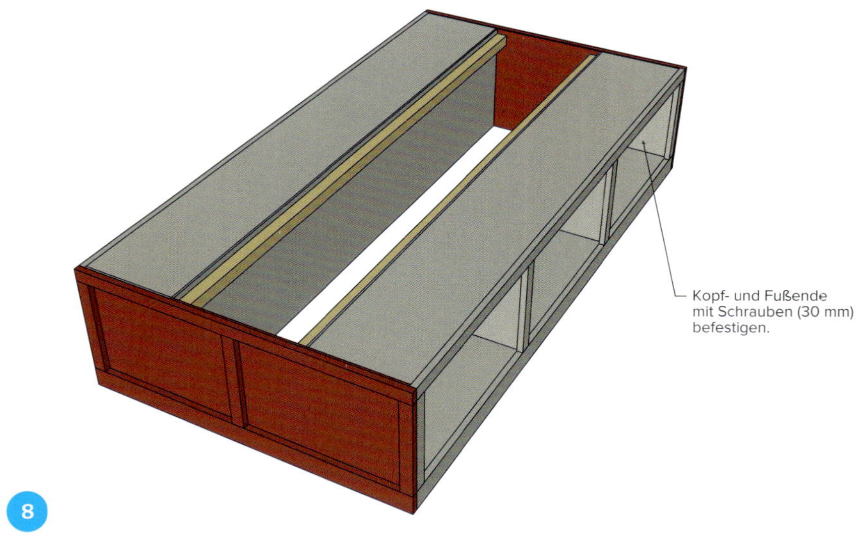

PROJEKT

Nr. 21

SEKRETÄR

MIT DIESEM SCHÖNEN SEKRETÄR lässt sich in jedem Zimmer ein Arbeitsplatz einrichten. Er besitzt eine Schreibplatte zum Herunterklappen, und hinter den Türen befindet sich genug Stauraum für alles, was man an einem Schreibtisch braucht.

ABMESSUNGEN

MATERIALLISTE

Kiefer 38 x 38 mm:

- 4 Beine, 1100 mm lang
- 6 Querträger, 810 mm lang
- 1 Mittelträger, 285 mm lang

MDF 19 mm dick:

- 1 Kopfplatte, 940 x 285 mm
- 1 hintere Kante, 940 x 38 mm
- 1 vordere Kante, 940 x 65 mm
- 2 Seitenwände, 950 x 285 mm
- 4 Aufdoppelungen (seitlich), 285 x 40 mm
- 2 Festböden, 810 x 285 mm
- 4 Kantenleisten, 810 x 38 mm
- 1 Einlegeboden, 808 x 285 mm
- 1 Zierblende (unten), 810 x 90 mm
- 2 Zierblenden (seitlich), 285 x 90 mm
- 1 Klappe, 806 x 285 mm
- 4 Rahmenbretter (Türen), 538 x 65 mm
- 4 Rahmenbretter (Türen), 270 x 65 mm

Sperrholz 6 mm dick:

- 1 Rückwand, 940 x 866 mm
- 2 Füllungen (Türen), 538 x 400 mm

- 2 Klappen-Scharniere
- 4 Scharniere 60 x 40 mm (geöffnet)
- 4 Möbelgriffe
- 1 Haltekette (Klappe)
- 3 Magnetschnäpper

Bodenträger

Spanplatten-/Taschenschrauben oder Holzdübel

Nägel

Holzleim

Material für die Endbehandlung

WERKZEUG

Bohrschrauber

Nagler

Handkreissäge oder andere Säge zum Ablängen

Hilfsvorrichtung für Taschenbohrungen

Stichsäge

TIPP Alle Taschenbohrungen vor der Montage anzeichnen und vorbohren.

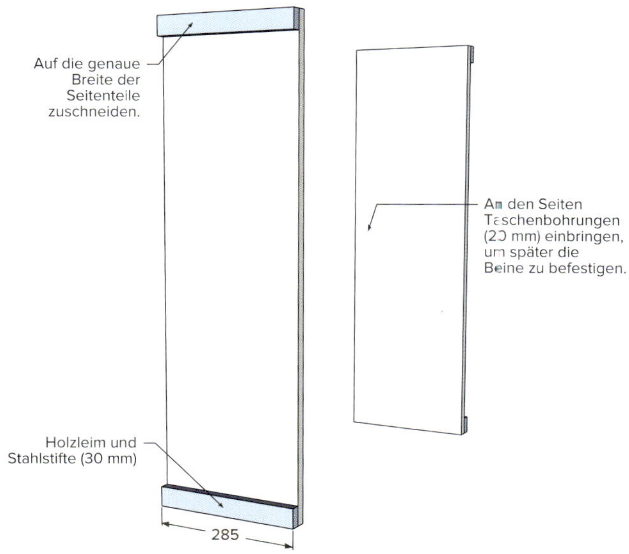

1

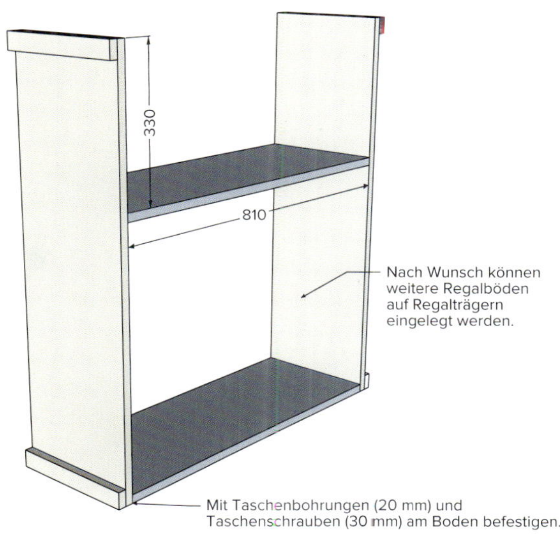

2

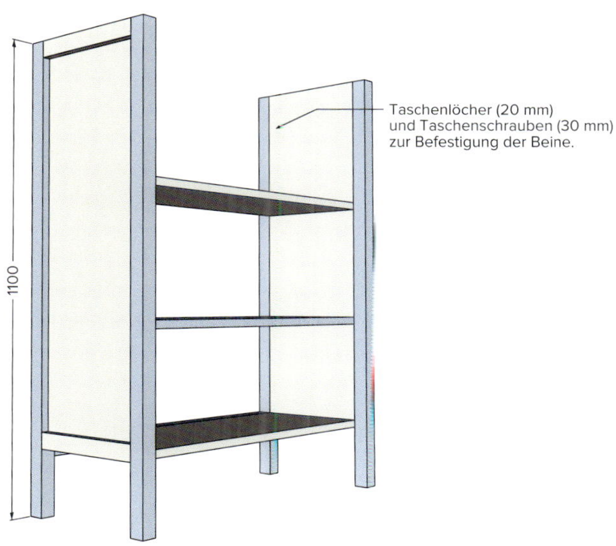

3

1 SEITENWÄNDE VORBEREITEN

Die Aufdoppelungen mit Leim bestreichen und mit Stahlstiften (30 mm) bündig an Ober- und Unterkante der Seitenwände nageln.

TIPP Wenn die Bretter für Ihre Seitenteile leicht abweichende Maße haben, schneiden Sie die Aufdoppelungen entsprechend zu.

2 FACHBÖDEN

In die Enden der Böden Taschenbohrungen (20 mm) setzen. Die Positionen der Böden an den Seitenwänden anreißen, dann die Böden mit Holzleim und Taschenschrauben (30 mm) anbringen.

TIPP In dieser Anleitung wird davon ausgegangen, dass die Bauteile aus Plattenware zugeschnitten sind und ihr Querschnitt exakt 19 x 285 mm misst. Wenn Sie Massivholz mit leicht abweichenden Abmessungen verarbeiten, ändern Sie die Position des oberen Fachbodens so, dass der Abstand zwischen seiner Oberseite und den Oberkanten der Seitenwände exakt Ihrer Brettbreite zuzüglich 45 mm entspricht. Nur dann passt später die Klappe genau. Beispiel: Wenn Ihre Bretter eine tatsächliche Breite von 280 mm aufweisen, müssen Sie das obere Regal 5 mm höher einbauen.

3 BEINE

Die Beine mit Holzleim und Schrauben (50 mm) bündig zur Oberkante an den Seitenwänden befestigen. Alternativ können Sie in den Wänden Taschenbohrungen (20 mm) vorbereiten und die Beine mit Holzleim und Taschenschrauben (30 mm) anbringen.

4 QUERTRÄGER

Am oberen Fachboden, am untersten Boden und ganz oben zwischen den Seitenwänden mit Holzleim und Nägeln oder Schrauben (50 mm) Querträger anbringen und auch von außen durch die Beine hindurch festschrauben. Die Träger schließen bündig mit den Fachoberseiten bzw. den Oberkanten der Seitenwände ab.

5 MITTELTRÄGER

Die Verstrebung genau in der Mitte zwischen den oberen Blenden mit Holzleim und Schrauben (50 mm) oder mit Taschenbohrungen (20 mm) und Taschenschrauben (30 mm) montieren.

TIPP Wenn Sie Massivholz mit leicht abweichenden Maßen verarbeiten, müssen Sie den MIttelträger passend zuschneiden. Beispiel: Sind die Seitenteile 290 mm breit, muss der Träger 290 mm lang sein.

6 PLATTE OBEN

Wenn Sie mit Taschenbohrungen arbeiten, setzen Sie die obere Platte aus Kopfplatte und Kanten zusammen (Bohrungen 20 mm, Schrauben 30 mm) und montieren sie danach im Ganzen. Anderenfalls die Teile von unten mit Schrauben (50 mm) an den Querträgern und dem Mittelträger festschrauben. Die Platte schließt hinten bündig mit den Seitenteilen ab und steht an den Seiten und vorn 25 mm über.

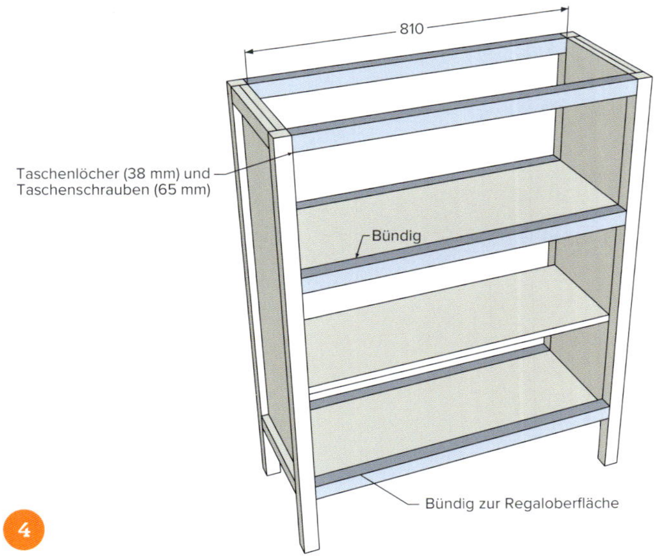

4

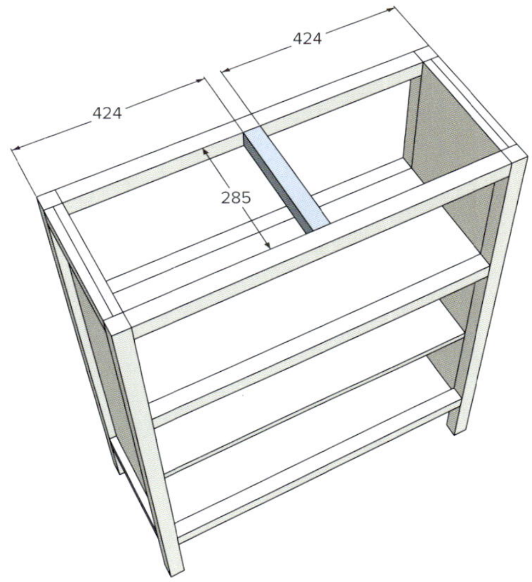

5

6

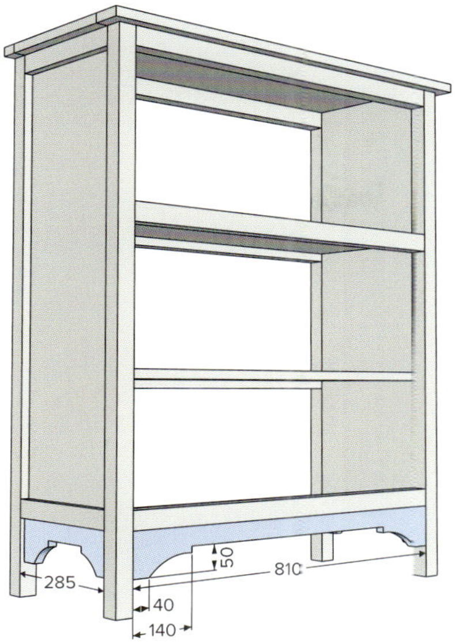

7

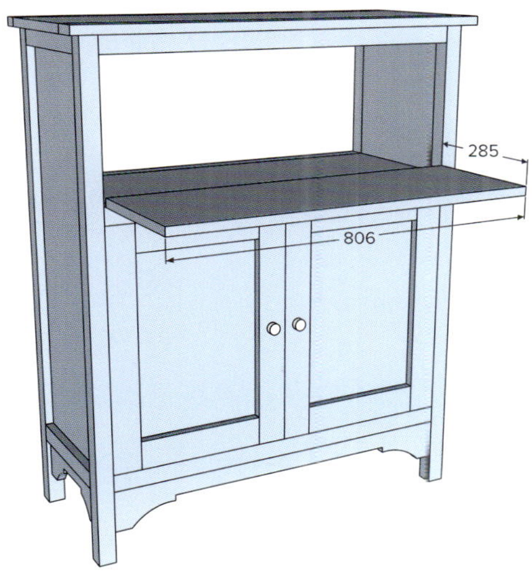

8

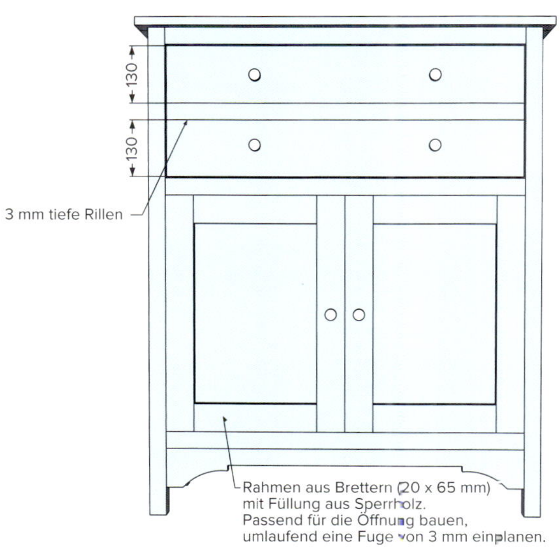

9

7 UNTERE ZIERBLENDE

Die Kontur der Zierblende gemäß der Abbildung vorzeichnen. Mit der Stichsäge ausschneiden. Den Verschnitt vom ersten Bogen als Schablone für die weiteren verwenden. Die Schnittkanten glätten. Die Blende von hinten mit Holzleim, Taschenbohrungen (20 mm) und Taschenschrauben (30 mm) montieren.

8 KLAPPE

Gemäß Abbildung zwei Rillen (3 mm tief) in die Klappe schneiden, um zwei Schubladen anzudeuten. Die Klappe mit Scharnieren so am Korpus befestigen, dass in geschlossenem Zustand ringsherum eine gleichmäßige Fuge von 3 mm Breite bleibt. Klappenhalter oder eine Kette anbringen, um die geöffnete Klappe gerade zu halten. Ein Magnetschnäpper hält die Klappe geschlossen.

9 TÜREN

Einschlagende Türen sollten immer erst gebaut werden, wenn der Korpus fertig ist, damit sie wirklich perfekt passen. Die Öffnung messen und durch 2 dividieren. Von Höhe und Breite jeweils 6 mm subtrahieren. Dies ist die Gesamtgröße einer Tür. Bretter (19 x 65 mm) für einen Rahmen zuschneiden, dessen Außenmaße der Gesamtgröße der Tür entsprechen. Taschenbohrungen (20 mm) in die Rückseiten der Teile bringen und den Rahmen mit Holzleim und Taschenschrauben (30 mm) exakt rechtwinklig zusammensetzen. Die Sperrholzfüllung auf der Rückseite mit Leim und Nägeln (20 mm) befestigen. Scharniere anbringen. Magnetschnäpper halten die Türen geschlossen.

TIPP Wenn die Scharniere für genau 19 mm dicke Türen ausgelegt sind, kann es sinnvoll sein, sie vor der Montage der Sperrholzfüllung anzubringen.

PROJEKT

Nr. 22

ORDNUNGS-HELFER

ES ERLEICHTERT DEN ALLTAG, WENN DINGE, die regelmäßig benutzt werden, aufgeräumt und gleichzeitig griffbereit verstaut sind. Auch das Einwickeln von Geschenken macht mehr Spaß, wenn alle notwendigen Utensilien zur Hand sind.

Diese „Packstation" hält auf vier Rundhölzern Rollen mit Papier und Bändern bereit, und in den Fächern ist reichlich Platz für Schere, Klebestreifen und Karten. Ebenso gut eignet sich der Ordnungshelfer für Mal- und Bastelzubehör im Kinderzimmer.

MATERIALLISTE

MDF 19 mm dick:

- 2 Böden, 775 x 185 mm
- 2 Verstärkungsbretter, 775 x 90 mm
- 2 Seitenbretter, 860 x 185 mm
- 1 mittlerer Boden, 530 x 185 mm
- 1 große Trennwand, 310 x 185 mm
- 1 kleine Trennwand, 160 x 185 mm

Rundholz Durchmesser 20 mm:

- 4 Rundhölzer, 810 mm lang

Sperrholz 6 mm dick:

- 1 Rückwand, 860 x 813 mm

Optional:

MDF 19 mm dick:

- 1 Kippschutz, 226 x 40 mm

Material für die Wandaufhängung

Spanplatten-/Taschenschrauben oder Holzdübel

Nägel

Holzleim

Material für die Endbehandlung

WERKZEUG

Grundausstattung

Bohrschrauber

Forstnerbohrer oder Flachfräsbohrer (20 mm)

Säge zum Ablängen

Nagler

ABMESSUNGEN

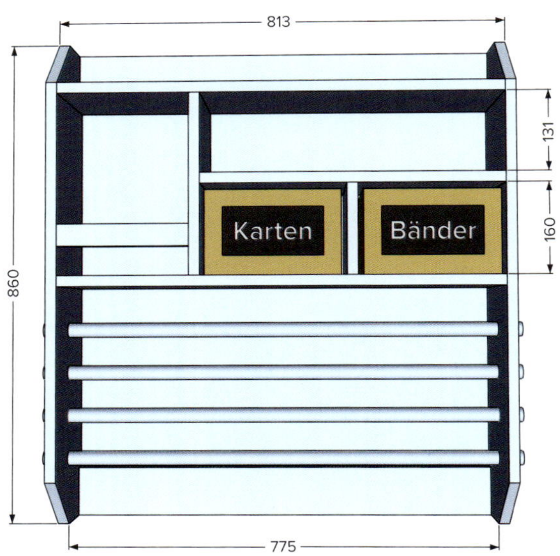

· GEBAUT VON ·
AMANDA CRAWFORD

"Mich regt dieser Ordnungshelfer dazu an, viel öfter zu basteln. Weil ich kleine Kinder habe, ist es praktisch, meine Utensilien außerhalb ihrer Reichweite aufzubewahren, und trotzdem muss ich nicht immer alles zusammentragen und nachher wieder wegräumen.

Der fertige Ordnungshelfer ist recht schwer. Ich rate dazu, ihn mit einer robusten Hängeschrank-Befestigung und Dübeln ausreichender Größe an der Wand zu befestigen, denn auch das Gewicht seines Inhalts muss ja einkalkuliert werden."

1 TRENNWÄNDE

Zuerst die Positionen der Trennwände anzeichnen. Vor der Montage Holzleim auf die Kanten der Trennwände geben. Weil der Ordnungshelfer an die Wand gehängt wird, haben Sie die Wahl zwischen Nägeln und Schrauben (50 mm). Das zusammengesetzte Teil vorerst zur Seite legen.

2 OBERES FACH

Den oberen Fachboden mit Holzleim und Schrauben oder Nägeln (50 mm) kantenbündig an der oberen Rückwandverstärkung montieren. Alternativ können Sie Holzleim, Taschenbohrungen (20 mm) und Taschenschrauben (30 mm) verwenden.

3 OBERES FACH ANBRINGEN

Die Position der großen Trennwand auf dem Fachboden anzeichnen. Holzleim auf die Oberkante der Trennwand geben und den Boden so montieren, dass seine seitlichen Kanten exakt mit denen des unteren Bodens fluchten. Sie können Nägel oder Schrauben (50 mm) verwenden.

4 SEITENTEILE

Die Ecken der Seitenbretter mit der Handkreissäge schräg abschneiden.

Die Positionen der Rundhölzer anzeichnen und mit dem 20-mm-Bohrer Löcher bohren. Holzleim auf die Kanten der waagerechten Regalbretter geben und die Seitenbretter mit Schrauben oder Nägeln (50 mm) befestigen.

5 UNTERE VERSTÄRKUNG UND KIPPSCHUTZ

Holzleim auf die Enden des unteren Verstärkungsbretts geben. Das Bauteil unten zwischen den Seitenbrettern mit Nägeln oder Schrauben (50 mm) montieren. Die Kippschutzleiste zwischen die Seitenwände des hohen Fachs leimen.

6 RÜCKWAND

Die Rückwand mit Holzleim und Stahlstiften (20 mm) anbringen.

7 AUFHÄNGEN

Der Ordnungshelfer ist massiv gebaut und darum recht schwer. Am einfachsten ist es, die obere und untere Rückwandverstärkung zu durchbohren und den Ordnungshelfer direkt an die Wand zu dübeln.

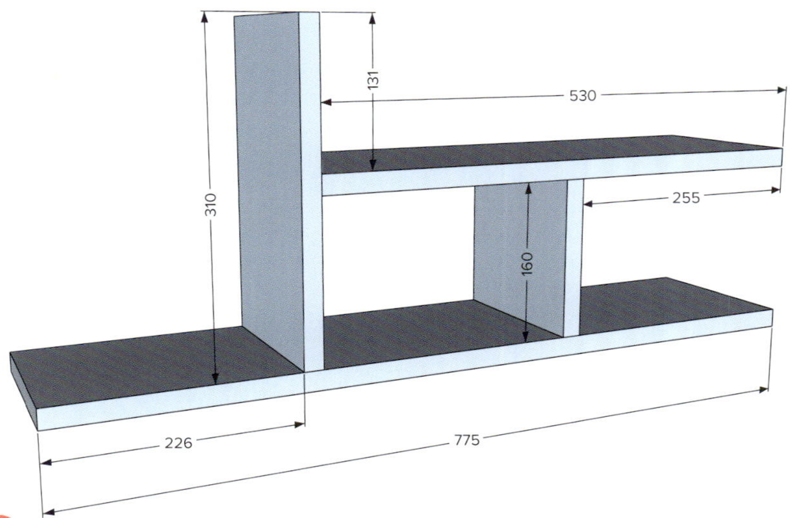

1

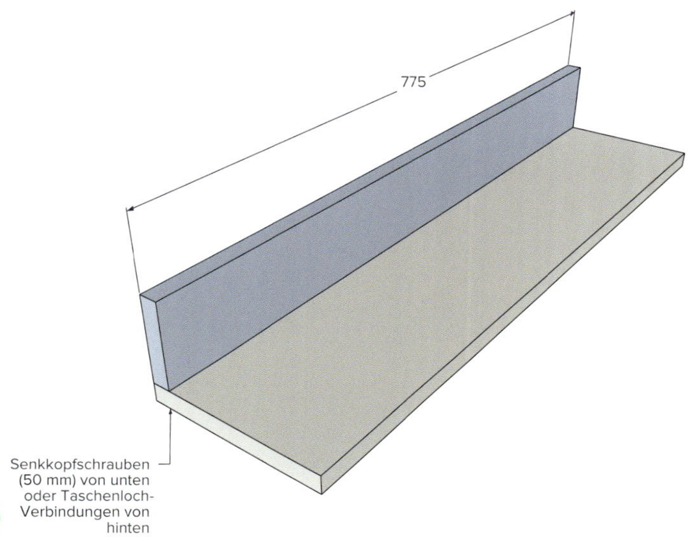

2

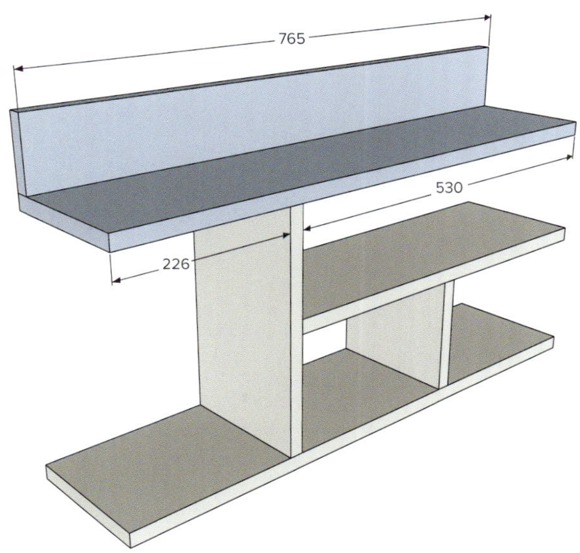

3

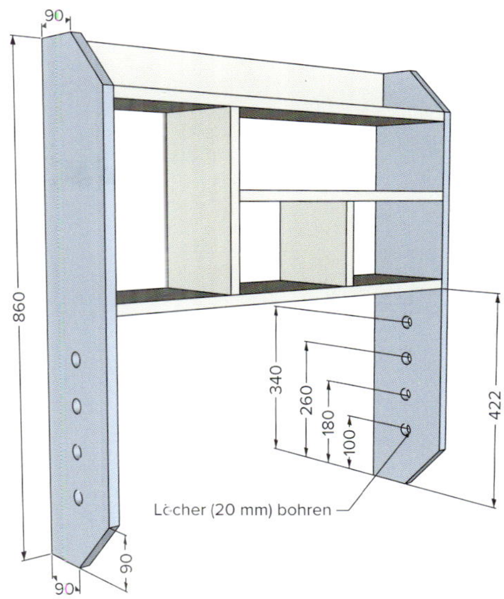
90
860
340
260
180
100
422
Löcher (20 mm) bohren
90
90

4

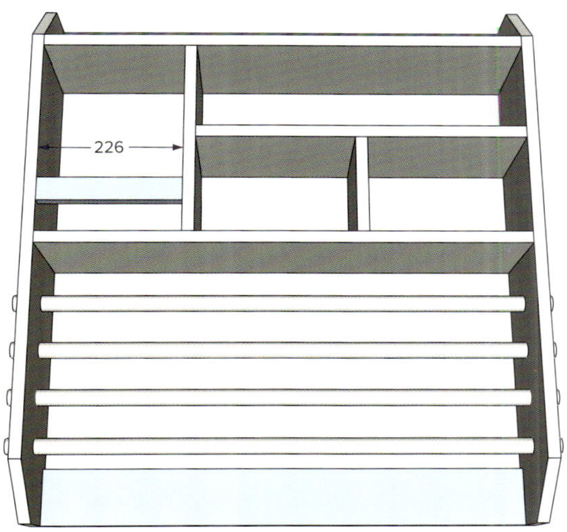
226

5

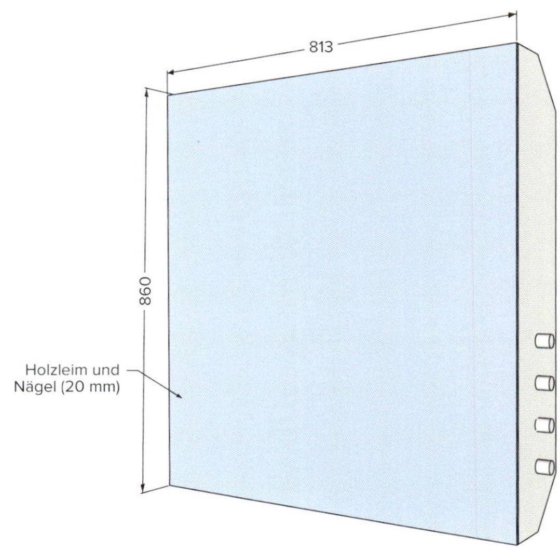
813
860
Holzleim und
Nägel (20 mm)

6

Karten
Bänder

7

8 DAS SCHLAF-ZIMMER

LINKS: Ländliches Bett
UNTEN: Ländlicher Nachttisch

Das Schlafzimmer ist der Raum,

in den wir uns nach einem langen Tag zurückziehen, um zur Ruhe zu kommen. In diesem Kapitel finden Sie schöne Möbel für ein praktisches und behagliches Schlafzimmer. Natürlich ist ein Bett dabei, für das Sie weder viel Geld noch viel Zeit einplanen müssen. Außerdem finden Sie hier Anleitungen für einen passenden Nachtschrank, ein Betthaupt mit eleganter Polsterung und einen hübschen Wäscheschrank.

OBEN:
Wäscheschrank
LINKS:
Gepolstertes Betthaupt

PROJEKT

Nr. 23

Ländliches BETT

MEIN ERSTES GROSSES MÖBELSTÜCK WAR ein Bett. Als die Farbe trocknete, konnte ich gar nicht fassen, dass ich es ganz allein gebaut hatte. Heute, Jahre später, schlafen wir noch immer darin.

Die Anleitung für das Bett war die erste, die ich in meinem Blog veröffentlicht habe. Inzwischen kann ich nicht mehr zählen, wie viele Betten nach meiner Idee gebaut wurden. Für dieses Buch habe ich die Konstruktion überarbeitet: Das Bett ist nun einfacher zu bauen und Sie brauchen weniger Material. Es eignet sich für einen Lattenrost und Matratzen aller Art.

MATERIALLISTE

Kiefer 90 x 90 mm:

- **2** Beine (Kopf), 1290 mm lang
- **2** Beine (Fuß), 535 mm lang

MDF 19 mm dick:

- **6** Bretter (Kopf), 810 x 235 mm
- **6** Bretter (Fuß), 380 x 235 mm
- **4** Rahmenbretter, 1410 x 90 mm

MDF 22 mm dick:

- **2** Seitenbretter, 2030 x 240 mm

Kiefer 140 x 38 mm:

- **2** Kopfbretter, 1640 mm lang

Kiefer 90 x 38 mm:

- **2** Kopfbretter, 1590 mm lang

- **1** Paar Auflagerschienen für Lattenrost, 2000 mm lang

Spanplatten-/Taschenschrauben oder Holzdübel

Nägel; Holzleim

Material für die Endbehandlung

WERKZEUG

Grundausstattung

Hilfsvorrichtung für Taschenbohrungen

Handkreissäge oder andere Säge zum Ablängen

Nagler

ABMESSUNGEN

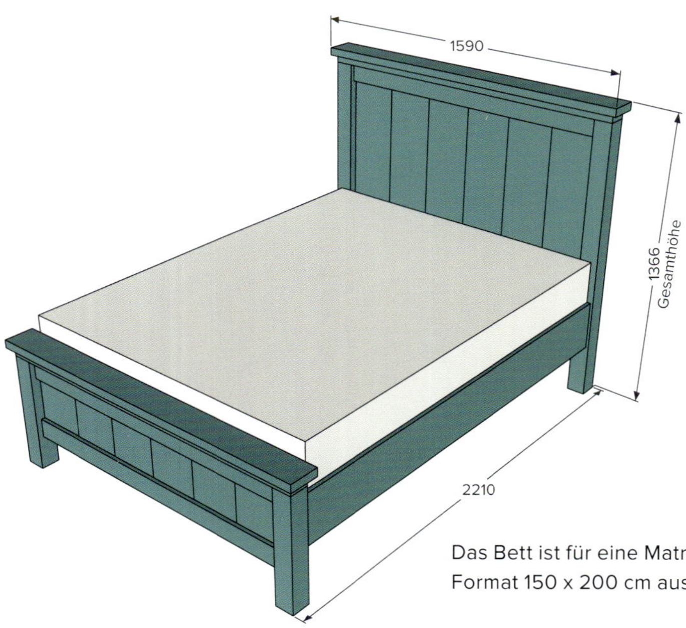

Das Bett ist für eine Matratze im Format 150 x 200 cm ausgelegt.

· TIPP ·

Die angegebenen Maße sind für ein französisches Doppelbett berechnet. Wenn Sie ein Einzelbett oder ein größeres Doppelbett bauen möchten, müssen Sie die Breiten von Kopf- und Fußende entsprechend verkleinern oder vergrößern. Natürlich ist es auch möglich, die Länge des Betts zu variieren.

1 KOPF- UND FUSSENDE

Zuerst werden die Bretter für Kopf- und Fußende des Betts verleimt und verschraubt. Die Taschenlöcher (20 mm) wie auf der Abbildung anordnen und Taschenschrauben (30 mm) verwenden. Falls nötig, die zusammengesetzten Teile auf die exakte Bettbreite zuschneiden.

2 RAHMEN

Auf der Außenseite beider Teile, also jeweils der Seite ohne Bohrungen, mit Holzleim und Stahlstiften (30 mm) die Rahmenbretter anbringen.

3 BEINE

Die Beine mit Holzleim und Taschenschrauben (30 mm) montieren. Sie schließen oben bündig mit Kopf- und Fußteil ab, der Überstand auf der Innenseite misst 25 mm.

4 KOPFBRETTER

Holzleim auf die Oberkanten von Kopf- und Fußteil geben. Die 1590 mm langen Kopfbretter auflegen und mit Schrauben (50 mm) an den Beinen befestigen.

5 ABSCHLUSS

Das 1640 mm lange Kopfbrett so auf das vorhergehende leimen, dass es an allen Seiten 25 mm übersteht. Mit Schrauben (75 mm) befestigen.

6 FUSSENDE

Das Fußende wird wie das Kopfende gebaut. Die Beine und die Bretter für die Fläche sind jedoch kürzer.

SCHIENEN

Nun werden die Auflagerschienen für den Lattenrost direkt an den Beinen montiert. Bitte beachten Sie dabei die Montagehinweise des Herstellers. Die Höhe der Liegefläche bestimmen Sie selbst.

7 SEITEN

Die Seitenbretter auf die Länge der Auflagerschienen bzw. den Abstand zwischen Kopf- und Fußende zuschneiden. Mit Taschenbohrungen (20 mm) und Taschenschrauben (30 mm) an den Beinen befestigen, sodass die Schienen verdeckt sind.

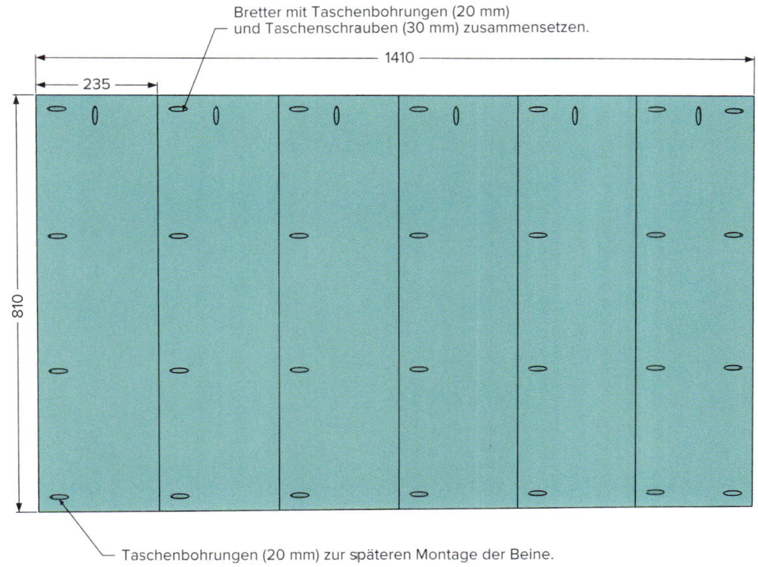

1

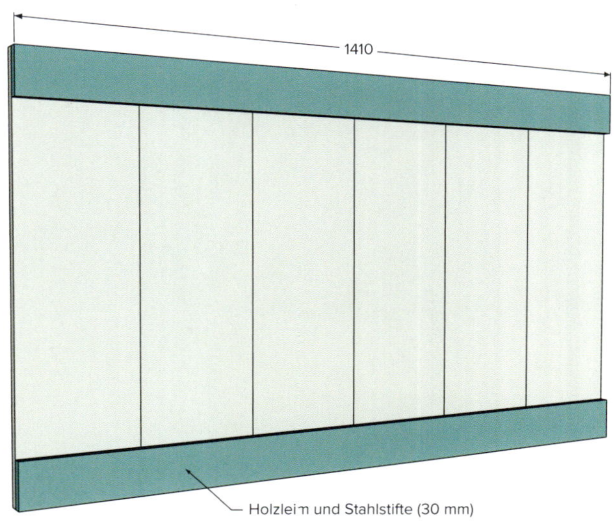

2

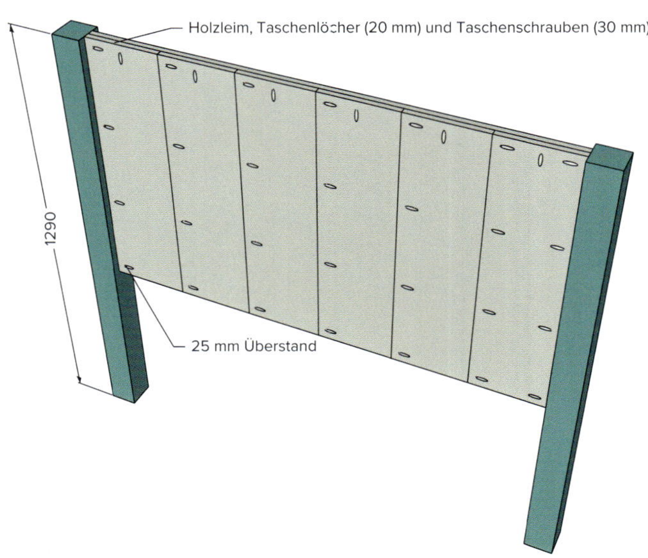

3

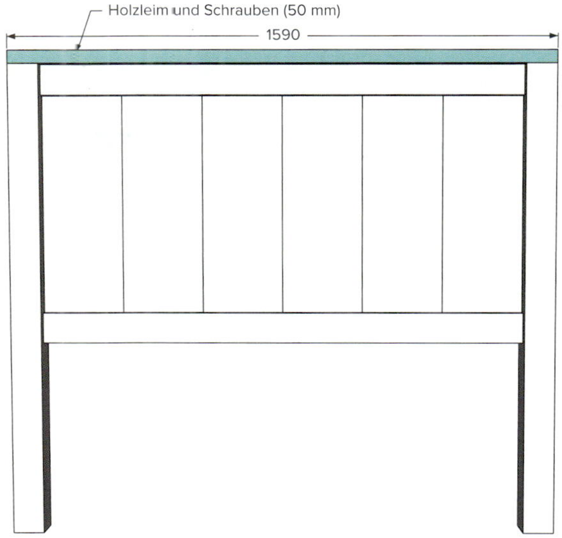
Holzleim und Schrauben (50 mm)
1590

4

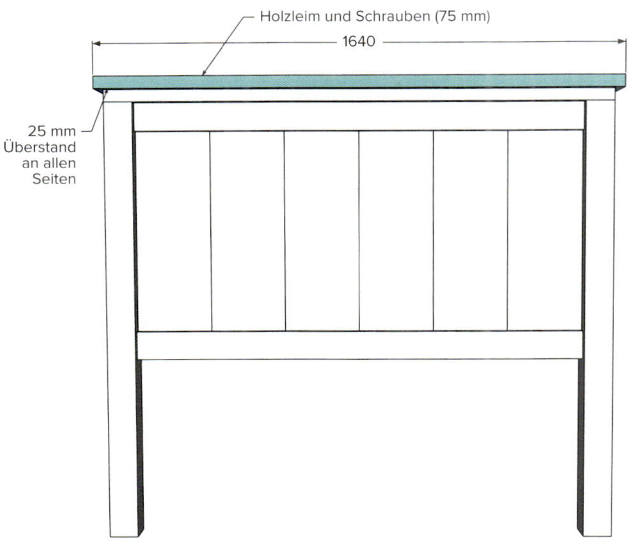
Holzleim und Schrauben (75 mm)
1640
25 mm Überstand an allen Seiten

5

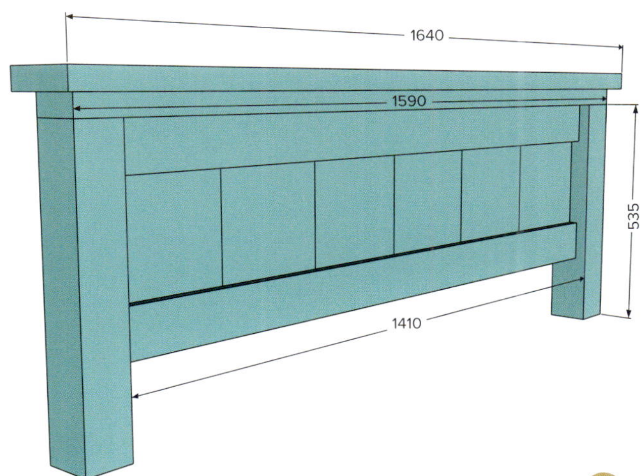
1640
1590
535
1410

6

Seitenbretter auf die Länge der Auflagerschienen zuschneiden und mit Taschenbohrungen (20 mm) und Taschenschrauben (30 mm) an den Beinen montieren.

7

· GEBAUT VON ·
AMANDA CLARK
The Last Song · Nicholas Sparks
JENNIFER WEINER
JANE AUSTEN · Pride and Prejudice
Outliers

PROJEKT

Nr. 24

Ländlicher NACHTTISCH

DER KLEINE NACHTTISCH IST DER „kleine Bruder“ des Ablagetischs von Seite 40. Er hat genau die richtige Höhe für ein Bett, er kann aber auch als Beistelltisch neben dem Sofa gute Dienste leisten. Die geräumige Schublade läuft auf Schienen, und auf dem Zwischenboden können Bücher oder eine gefaltete Decke aufbewahrt werden.

ABMESSUNGEN

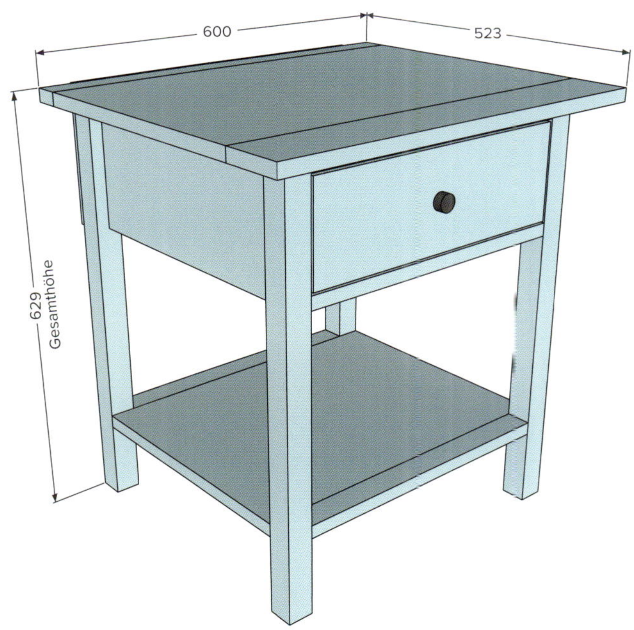

MATERIALLISTE

Korpus

Kiefer 38 x 38 mm:

- **4** Beine, 610 mm lang

MDF 19 mm dick:

- **2** Seitenbretter, 395 x 185 mm
- **6** Querstreben, 425 x 38 mm
- **1** Ablageplatte, 600 x 395 mm
- **1** Kantenleiste, 600 x 38 mm
- **1** Kantenbrett, 600 x 90 mm
- **1** Bodenplatte, 500 x 395 mm

Sperrholz 6 mm dick:

- **1** Rückwand, 500 x 205 mm

Schublade

MDF 19 mm dick:

- **2** Längszargen, 450 x 90 mm
- **2** Querzargen, 362 x 90 mm
- **1** Frontplatte, 420 x 140 mm

Sperrholz 6 mm dick:

- **1** Bodenplatte, 450 x 400 mm

- **1** Paar Auszugschienen, 405 mm lang
- **1** Möbelknopf

Spanplatten-/Taschenschrauben oder Holzdübel

Nägel

Holzleim

Material für die Endbehandlung

WERKZEUG

Grundausstattung

Handkreissäge oder andere Säge zum Ablängen

Hilfsvorrichtung für Taschenbohrungen

Nagler

Bohrschrauber

TIPP Wenn Sie für die Schubladenfront Massivholz verwenden, stellen Sie sicher, dass es exakt 140 mm hoch ist. Nur dann passt die Front gut.

TIPP Für einen Tisch in geringerer oder größerer Tiefe verändern Sie einheitlich die Breite des MDF-Streifens (in dieser Anleitung 395 mm). Sie können auch Massivholz in einer anderen Breite verwenden, z.B. 20 x 285 mm.

1 BEINE

An beiden Schmalseiten der Seitenbretter Taschenbohrungen (20 mm) gemäß Abbildung bohren. Die Beine mit Holzleim und Taschenschrauben (30 mm) anbringen.

2 QUERSTREBEN

In beide Enden der Querstreben gemäß Abbildung Taschenbohrungen (20 mm) herstellen. Die Positionen anzeichnen, dann die Streben mit Holzleim und Taschenschrauben (30 mm) zwischen den Seitenteilen montieren.

3 ZWISCHENBODEN

Gemäß Abbildung Taschenbohrungen (20 mm) an den Längsseiten des Bodens bohren. Dann den Boden mit Holzleim und Taschenschrauben (30 mm) an den unteren Streben und den Beinen montieren.

4 ABLAGEPLATTE

Die Platte gemäß Abbildung mit Holzleim, Taschenbohrungen (20 mm) und Taschenschrauben (30 mm) zusammensetzen. Ihre Oberfläche muss ganz glatt ausfallen. Dann umdrehen und von unten mit Holzleim und Taschenschrauben (30 mm) am Gestell montieren. Alternativ von oben mit Stahlstiften (30 mm) festnageln.

5 RÜCKWAND

Die Sperrholz-Rückwand mit Holzleim und Stahlstiften (50 mm) anbringen.

TIPP Sie gewinnen Bewegungsfreiheit zum Einbau der Schublade, wenn Sie die Rückwand erst später anbringen.

6 SCHUBLADE

Die Schublade gemäß Abbildung bauen. Sie können Taschenschrauben (30 mm) oder Holzleim und Stahlstifte (50 mm) verwenden. Der Sperrholzboden wird mit Holzleim und Stahlstiften (30 mm) befestigt.

7 SCHUBLADE EINBAUEN

Beim Einbau der Auszugschienen muss die Stärke des Holzes für die Schubladenfront berücksichtigt werden (19 mm), die im letzten Schritt montiert wird. Prüfen Sie, ob die Schublade sich leicht bewegen lässt.

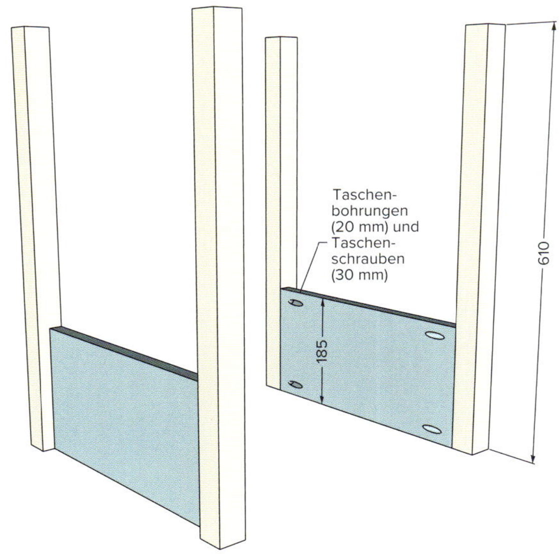

1

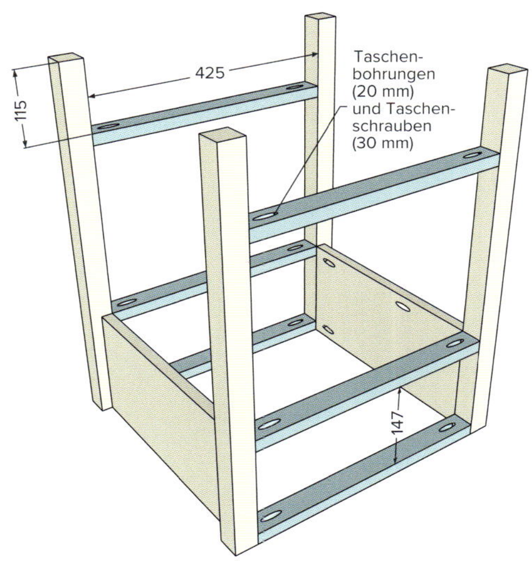

2

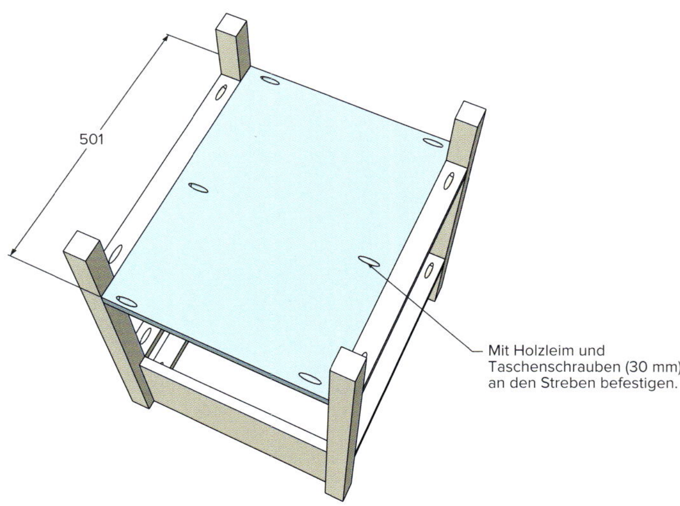

3

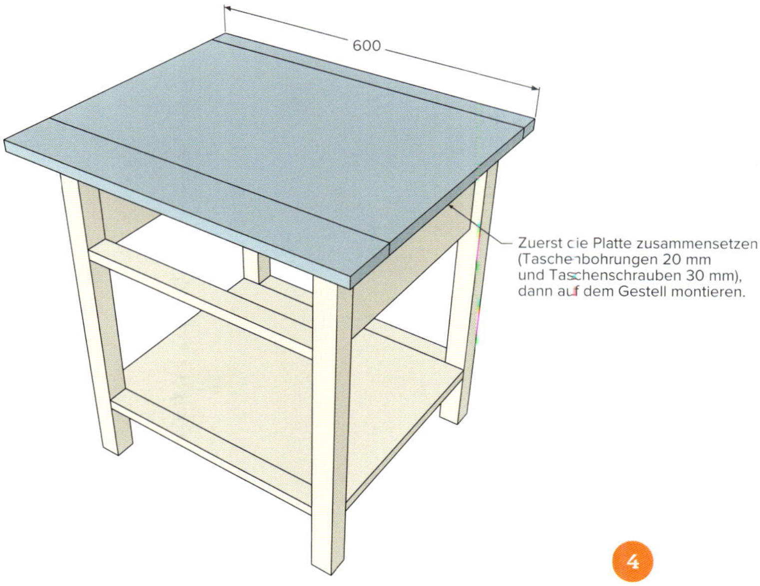

8 SCHUBLADENFRONT

Die Schublade ganz einschieben. Die Front anhalten und die Passform prüfen. Rundherum muss eine Fuge von ca. 3 mm Breite frei bleiben. Die Schubladenfront mit Holzleim und Stahlstiften (30 mm) anbringen. Die Schublade öffnen und die Front zusätzlich von innen mit einigen Schrauben (30 mm) befestigen. Den Griff montieren.

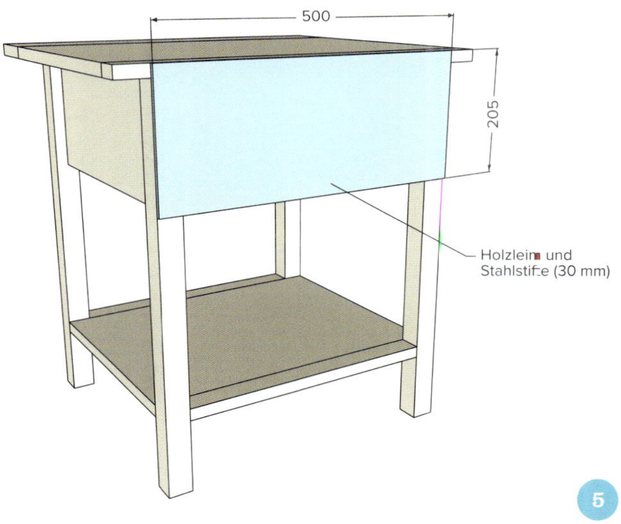

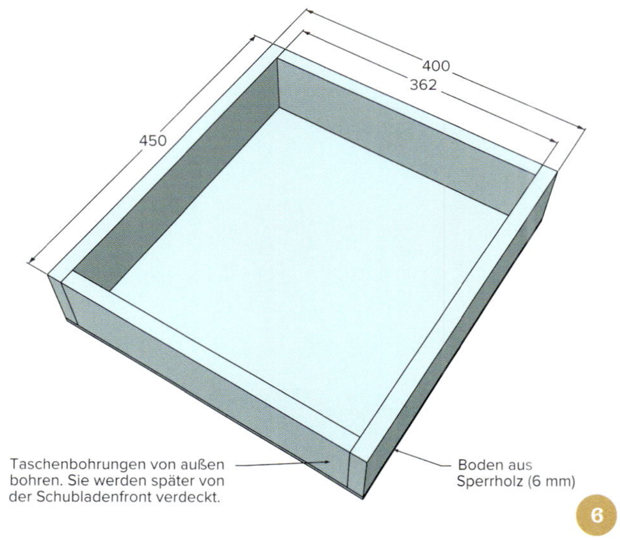

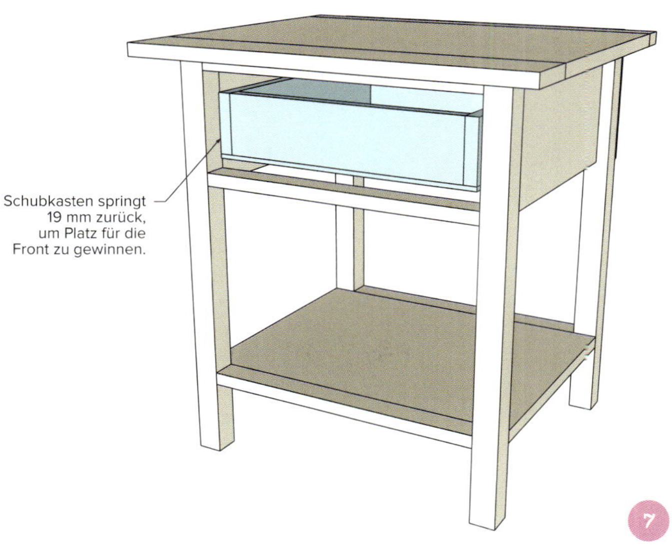

PROJEKT

Nr. 25

Gepolstertes BETTHAUPT

DIE SIMPLE VARIANTE BESTEHT DARIN, eine große Platte mit Volumenvlies zu polstern und mit Stoff zu bespannen. Unser Betthaupt ist edler: Es besitzt Beine und einen Rahmen aus Profilleisten. Shaunna hat das Haupt direkt am Unterbau des Betts befestigt. Suchen Sie zum Bespannen einen Stoff aus, der gut zur Einrichtung Ihres Schlafzimmers passt.

MATERIALLISTE

MDF 19 mm dick:

- 2 Beine*, 1400 x 65 mm
- 1 obere Querstrebe**, 1540 x 65 mm
- 1 Rahmen-Querträger, 1410 x 65 mm
- 1 untere Querstrebe, 1540 x 65 mm
- 1 Kopfbrett, 1560 x 65 mm
- 1 Trägerplatte, 1540 x 950 mm

Profilholz, ca. 55 mm breit:

- 1 Profilleiste (quer)**, 1530 mm lang
- 2 Profilleisten (senkrecht)*, 1395 mm lang

* obere Enden auf Gehrung geschnitten, ** beide Enden auf Gehrung geschnitten.

Schaumstoff (25 mm dick) und Vlies (2,5 mm dick), ca. 1,5 x 1,0 m

Tackerklammern

Sprühkleber

Stoff: ca. 2 m lang, 1,8 m breit

Spanplatten-/Taschenschrauben oder Holzdübel

Nägel

Holzleim

Material für die Endbehandlung

WERKZEUG

Grundausstattung

Tacker

Schere

Bohrschrauber

Gehrungssäge

Nagler

ABMESSUNGEN

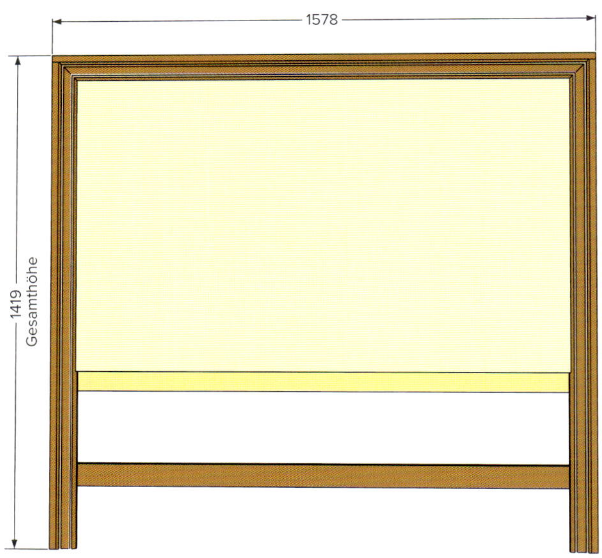

Für ein Bettgestell mit 152,5 cm Breite

· GEBAUT VON ·
SHAUNNA & MATT WEST
perfectlyimperfectblog.com

„Für dieses Betthaupt brauchen Sie nur einen Nachmittag. Ob es elegant oder lässig wirkt, hängt hauptsächlich von der Wahl des Stoffs ab. Wir haben den Rahmen unseres Hauptes in einem rauchigen Dunkelbraun lasiert."

1 POLSTERUNG

Den Schaumstoff mit Sprühkleber auf der Trägerplatte befestigen, dabei ringsherum 55 mm frei lassen. Wenn die Polsterung aus mehreren Schaumstoffstücken zusammengesetzt wird, decken Sie die gesamte Fläche zusätzlich mit Volumenvlies ab, um die Nähte zu verdecken. Das Vlies ebenfalls mit Sprühkleber befestigen. Dann den Stoff auf die Größe der Rückwandplatte zuschneiden und mit einem Tacker auf dem ungepolsterten Randbereich der Platte befestigen.

2 OBERE LEISTE

Die obere Profilleiste mit Holzleim und Stahlstiften (25 mm) auf dem gespannten Stoff befestigen.

3 SEITLICHE LEISTEN

Die seitlichen Profilleisten ebenso anbringen. Dabei die Ecken sorgfältig zusammenfügen.

4 OBERER ABSCHLUSS

Das Kopfbrett mit Holzleim und Stahlstiften (50 mm) so anbringen, dass seine Vorderkante bündig mit der Profilleiste abschließt. An beiden Enden steht sie 20 mm über.

5 BEINE

Die Beine werden mit Holzleim und Stahlstifte (50 mm) an den Seitenkanten der Platte befestigt. Ihre Vorderkanten schließen bündig mit den Profilleisten ab.

6 UNTERE QUERSTREBE

Die untere Strebe mit Holzleim und Stahlstiften (50 mm) an den Beinen und den seitlichen Profilleisten anbringen. Sie dient zur Befestigung des Hauptes am Bettgestell. Je nach Material, Konstruktionsweise und Stabilität des Betts kann es sinnvoll sein, das Betthaupt zusätzlich an der Wand zu befestigen.

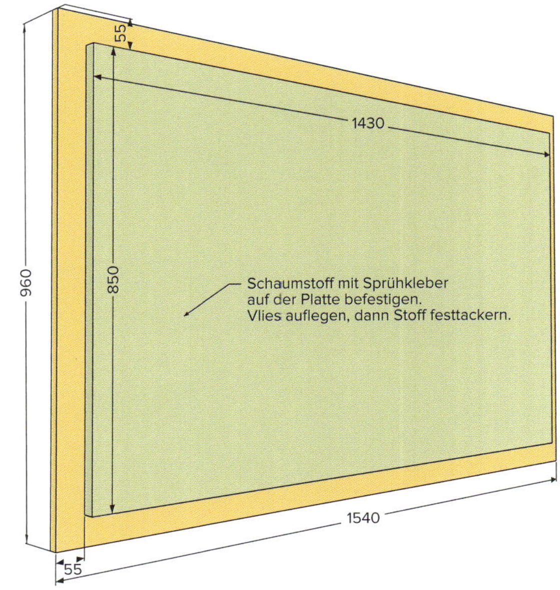

1

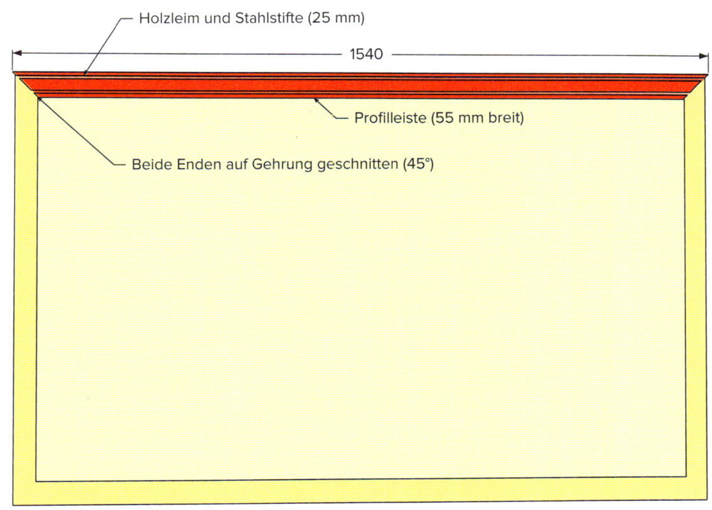

2

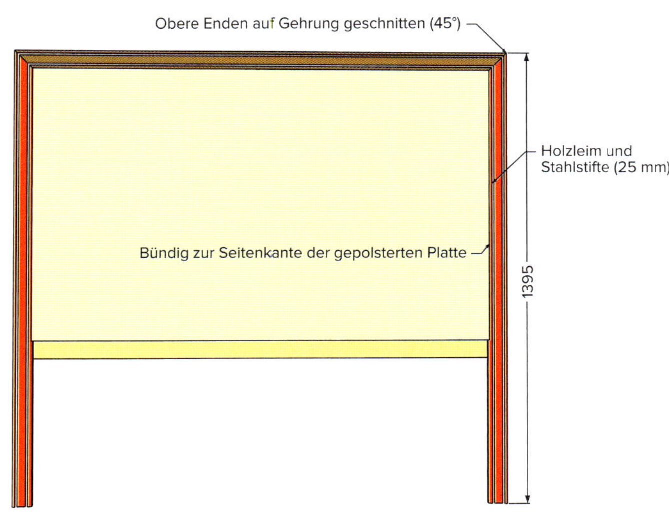

3

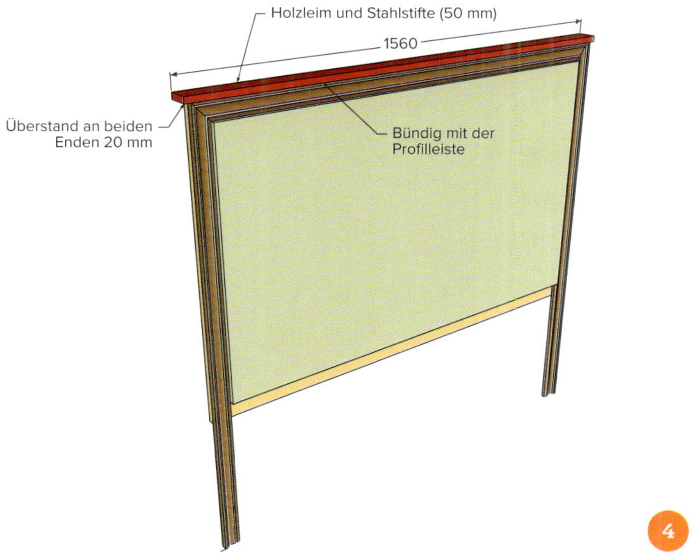

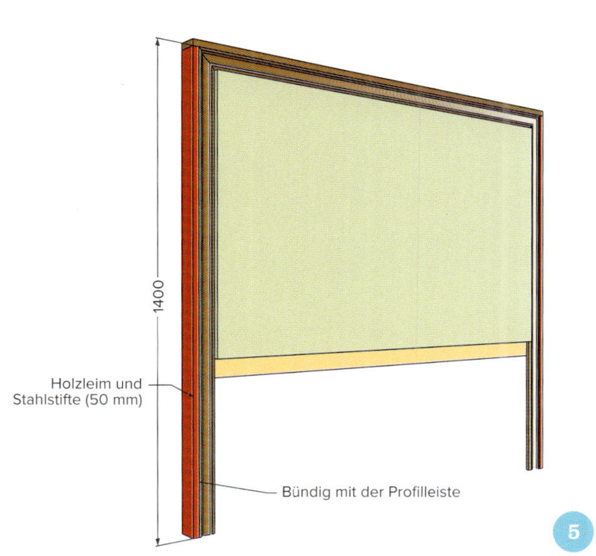

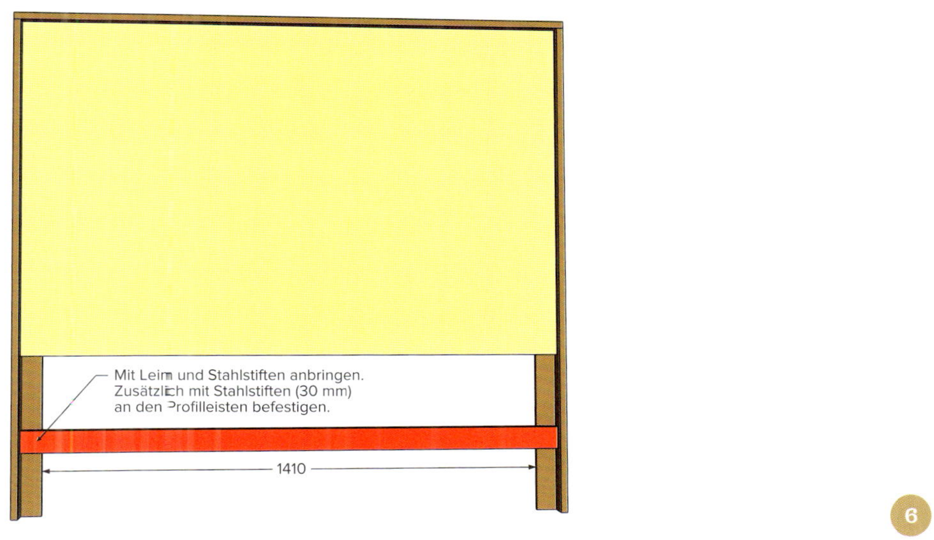

· SHAUNNA & MATTS TIPP ·

„Vierhändig" geht das Polstern und Bespannen der großen Platte wesentlich einfacher und schneller. Den Stoff zuerst an den Ecken befestigen. Dabei bedient eine Person den Tacker und die andere hält den Stoff straff gespannt. Schlagen Sie so viele Klammern ein, bis der Stoff gut sitzt. Falls sich Fältchen bilden, im entsprechenden Bereich einige Klammern entfernen und den Stoff nachspannen. Stellen Sie das fertige Haupt hinter das Bett. An Ort und Stelle lässt sich die ideale Höhe am besten beurteilen. Erst dann werden die Beine gekürzt.

· GEBAUT VON ·
AMANDA CLARK
rest

PROJEKT

Nr. 26

WÄSCHE-SCHRANK

DER SCHRANK BIETET WERTVOLLEN STAURAUM und ist dabei so zierlich, dass er sich optisch nicht in den Vordergrund drängt. Sie können Bettwäsche darin aufbewahren oder ihn ins Bad stellen und für Handtücher und Kosmetika verwenden. Im Esszimmer macht er sich als Geschirrschrank nützlich oder kann mit zusätzlichen Fachböden auch für Weinflaschen genutzt werden. Selbst im Büro oder im Kinderzimmer kann das vielseitige Schränkchen gute Dienste tun.

Amanda hat sich für einen Anstrich in Weiß entschieden. Sie können natürlich auch eine andere Farbe oder eine Lasur wählen.

ABMESSUNGEN

MATERIALLISTE

Korpus

Kiefer 38 x 38 mm:

- **4** Beine, 1300 mm lang
- **4** Querstreben, 965 mm lang

MDF 19 mm dick:

- **2** Seitenwände, 1200 x 400 mm
- **4** Aufdoppelungen, 400 x 40 mm
- **1** Festboden, 965 x 400 mm
- **2** Einlegeböden, 963 x 400 mm
- **2** Querstreben, 965 x 38 mm
- **1** Zwischenwand, 400 x 152 mm
- **2** Trennleisten, 95 x 38 mm
- **1** Kopfplatte, 1090 x 400 mm
- **1** Kantenleiste, 1090 x 65 mm
- **1** Kantenleiste, 1090 x 38 mm

Sperrholz 6 mm dick:

- **1** Rückwand, 1219 x 1040 mm

Türen und Schubladen

MDF 19 mm dick:

- **2** Rahmenbretter, 1004 x 65 mm
- **2** Rahmenbretter, 338 x 65 mm

Acrylglas 6 mm dick:

- **2** Türfüllungen, 934 x 398 mm

MDF 19 mm dick:

- **2** Frontplatten, 468 x 90 mm
- **4** Längszargen, 456 x 65 mm
- **2** Querzargen, 410 x 65 mm

Sperrholz 6 mm dick:

- **2** Böden, 456 x 447 mm

- **2** Paar Auszugschienen, 405 mm lang
- **4** Scharniere 60 x 40 mm (geöffnet)
- **4** Möbelknöpfe
- **2** Magnetschnäpper

Spiegelhalter für Füllungen

Bodenträger

Spanplatten-/Taschenschrauben oder Holzdübel

Nägel

Holzleim

Material für die Endbehandlung

WERKZEUG

Grundausstattung

Nagler

Hilfsvorrichtung für Taschenbohrungen

Handkreissäge oder andere Säge zum Ablängen

Bohrschrauber

1 SEITENTEILE

Holzleim auf die Rückseiten der Aufdoppelungen geben. Die Stücke mit Stahlstiften (30 mm) an Ober- und Unterkanten der Seitenwände nageln. Oberkanten und Enden der Aufdoppelungen schließen bündig mit den Seitenteilen ab.

TIPP An den Längsseiten der Seitenwände Taschenbohrungen (20 mm) in Abständen von 150–200 mm herstellen. Sie dienen zum Befestigen der Beine im nächsten Schritt.

2 BEINE

Die Beine mit Holzleim und Taschenschrauben (30 mm) an den Seitenwänden montieren. Die Taschenbohrungen wurden bereits in Schritt 1 gebohrt. Die oberen Enden der Beine schließen bündig mit den Oberkanten der Seitenteile ab.

3 OBERE UND UNTERE QUERSTREBEN

In die Enden der Streben Taschenbohrungen (38 mm) einbringen. Die Streben mit Holzleim und Taschenschrauben (65 mm) zwischen den Seitenteilen montieren.

4 BODEN

An allen Außenkanten des 965 mm langen Bodens in Abständen von 150–200 mm Taschenbohrungen (20 mm) herstellen. Den Boden mit Holzleim und Taschenschrauben (30 mm) so zwischen den Querstreben montieren, dass die Oberseiten auf einer Höhe liegen.

5 SCHUBLADEN-TRENNLEISTEN

Die Mitte der oberen Querstrebe markieren (siehe Abbildung). Taschenbohrungen in ein Ende jeder Trennleiste bohren, dann die Leisten mit Holzleim und Taschenschrauben (30 mm) an den oberen Querstreben festschrauben.

6 QUERSTREBEN UNTER DEN SCHUBLADEN

In die Enden der Leisten Taschenbohrungen (20 mm) einbringen. Dann die Leisten vorn und hinten jeweils 95 mm unter der oberen Querstrebe an den Seitenteilen befestigen. Mit Holzleim und Senkkopfschrauben (50 mm) auch an den Trennleisten befestigen, dafür vorbohren.

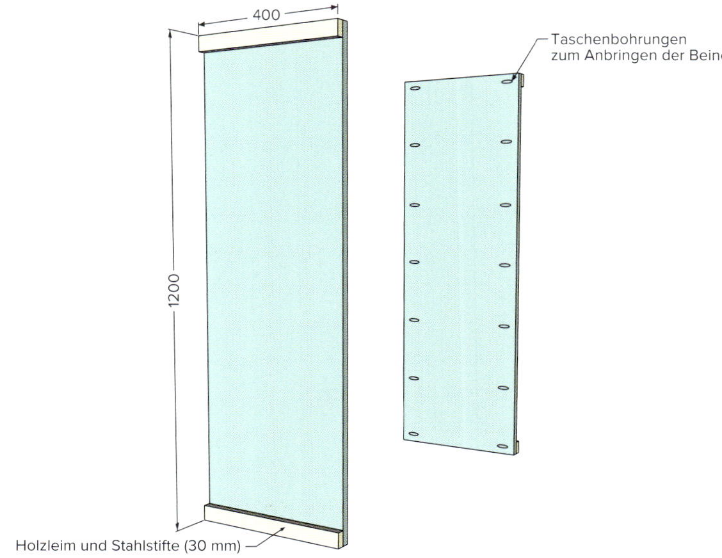

1

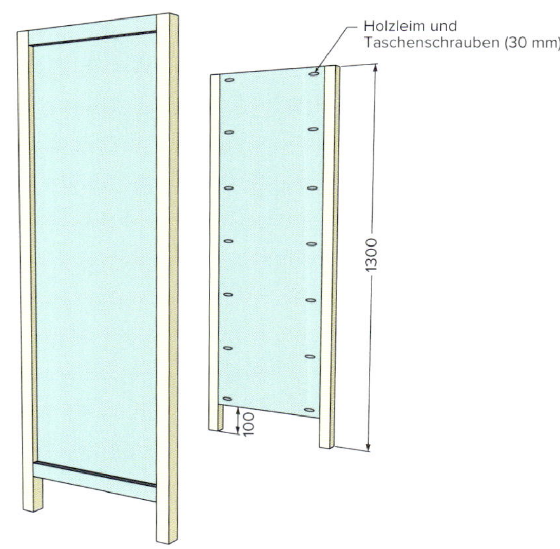

2

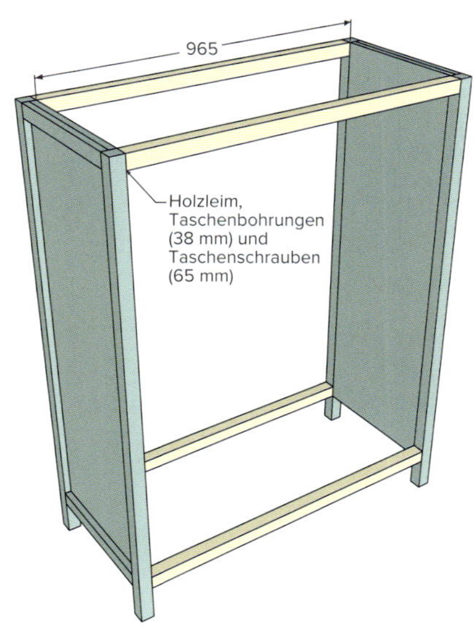

3

· AMANDAS TIPP ·

Ich habe die Einzelteile vor der Montage gestrichen.

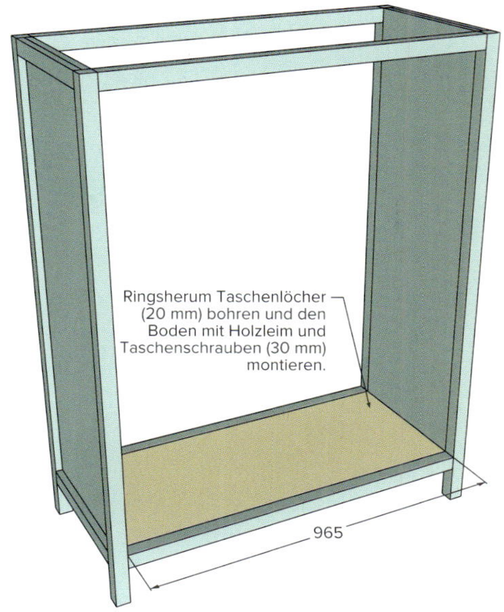

4

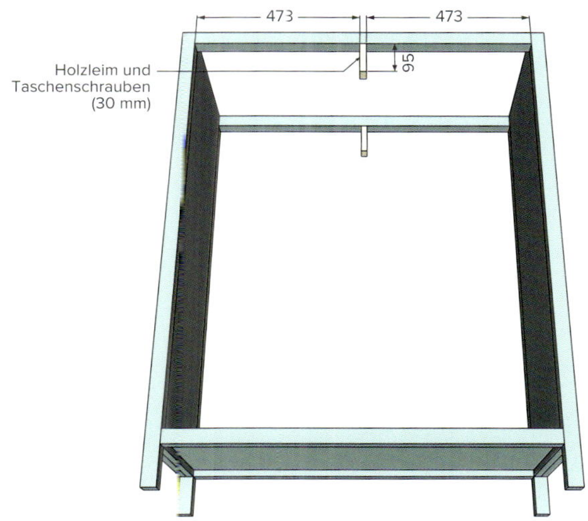

5

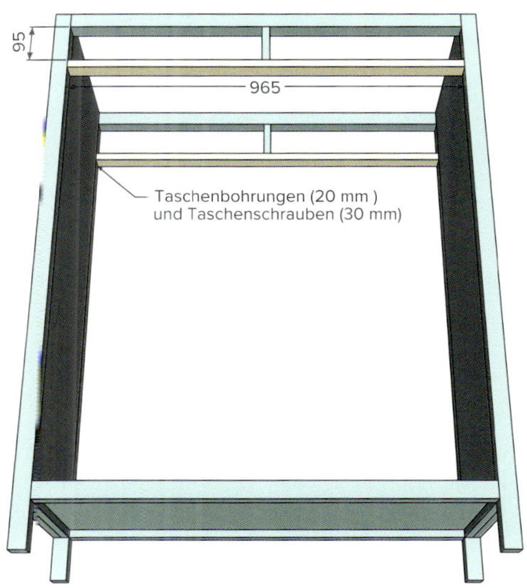

6

7 ZWISCHENWAND

An den Schmalseiten der Wand Taschenbohrungen (20 mm) herstellen. Dann die Zwischenwand mit Holzleim und Taschenschrauben (30 mm) bündig zwischen den beiden Trennleisten befestigen.

8 OBERE PLATTE

Zuerst die Kantenleisten mit Taschenbohrungen (20 mm) und Taschenschrauben (30 mm) an die Kopfplatte setzen. Dann die komplette Platte auf die Unterkonstruktion legen und mit Holzleim und Stahlstiften (50 mm) befestigen.

9 RÜCKWAND

Alle rückwärtigen Holzkanten mit Holzleim bestreichen. Die Sperrholz-Rückwand auflegen und mit Stahlstiften (30 mm) befestigen.

10 SCHUBLADEN

Die Schubladen aus Längszargen, Querzargen, Sperrholz-Boden (6 mm) und Front zusammenbauen. Die Front verdeckt die Bodenplatte und steht an allen Seiten 10 mm über den Kasten hinaus.

11 EINLEGEBÖDEN

Die Böden können auch mit Holzleim, Taschenbohrungen (20 mm) und Taschenschrauben (30 mm) fest installiert werden. Für verstellbare Böden (963 mm lang) Löcher für Regalträger bohren.

12 TÜREN

Einschlagende (innenliegende) Türen sollten immer passend zu den Türöffnungen gebaut werden. Zuerst die Öffnung genau ausmessen. Die Breite durch 2 dividieren, um das Maß für eine Tür zu erhalten. Für die umlaufende Fuge von Höhe und Breite jeweils 6 mm subtrahieren. In den ermittelten Abmessungen die Rahmen bauen. Die Rahmenhölzer mit Holzleim, Taschenbohrungen (20 mm) und Taschenschrauben (30 mm) zusammenfügen. Auf den Innenseiten Spiegelhalter montieren und das Acrylglas einsetzen. Scharniere anbringen und die Türen im Schrank montieren.

TIPP Ein Magnetschnäpper oder Riegel sorgt dafür, dass sich die Türen nicht von selbst öffnen.

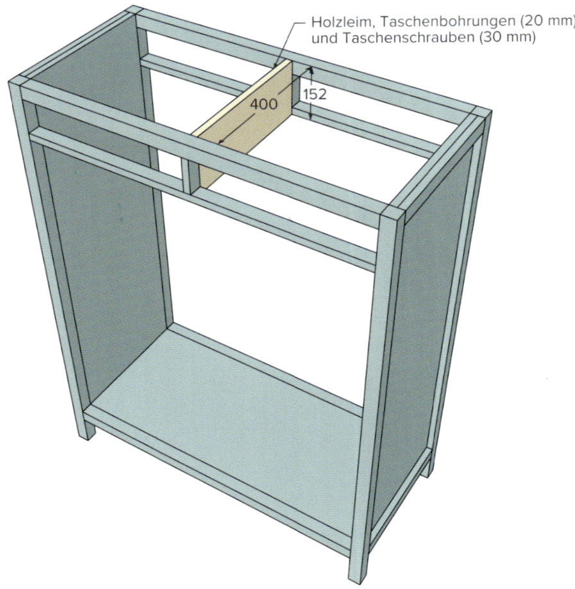

7

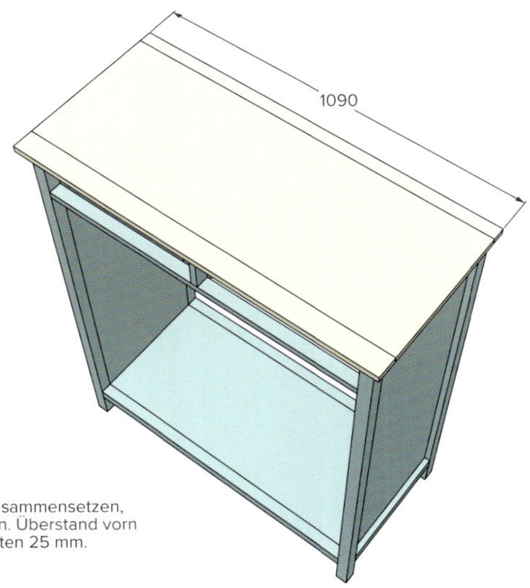

8

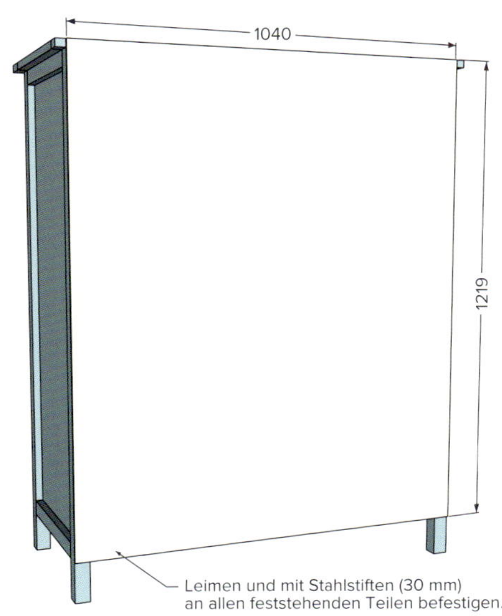

9

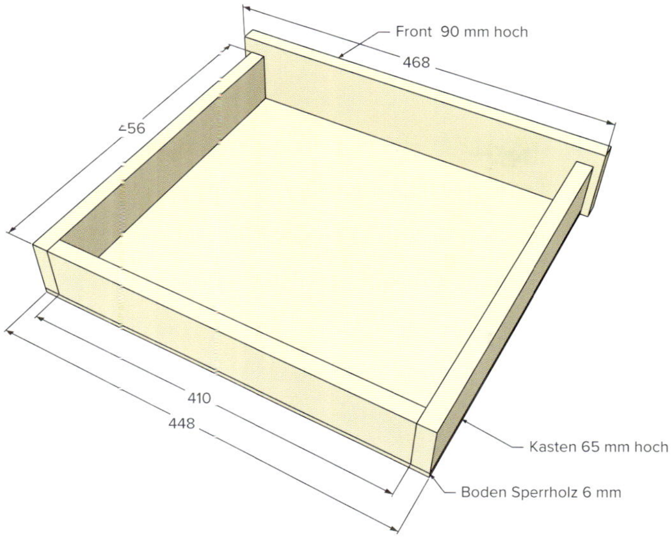

Front 90 mm hoch
468
456
410
448
Kasten 65 mm hoch
Boden Sperrholz 6 mm

10

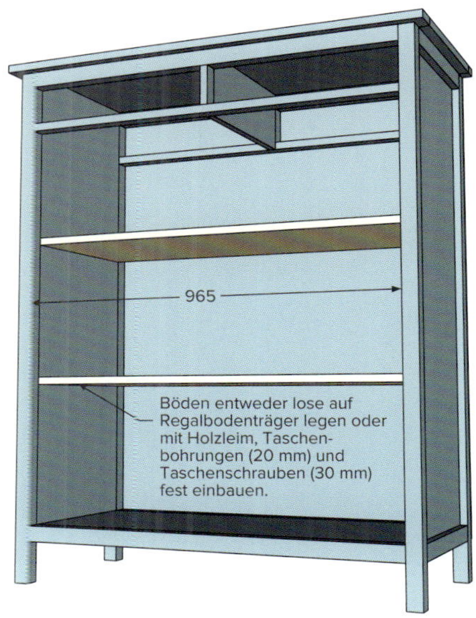

965
Böden entweder lose auf Regalbodenträger legen oder mit Holzleim, Taschenbohrungen (20 mm) und Taschenschrauben (30 mm) fest einbauen.

11

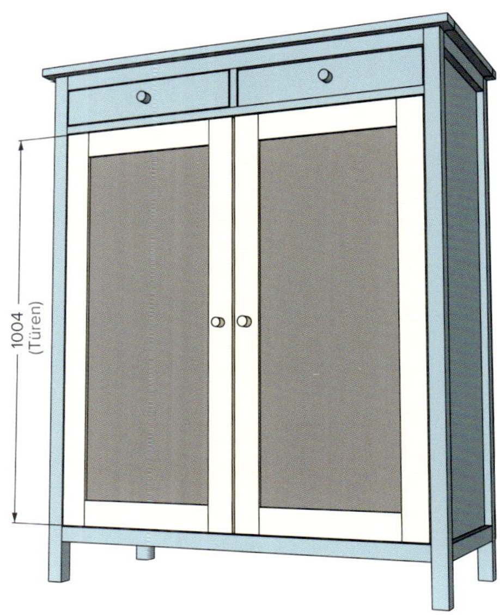

1004 (Türen)

12

9 DAS KINDERZIMMER

UNTEN:
Spieltisch mit Stühlen
RECHTS:
Spielküche
UNTEN RECHTS:
Etagenbett

Es macht unglaublich viel Freude,

Möbel für Kinder zu bauen. Die liebevoll gearbeiteten Möbel im Zwergenformat sehen bezaubernd aus, und es ist ein tolles Gefühl, wenn das Kind stolz verkündet: „Das hat meine Mama gebaut!"

In diesem Kapitel finden Sie Anleitungen für eine Spielküche, einen Spieltisch mit passenden kleinen Stühlen und ein Etagenbett mit Leiter und Absturzsicherung, das erstaunlich einfach zu bauen ist. Sie sehen: Eine tolle Einrichtung für das Kinderzimmer muss kein Vermögen kosten.

PROJEKT

Nr. 27

SPIELTISCH

EIN ROBUSTER TISCH IN KINDGERECHTER HÖHE gehört in jeden Haushalt mit kleineren Kindern. Dieses Modell gelingt auch Einsteigern ohne Probleme – und danach können Sie sich an die passenden Stühle wagen (Seite 159).

Amy hat unter der Platte ein praktisches Fach für Mal- und Bastelutensilien integriert und seine Innenseiten mit hübschem Stoff ausgekleidet. Entscheiden Sie selbst, ob Sie es ihr nachmachen möchten.

€€ ½

MATERIALLISTE

Kiefer 38 x 38 mm:

4 Tischbeine, 515 mm lang

MDF 19 mm dick:

2 Längszargen, 940 x 65 mm

2 Querzargen, 485 x 65 mm

1 Tischplatte, 1196 x 611 mm

Spanplatten-/Taschenschrauben oder Holzdübel

Nägel

Holzleim

Material für die Endbehandlung

WERKZEUG

Grundausstattung

Nagler

Hilfsvorrichtung für Taschenbohrungen

Handkreissäge oder andere Säge zum Ablängen

Bohrschrauber

ABMESSUNGEN

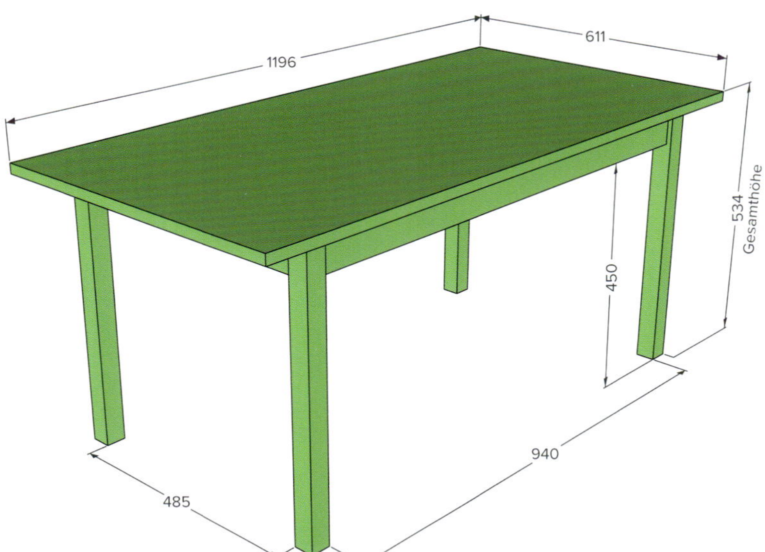

Für Kinder im Kindergartenalter.

· GEBAUT VON ·

AMY HUNTLEY

www.theidearoom.net

„Der ideale Tisch zum Basteln und Spielen: nicht zu groß und nicht zu klein."

Anleitung für die Stühle auf Seite 159.

1 SCHMALSEITEN

In die Enden der Querzargen Taschenbohrungen (20 mm) einbringen. Außerdem zur späteren Montage der Tischplatte Taschenbohrungen entlang der Oberkante herstellen. Die Seitenteile mit Taschenschrauben (30 mm) an den Beinen befestigen.

2 LÄNGSSEITEN

In die Enden der Längszargen Taschenbohrungen (20 mm) bohren. Außerdem zur späteren Montage der Tischplatte Taschenbohrungen entlang der Oberkante herstellen. Die Seitenteile mit Taschenschrauben (30 mm) an den Beinen befestigen.

3 TISCHPLATTE

Das Untergestell so an die Tischplatte montieren, dass die Platte an den Schmalseiten jeweils 90 mm und an den Längsseiten jeweils 25 mm übersteht. Die Taschenbohrungen wurden bereits vorbereitet. Zur Montage Holzleim und Taschenschrauben (30 mm) verwenden.

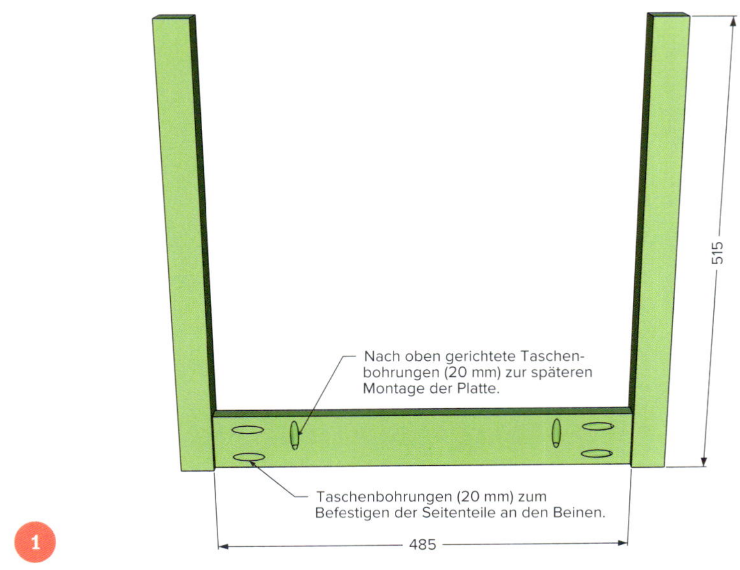

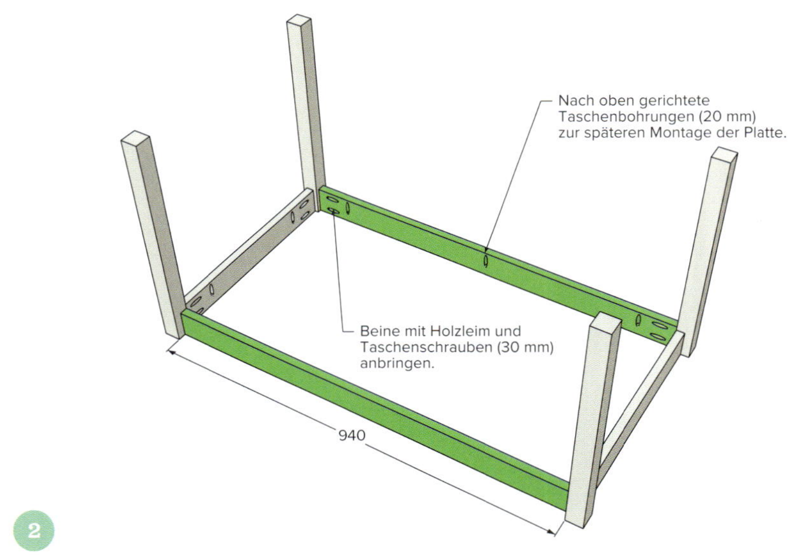

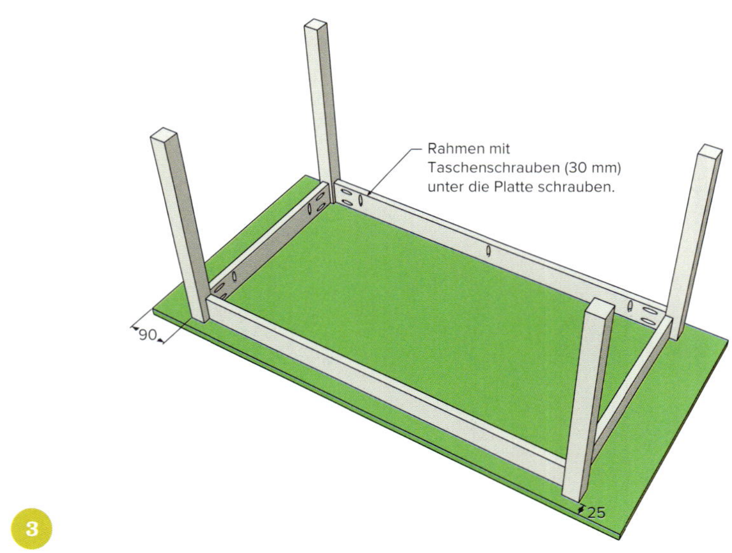

PROJEKT

Nr. 28

KINDERSTUHL

MATERIALLISTE

Kiefer 38 x 38 mm:

- 2 Hinterbeine, 670 mm lang
- 2 Vorderbeine, 320 mm lang
- 1 hintere Querstrebe, 305 mm lang

MDF 19 mm dick:

- 1 Rückenlehne, 305 x 90 mm
- 3 Querstreben, 305 x 38 mm
- 4 Seitenstreben, 249 x 38 mm
- 1 Mittelstrebe, 325 x 38 mm
- 1 Sitzplatte, 381 x 287 mm

Spanplatten-/Taschenschrauben oder Holzdübel

Nägel

Holzleim

Material für die Endbehandlung

WERKZEUG

Grundausstattung

Bohrschrauber

Stichsäge

Hilfsvorrichtung für Taschenbohrungen

Nagler

Handkreissäge oder andere Säge zum Ablängen

SOLCHE STÜHLE HAT MEINE TOCHTER vom Kleinkindalter bis in die ersten Grundschuljahre benutzt. Es gefällt ihr gut, einen eigenen Stuhl zu besitzen. Mein Mann und ich leihen ihn gelegentlich aus, um ein hohes Regal zu erreichen oder eine Glühlampe zu wechseln. Für dieses Buch habe ich eine neue Variante entwickelt, die leicht zu bauen ist und mit wenig Material auskommt. Am Ausschnitt in der Rückenlehne lässt sich der Stuhl bequem tragen. Sie können den Ausschnitt aber auch weglassen.

ABMESSUNGEN

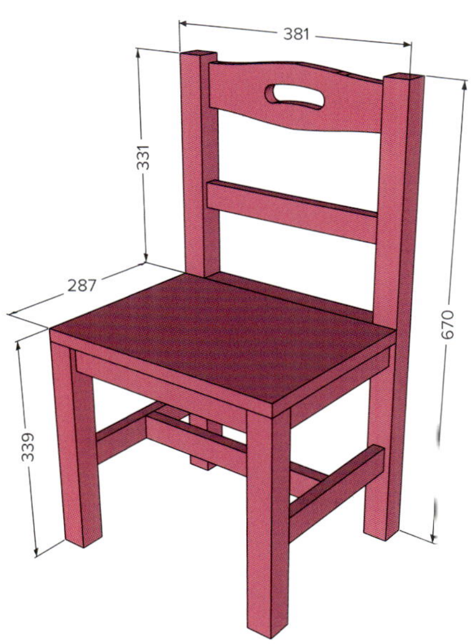

1 RÜCKENTEIL

Der Ausschnitt hat hauptsächlich dekorativen Wert. Gerade durch solche Details werden Ihre Möbel aber individueller. Wenn Sie ihn nacharbeiten möchten, bohren Sie in der Mitte der Rückenlehne in 100 mm Abstand zu den Enden zwei Löcher mit 25 mm Durchmesser. Das Holz zwischen den Löchern mit der Stichsäge herausschneiden. Die Sägeschnitte beschreiben flache Bögen.

TIPP Zuerst die Hälfte des Ausschnitts auf einen Holzrest zeichnen und ausschneiden. Diesen als Schablone verwenden.

In beide Enden aller quer verlaufenden Hölzer des Rückens Taschenbohrungen (20 mm) einbringen. Dann die Beine mit Holzleim und Taschenschrauben (30 mm) anbringen.

2 VORDERTEIL

In die Enden der vorderen Querstrebe Taschenbohrungen (20 mm) einbringen. Mit Holzleim und Taschenschrauben (30 mm) an den Beinen befestigen. Die Enden der Beine schließen bündig mit der Oberkante der Querstrebe ab und stehen in der Breite gleich weit über die Strebe hinaus.

TIPP Zur unsichtbaren Befestigung des Sitzes können Sie in alle Teile des oberen Rahmens nach oben gerichtete Taschenbohrungen (20 mm) bohren.

3 SEITLICHE STREBEN

In die Enden der vier seitlichen Streben Taschenbohrungen (20 mm) einbringen. Mit Holzleim und Taschenschrauben (30 mm) auf Höhe der Querstreben zuerst am Rückenteil, dann am Vorderteil montieren.

4 UNTERE MITTELSTREBE

In beide Enden der Mittelstrebe Taschenbohrungen (20 mm) bohren. Dann die Strebe mit Holzleim und Taschenschrauben mittig zwischen den beiden unteren Seitenstreben einbauen.

5 SITZFLÄCHE

Die Sitzplatte mit Holzleim und Stahlstiften (30 mm) am Untergestell befestigen. Nägel in die Beine und die oberen Streben einschlagen. (Falls Sie Taschenbohrungen im Untergestell vorbereitet haben, können Sie den Sitz auch mit Taschenschrauben montieren.)

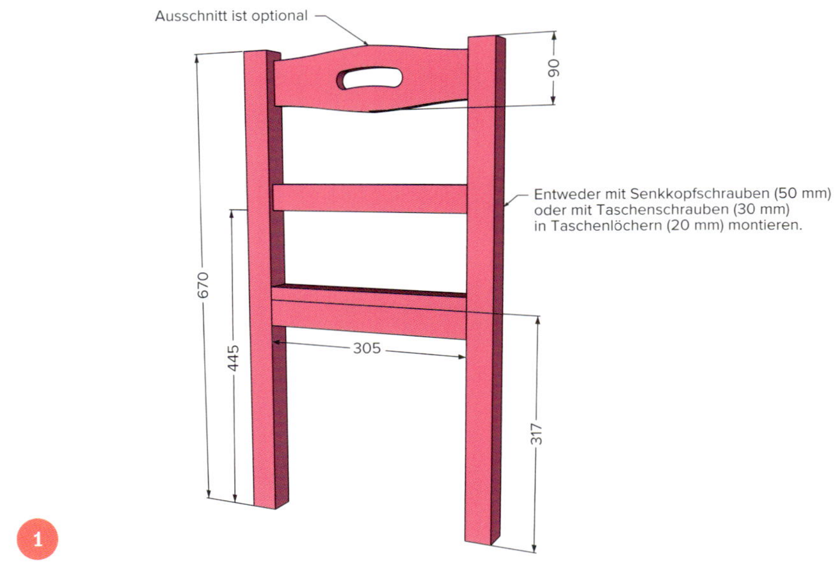

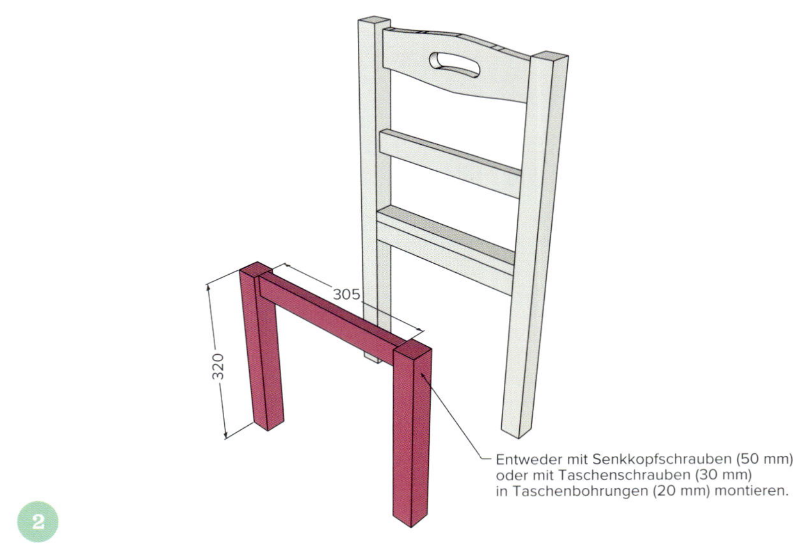

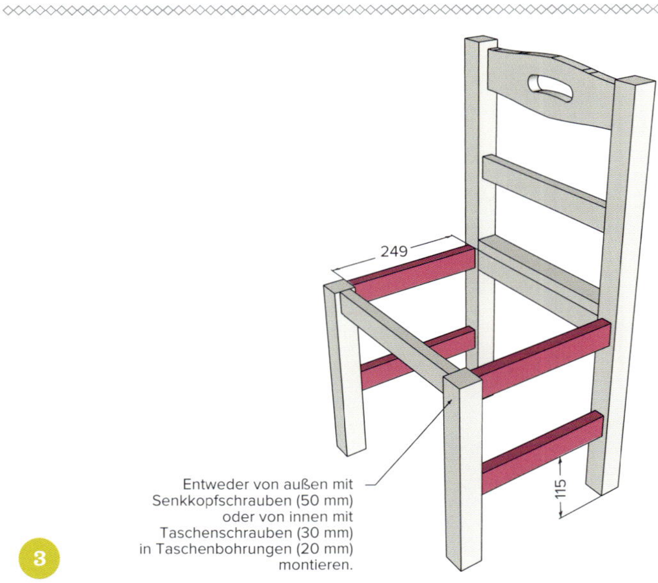

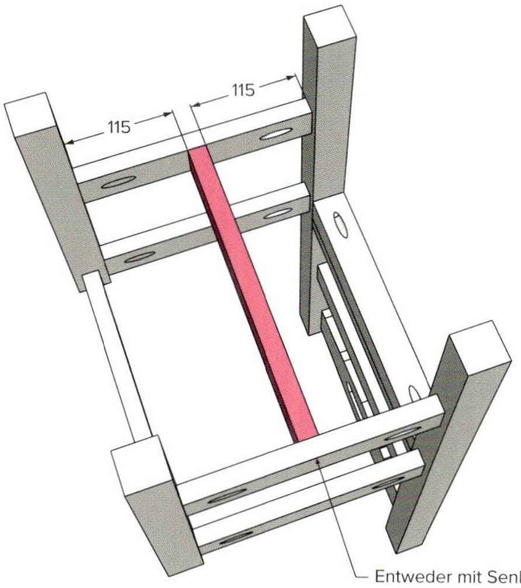

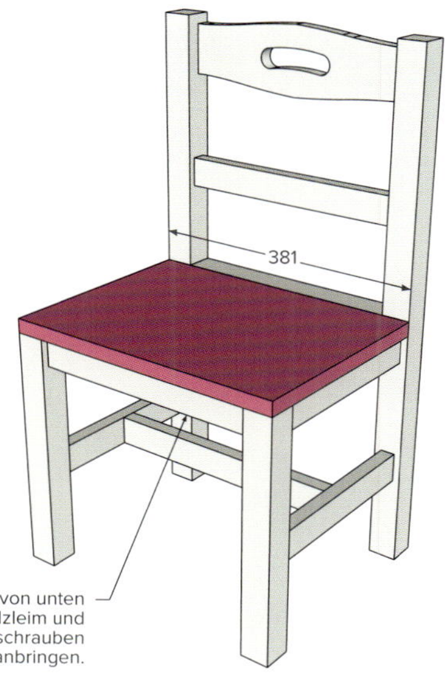

· GEBAUT VON ·
AMY HUNTLEY

„Die niedlichen Stühle sind einfach zu bauen und ausgesprochen robust."

PROJEKT

Nr. 29

SPIELKÜCHE

VIER TAGE LANG HABE ICH ABENDS, wenn meine Tochter eingeschlafen war, an dieser Küche gewerkelt. Es war ihr Geschenk zum zweiten Geburtstag. Als sie sie auspackte, war ich unglaublich aufgeregt und stolz. Es hat sich gelohnt, ein paar Feierabende für die Arbeit daran zu opfern. Sie hat viele Jahre mit der Küche gespielt, und ich freue mich noch immer, wenn ich mein Werk ansehe.

Die Küche, die Kirsten gebaut hat, sieht durch den Anstrich in zartem Türkis und den selbst genähten Vorhang an der Spüle besonders niedlich aus. Hut ab vor Kirsten, die als Mutter von vier Kindern die Zeit zum Bauen dieser Küche gefunden hat. Bestimmt wird sie noch lange in der Familie weitervererbt.

ABMESSUNGEN

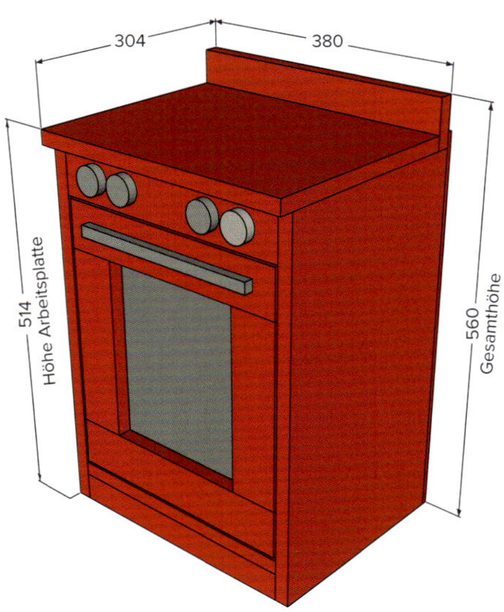

Für Kinder zwischen 2 und 10 Jahren.

MATERIALLISTE

Korpusse für Herd und Spüle

MDF 19 mm dick:

- 4 Seitenwände, 495 x 285 mm
- 2 Bodenplatten, 330 x 285 mm
- 2 Zwischenböden, 330 x 235 mm
- 2 Arbeitsplatten, 380 x 285 mm
- 2 Spritzschutzbretter, 380 x 65 mm
- 2 Frontblenden, 330 x 65 mm
- 2 Sockelblenden, 330 x 38 mm

Sperrholz 6 mm dick:

- 2 Rückwände, 514 x 368 mm

Herdausstattung

MDF 19 mm dick:

- 2 Querbretter, 324 x 65 mm
- 2 Rahmenbretter 237 x 65 mm
- 4 Knöpfe 25 mm
- 1 Möbelgriff
- 2 Scharniere
- 1 Acrylglasplatte 297 x 254 mm

Acrylkleber

- 4 Untersetzer (Herdplatten)

Spüle

- 1 Edelstahl-Schüssel, Durchmesser 150 mm mit Wulstrand
- 1 Mini-Armatur

Spanplatten-/Taschenschrauben oder Holzdübel

Nägel

Holzleim

Material für die Endbehandlung

WERKZEUG

Grundausstattung

Nagler

Hilfsvorrichtung für Taschenbohrungen (nur für den Herd)

Bohrschrauber (nur für den Herd)

Handkreissäge oder andere Säge zum Ablängen

· GEBAUT VON ·
KIRSTEN WRIGHT
thecraftingchicks.com

„Der Bau dieser niedlichen Küche war eine spannende Erfahrung. Natürlich hat sich meine kleine Tochter Quincie riesig gefreut – und ich habe dabei so viel gelernt, dass ich jetzt vom Möbelbauvirus infiziert bin.“

Die Anleitung für den passenden Hochschrank finden Sie online auf ana-white.com (in englischer Sprache).

1 **BODEN**
Die Bodenplatte mit Holzleim und Stahlstiften (50 mm) so zwischen den beiden Seitenwänden befestigen, dass darunter 38 mm frei bleiben. Es empfiehlt sich, diesen Abstand vorher auf den Seitenteilen anzureißen.

2 **SOCKELBLENDE**
Oberkante und Enden der Sockelblende mit Leim bestreichen. Die Blende so einsetzen, dass sie ca. 6 mm zurückweicht. Von oben und von den Seiten mit Holzleim und Stahlstiften (50 mm) befestigen.

3 **OBERE BLENDE**
Holzleim auf die Enden der Frontblende geben. Die Blende mit Stahlstiften (50 mm) oben bündig zwischen den Seitenwänden befestigen.

4 **ARBEITSPLATTE**
Den Spritzschutz mit Holzleim und Stahlstiften (50 mm) an der Arbeitsplatte befestigen.

5 **ZUSAMMENBAUEN**
Die Arbeitsplatte mit Holzleim und Stahlstiften (50 mm) auf dem Korpus montieren.

6 **ZWISCHENBODEN**
Die Position des Zwischenbodens anzeichnen (235 mm über dem Fußboden). Den Zwischenboden einschieben, sodass er bündig mit den hinteren Kanten der Seitenteile abschließt. Mit Holzleim und Stahlstiften (50 mm) montieren.

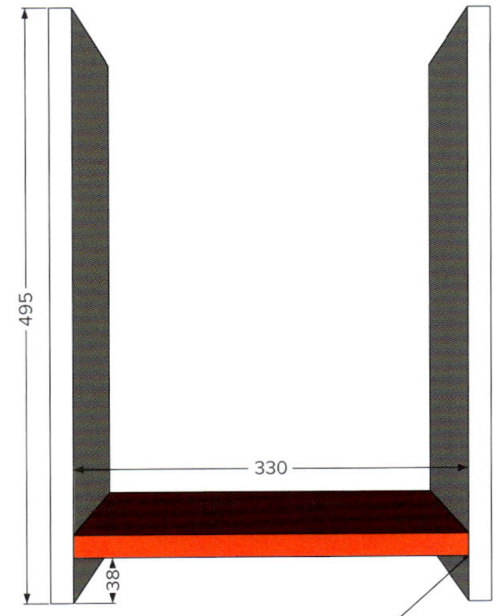

1

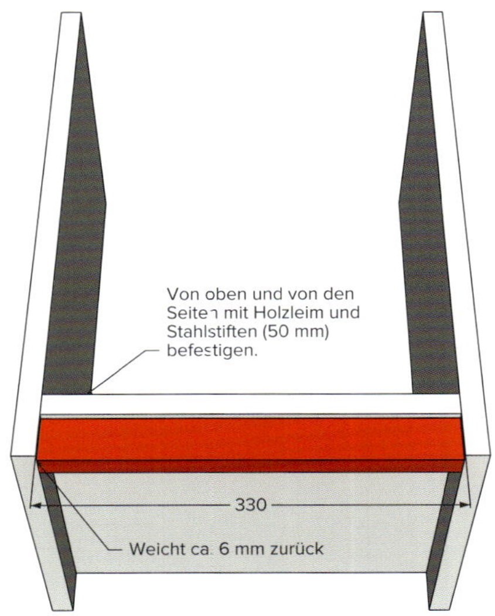

2

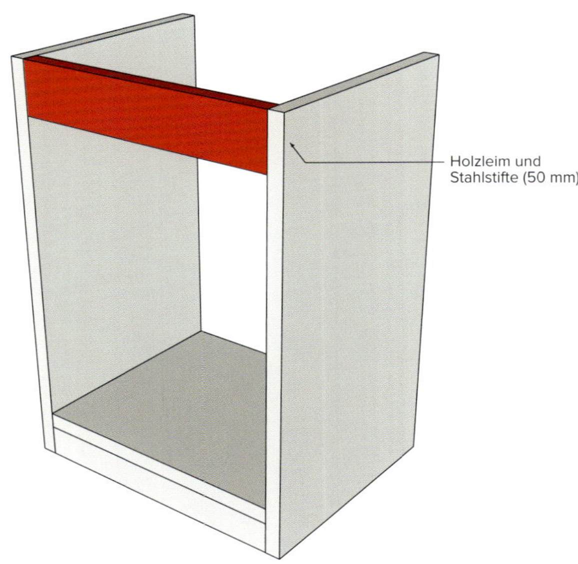

3

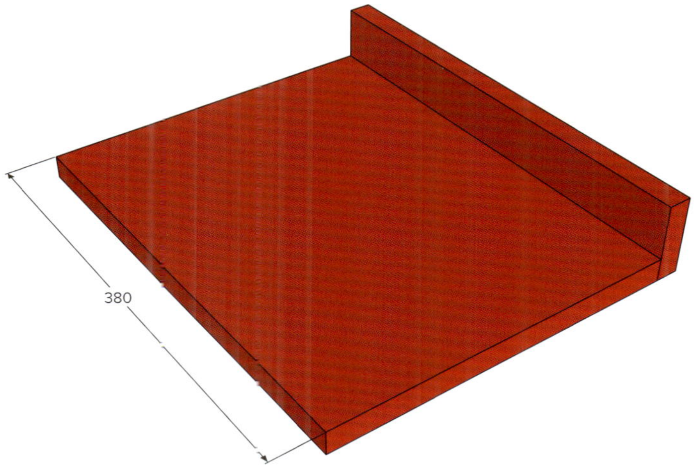
380

4

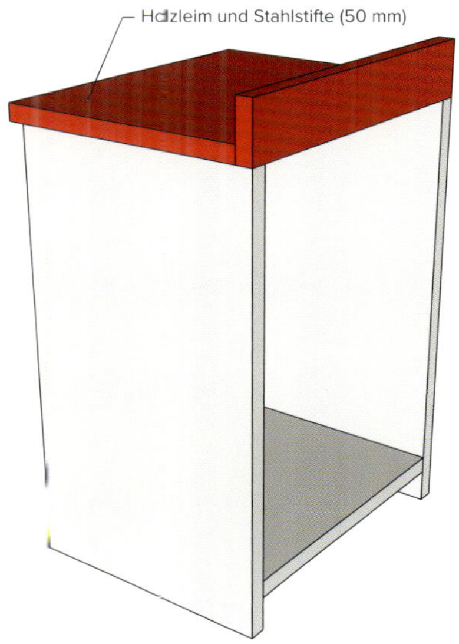
Holzleim und Stahlstifte (50 mm)

5

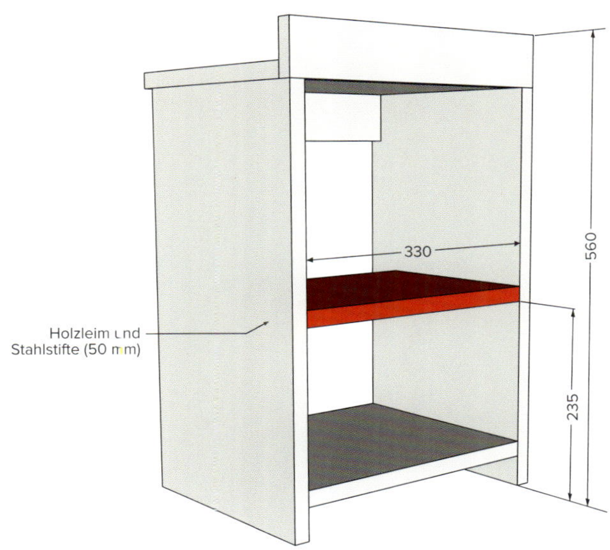
330
560
235
Holzleim und
Stahlstifte (50 mm)

6

7 RÜCKWAND

Holzleim auf alle rückwärtigen Holzkanten geben. Die Sperrholz-Rückwand auflegen und mit Stahlstiften (30 mm) befestigen.

8 SPÜLE

Für die Spüle die Edelstahlschüssel kopfüber auf die Arbeitsfläche legen und den Umriss nachzeichnen. Mit der Stichsäge einen Kreis ausschneiden, der etwas kleiner ist. Nun ausprobieren, ob die Schüssel hineinpasst. Falls das Loch zu klein ist, können Sie es vergrößern. Schneiden Sie es aber zu groß zu, lässt sich der Schaden kaum reparieren. Transparentes Silikon auf die Unterseite des Schüsselrands geben und die Schüssel ins Loch setzen. Den Wasserhahn und anderes Zubehör anbringen.

9 OFENTÜR

Die Öffnung genau ausmessen und einen passenden Rahmen bauen. Dafür in jedes Ende der senkrechten Bretter zwei Taschenbohrungen (20 mm) einbringen. Mit Taschenschrauben (30 mm) zusammensetzen.

10 GLASEINSATZ

Falls nötig, das Acrylglas auf passende Größe zuschneiden. Auf die Rückseite des Rahmens kleben oder mit Spiegelhaltern befestigen.

11 OFENTÜR EINSETZEN

Scharniere anbringen und die Tür so einbauen, dass ringsherum eine Fuge von 3 mm Breite bleibt. Einen Magnet- oder Schnappverschluss anbringen, damit die Klappe geschlossen bleibt.

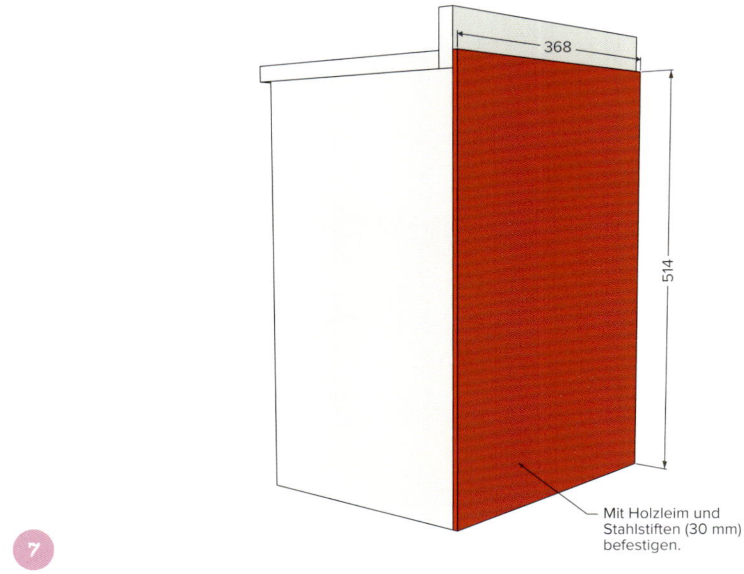

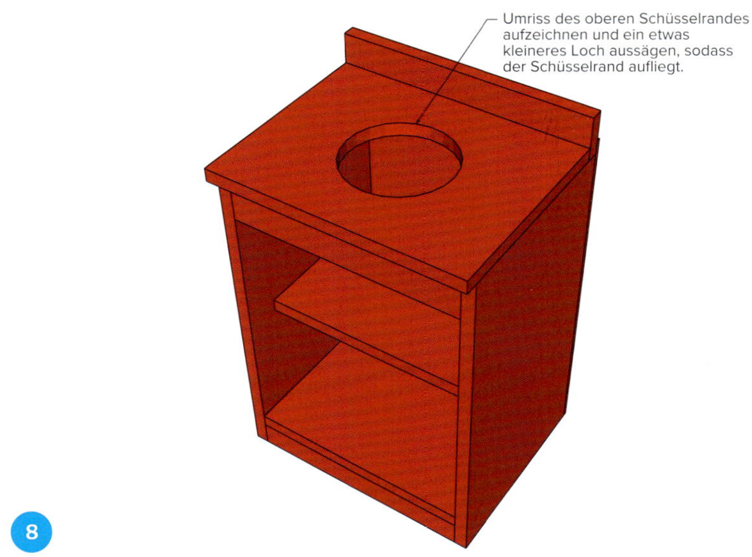

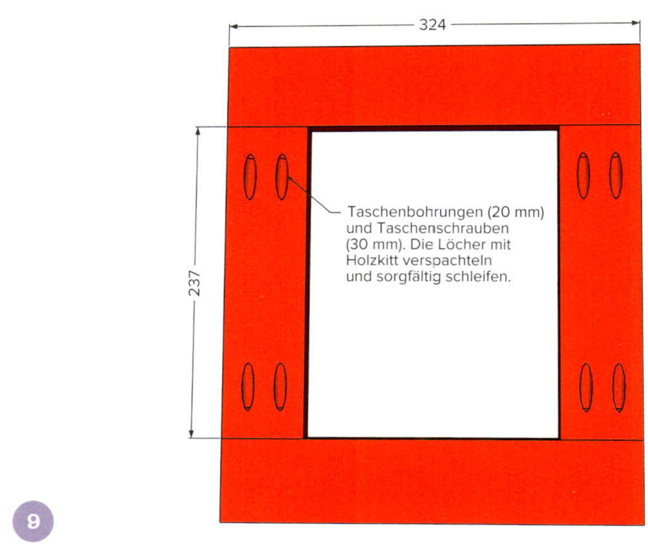

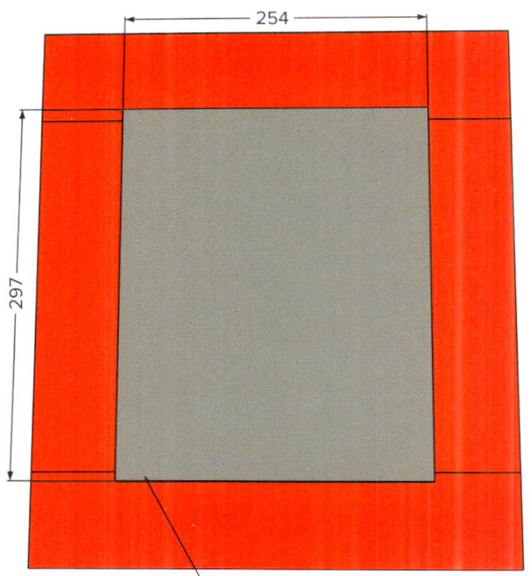

· KIRSTENS RÜSCHENVORHANG – RUCKZUCK GENÄHT ·

Der Vorhang für die Spüle ist einfach zu nähen. Die Rüschen werden auf einen schwereren Stoff gesetzt, damit er schön gerade fällt. Dies sind die Abmessungen der Stoffe vor dem Nähen:
Hauptstoff: 39,5 cm lang und 44,5 cm breit. Nahtzugaben 13 mm.
Rüsche: 26,5 x 56 cm

Der bunte Stoff im oberen Viertel wird erst nach den drei Rüschen aufgenäht. Er endet etwa 13 mm über der obersten Rüsche.

Für eine Rüsche den Stoff der Länge nach rechts auf rechts falten und die Längskanten mit 6 mm Nahtzugabe zusammennähen. Auf rechts wenden und die Naht von rechts absteppen. Die Schmalseiten sind noch offen, Sie haben also jetzt einen Schlauch.

Die Schnittkanten an den Schmalseiten nach innen falten, dann die Enden zunähen.

Zum Kräuseln zwei Reihen gleichmäßige Heftstiche entlang der Längskante nähen: einen in 6 mm Abstand zur Kante, den zweiten 6 mm tiefer. Die Fäden lang hängen lassen. Vorsichtig an den Fäden ziehen und den Stoff gleichmäßig kräuseln. Die Rüsche auf den Hauptstoff stecken und mit geradem Steppstich zwischen den Heftstich-Reihen aufnähen. Danach die Heftfäden vorsichtig herausziehen. Die gleichmäßige Stepplinie bleibt übrig – eine saubere Sache!

Die Rüschen überlappen einander um etwa 2 cm, die unterste Rüsche ist 1 cm länger als der Hauptstoff. Den obersten Stoff etwa 13 mm über der oberen Rüsche aufnähen. Die Pompon-Borte verdeckt die Naht. Die obersten 2 cm der Seitennähte offen lassen. Hier einen Rundstab einschieben. Haken auf der Innenseite der Öffnung befestigen und den Rundstab auflegen. Alternativ den Vorhang mit Klettband befestigen.

· GEBAUT VON ·
REBECCA RIDNER

PROJEKT

Nr. 30

ETAGENBETT

BEIM ENTWURF DIESES BETTS HABE ICH besonders darauf geachtet, dass es einfach zu bauen ist und dass das Material nicht viel kostet. Trotzdem ist alles dran – auch die Leiter und die Absturzsicherung. Rebecca hat sich für eine kräftige Farbe entschieden. Mit einer Lasur in einem natürlichen Holzton verbreitet das Bett gemütliche Blockhaus-Atmosphäre.

MATERIALLISTE

MDF 38 mm dick*:

- 4 Beine, 1575 x 90 mm
- 6 Längszargen, 1910 x 90 mm
- 10 Querzargen, 915 x 90 mm
- 2 Zargen (Einstiegseite), 1478 x 90 mm
- 4 Auflagerleisten, 1908 x 38 mm

MDF 19 mm dick:

- 1 Leiterwange, 1320 x 65 mm
- 3 Verbinder, 420 x 65 mm
- 2 Leitersprossen, 497 x 65 mm

* möglich auch: zwei 19er-Bretter exakt aufdoppeln und flächig verleimen.

Spanplatten-/Taschenschrauben oder Holzdübel

Nägel

Holzleim

Material für die Endbehandlung

Dazu: je 2 passende Lattenroste und Matratzen.

WERKZEUG

Grundausstattung

Hilfsvorrichtung für Taschenbohrungen

Handkreissäge oder andere Säge zum Ablängen

Bohrschrauber

ABMESSUNGEN

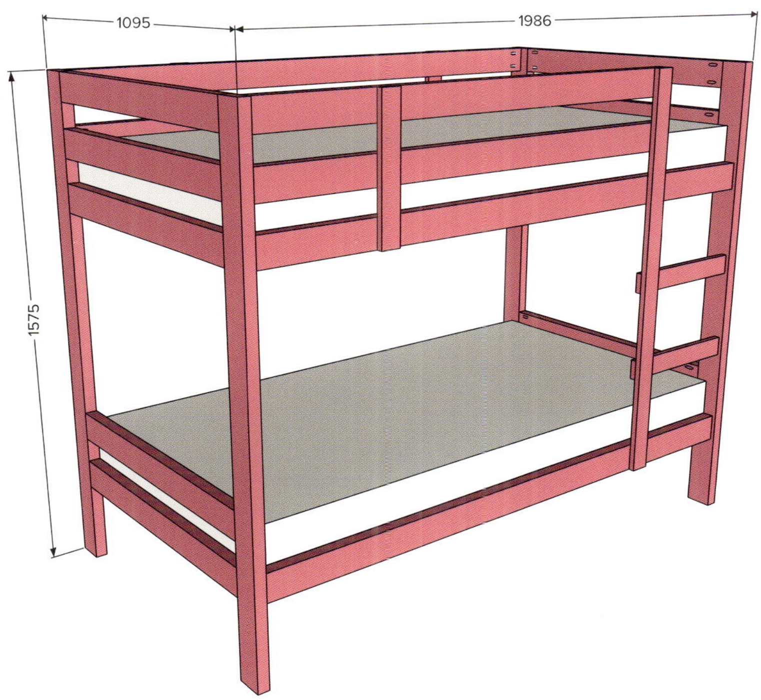

Matratzengröße 100 x 190 cm

1 KOPF- UND FUSSENDE

In beide Enden jeder Querzarge zwei Taschenbohrungen (38 mm) einbringen. Die Positionen aller Zargen auf den Beinen anzeichnen (siehe Abbildung). Die Streben mit Holzleim und Taschenschrauben (65 mm) exakt rechtwinklig an den Beinen befestigen.

2 LÄNGSZARGEN

In die Enden jeder Längszarge zwei Taschenbohrungen (38 mm) einbringen. Die Zargen mit Taschenschrauben (65 mm) zwischen Kopf- und Fußende montieren. Keinen Holzleim verwenden, damit das Bett später bei Bedarf auseinandergebaut werden kann.

3 AUFLAGER FÜR LATTENROSTE

Die Auflagerleisten mit Schrauben (50 mm) an den Seitenteilen und den Beinen montieren.

4 LEITERWANGE

Die Position der Leiterwange auf den vorderen Seitenteilen anzeichnen. Löcher vorbohren und die Wange mit Leim und Schrauben (50 mm) anbringen.

5 ABSTURZSICHERUNG

In ein Ende jeder der beiden Zargen neben dem Einstieg zwei Taschenbohrungen (38 mm) einbringen. Diese Enden mit Taschenschrauben (65 mm) am Bein befestigen. Die anderen Enden mit Holzschrauben (50 mm) an der Leiterwange festschrauben. Dafür vorbohren.

6 VERBINDER

Die Positionen der Verbinder hinten und an der Absturzsicherung anzeichnen. Löcher vorbohren, dann die Hölzer mit Holzleim und Schrauben (50 mm) montieren. Auch die Leitersprossen werden jetzt mit Holzleim und Schrauben (50 mm) eingebaut.

7 LATTENROSTE

Sie können einen fertigen Lattenrost verwenden oder die Latten einzeln festschrauben. Für Einzelbetten von 190–200 cm Länge werden meist 14 Latten benötigt, je nach Matratzentyp kann diese Zahl aber abweichen. Erkundigen Sie sich im Zweifelsfall beim Hersteller der Matratze.

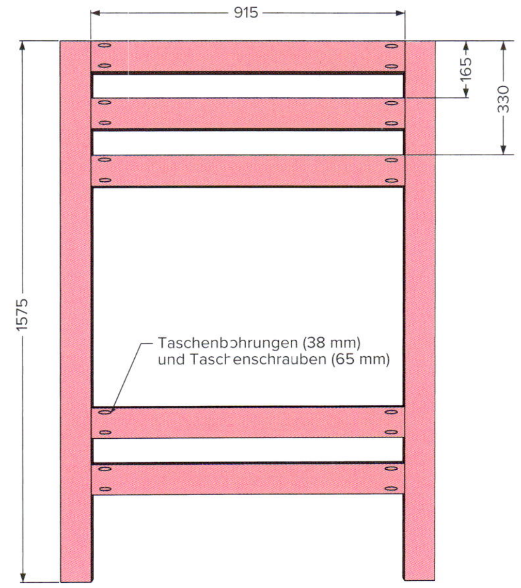

1

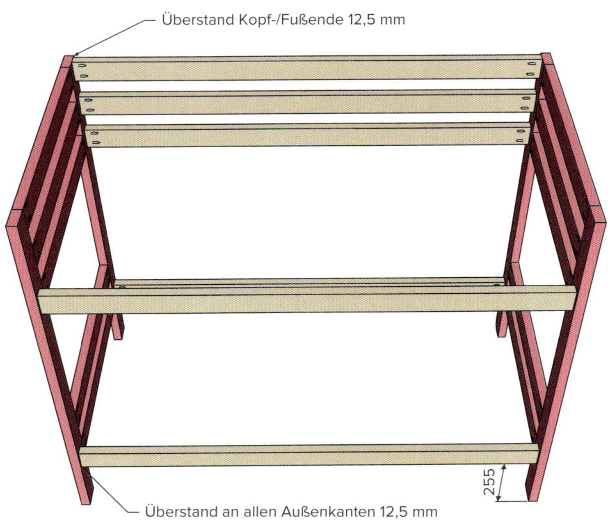

2

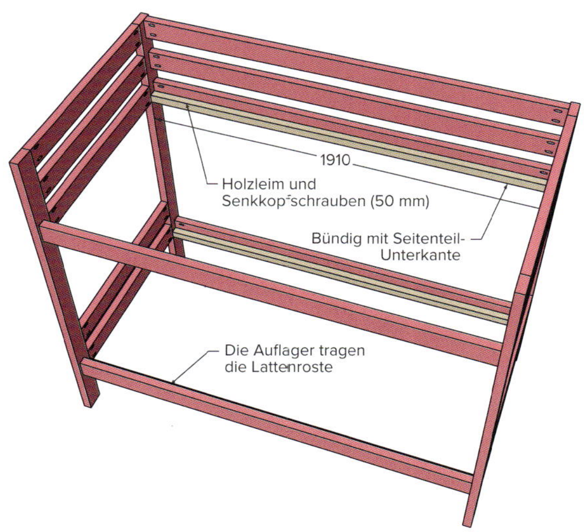

3

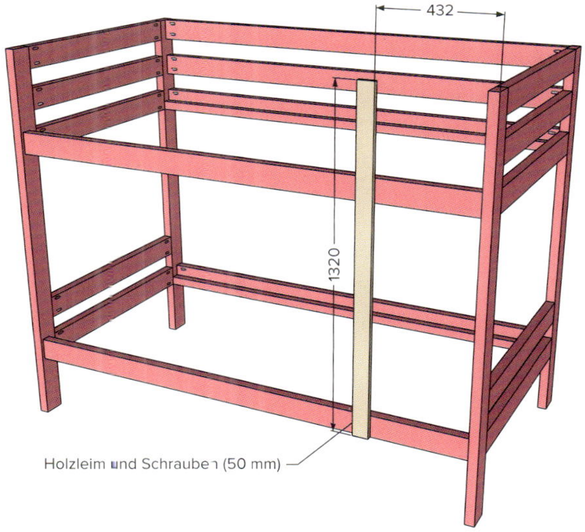
432
1320
Holzleim und Schrauben (50 mm)

4

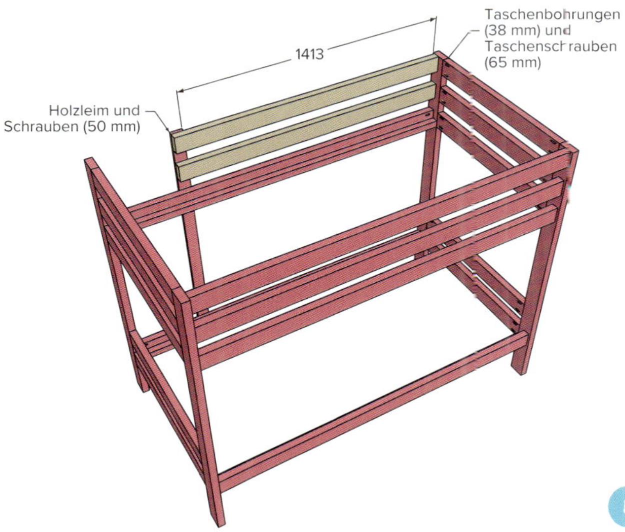
1413
Taschenbohrungen (38 mm) und Taschenschrauben (65 mm)
Holzleim und Schrauben (50 mm)

5

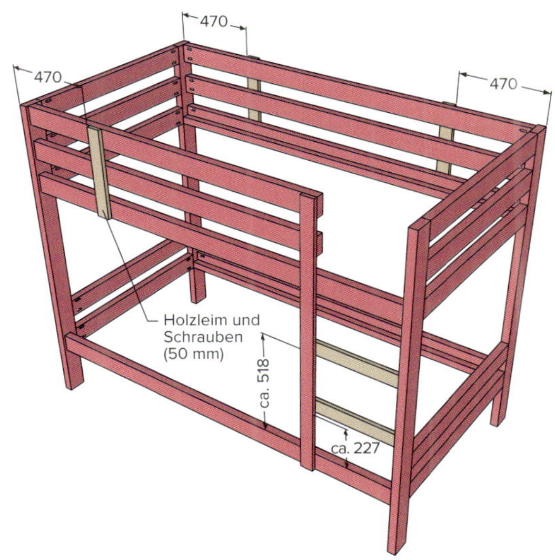
470
470
470
Holzleim und Schrauben (50 mm)
ca. 518
ca. 227

6

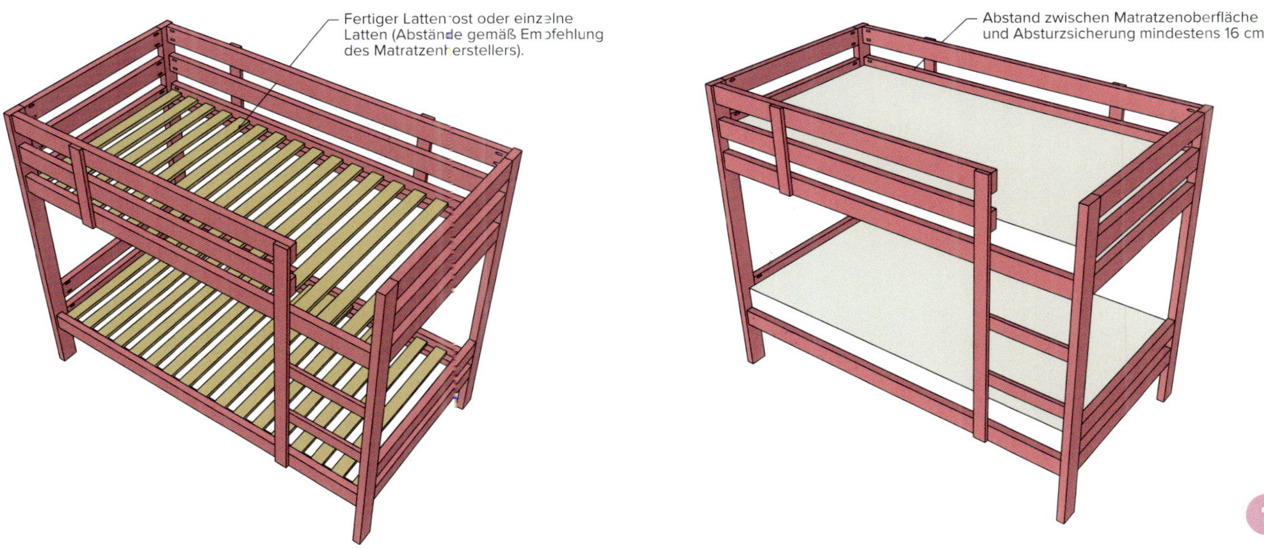
Fertiger Lattenrost oder einzelne Latten (Abstände gemäß Empfehlung des Matratzenherstellers).
Abstand zwischen Matratzenoberfläche und Absturzsicherung mindestens 16 cm.

7

10

GARTEN-
MÖBEL

Auf die Gartenmöbel im letzten Kapitel meines Buchs bin ich besonders stolz.

Ich habe monatelang getüftelt, um die Bauweise der klassischen Adirondack-Stühle zu vereinfachen, ohne Abstriche bei Komfort und Qualität zu machen. Meine Version ist leicht zu bauen und kostet nicht viel, aber Stil und Bequemlichkeit werden Sie überzeugen. Ein robuster Picknicktisch mit passenden Bänken darf auf keiner Terrasse fehlen.

OBEN LINKS: Picknicktisch und Bänke
UNTERE REIHE: Adirondack-Stühle für Große und Kleine

PROJEKT

Nr. 31

ADIRONDACK-STUHL FÜR GROSSE

IM LAUF DER JAHRE HABE ICH EINE GANZE Menge Adirondack-Stühle gebaut. Alle haben mir gut gefallen, aber dieses Modell mag ich am liebsten. Optik und Sitzkomfort sind so, wie man es von Stühlen dieses Typs kennt und erwartet. Durch die hinteren Beine sind die Stühle aber kompakter und Sie sparen Material. Auch der Nachbau ist einfach, denn es werden überwiegend rechtwinklige Sägeschnitte ausgeführt.

Seien Sie gewarnt: Wenn Sie einen dieser Stühle gebaut haben, werden Sie nicht mehr aufhören wollen.

ABMESSUNGEN

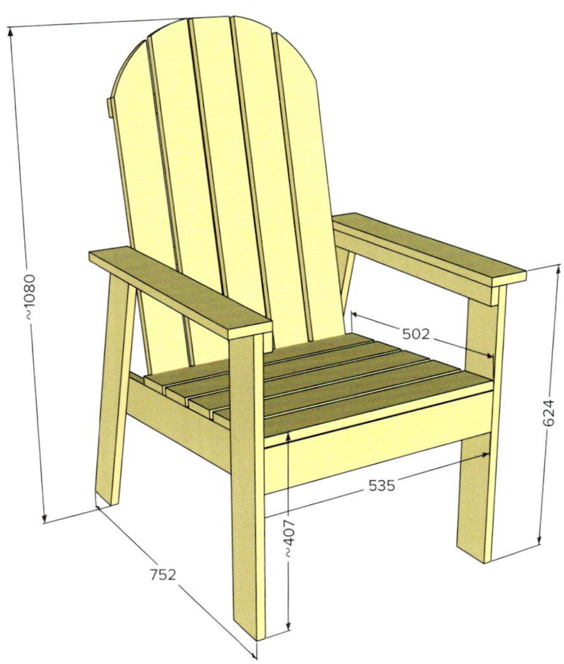

MATERIALLISTE

MDF 19 mm dick, wasserfest verleimt:

- **2** Vorderbeine, 605 x 90 mm
- **2** Hinterbeine*, 670 x 90 mm
- **2** Armlehnen, 590 x 90 mm
- **2** Armlehnenträger, 590 x 40 mm
- **2** Sitz-Trägerbretter**, 690 x 90 mm
- **1** vordere Blende, 535 x 90 mm
- **5** Sitzbretter, 535 x 90 mm
- **5** Rückenlehnenbretter, 840 x 90 mm
- **1** hintere Blende, 502 x 90 mm
- **2** Querverbinder, 502 x 40 mm

* Länge ist Rohmaß, an beiden Enden 15° abschrägen, sodass eine Endhöhe von 605 mm (wie Vorderbeine) entsteht;

** Länge ist Rohmaß, vorderes Ende 5° (Sitzneigung) abschrägen, hinteres Ende passend zu den Hinterbeinen abschrägen (ca. 20°).

Spanplatten-/Taschenschrauben oder Holzdübel

Nägel

wasserfester Holzleim

Material für die Endbehandlung (witterungsbeständig).

WERKZEUG

Grundausstattung

Kapp- und Gehrungssäge

Bohrschrauber mit Bohrer und Senker

Nagler

Stichsäge

1 BEINE UND ARMLEHNENTRÄGER

Die beiden Seitenteile müssen spiegelverkehrt gebaut werden, die Armlehnenträger liegen bei beiden auf der Innenseite.

Ein vorderes und ein hinteres Bein auf die Arbeitsfläche legen. Den Armlehnenträger und das Sitz-Trägerbrett auflegen und die Beine im richtigen Winkel ausrichten. Die Position der Armlehnenträger auf den Beinen anzeichnen. Holzleim in den markierten Bereichen auftragen, Löcher vorbohren und den Träger mit Schrauben (30 mm) befestigen.

2 SITZTRÄGER

Beim Zuschneiden darauf achten, dass beide Enden in derselben Richtung abgeschrägt sind, aber in verschiedenen Winkeln. Sie müssen sehr genau messen (siehe Abbildung) und sägen.

Auf dem vorderen Bein zwei Striche anzeichnen: in 20 mm Abstand zur Vorderkante und in 298 mm zum unteren Ende des Beins. Auf dem hinteren Bein einen Strich im Abstand von 239 mm zum unteren Ende anzeichnen. Das Sitz-Trägerbrett auflegen und seine Position auf den Beinen markieren. Holzleim in den markierten Bereichen auftragen, Löcher vorbohren und das Brett mit Schrauben (30 mm) anbringen.

3 VORDERE BLENDE

Holzleim auf die Vorderkanten der Sitzträger und auf die Enden der vorderen Blende geben. Die Blende an Beinen und Seitenteil mit Senkkopfschrauben (50 mm) befestigen.

4 SITZFLÄCHE

Die Bretter für die Sitzfläche mit Holzleim und Senkkopfschrauben (50 mm) befestigen. Vorn beginnen, die Löcher für die Schrauben vorbohren und zwischen den Brettern Abstände von 13 mm lassen.

5 RÜCKENLEHNE

Die Bretter auf die Arbeitsfläche legen, die Abstände messen jeweils 13 mm. Exakt rechtwinklig ausrichten, zur Kontrolle die beiden Diagonalen messen. Die hintere Blende und die beiden Querverbinder gemäß Abbildung montieren.

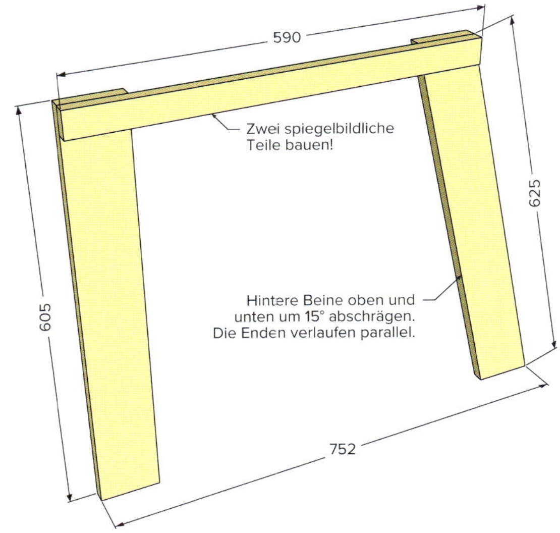

1

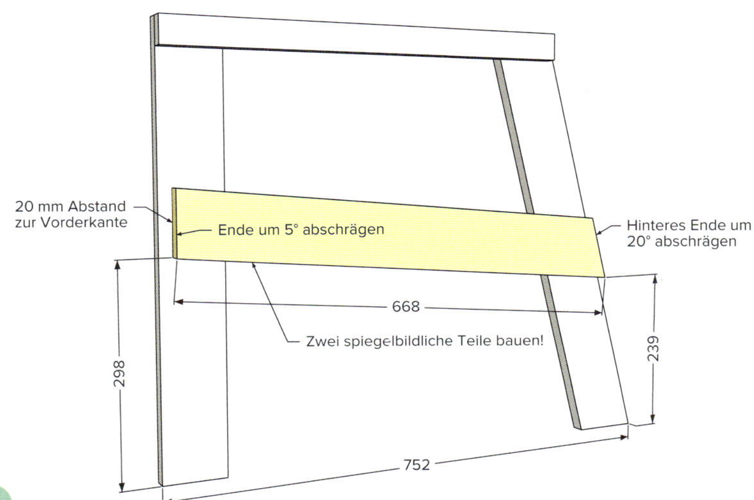

2

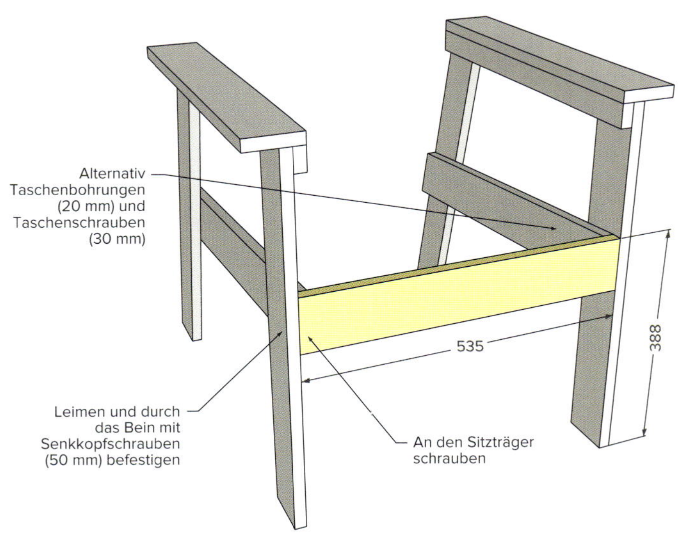

3

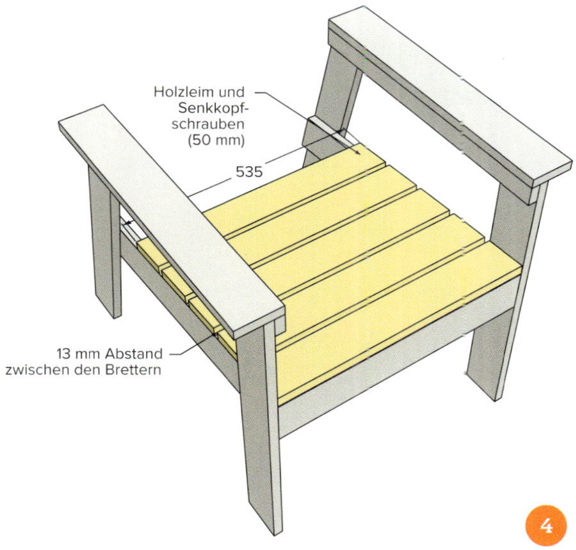

6 RÜCKENLEHNE ANBRINGEN

Die Rückenlehne an die Sitzfläche setzen. Die hintere Blende der Lehne liegt auf Höhe der Sitzträger. Der mittlere Verbinder der Rückenlehne liegt auf Höhe der Armlehnen. Anzeichnen und auf die markierten Bereiche Holzleim geben. Die Rückenlehne wieder einsetzen, Löcher durch die Sitzträger und die Armlehnen vorbohren und die Rückenlehne mit Schrauben (50 mm) montieren.

7 ARMLEHNEN

Zuletzt Holzleim auf die Oberkanten der Armlehnenträger und die Enden der Beine geben. Die Armlehnen bündig mit den Innenseiten der Auflagen mit Senkkopfschrauben (50 mm) anbringen.

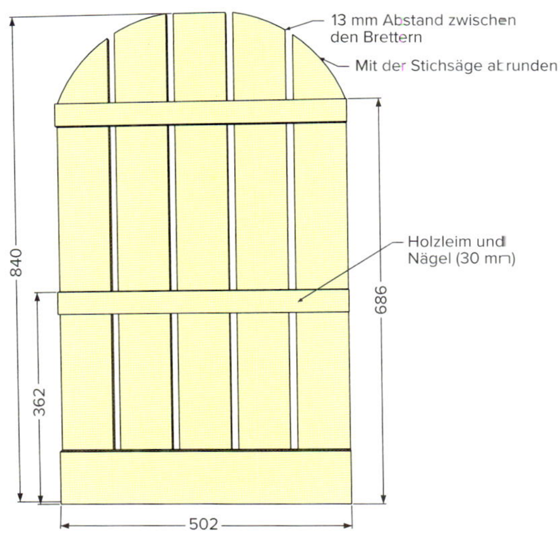

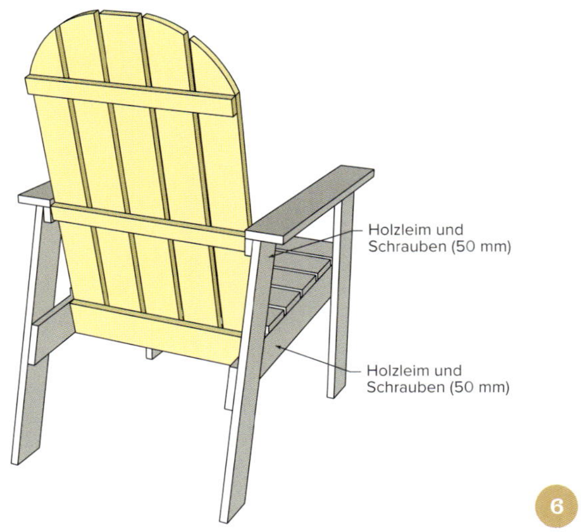

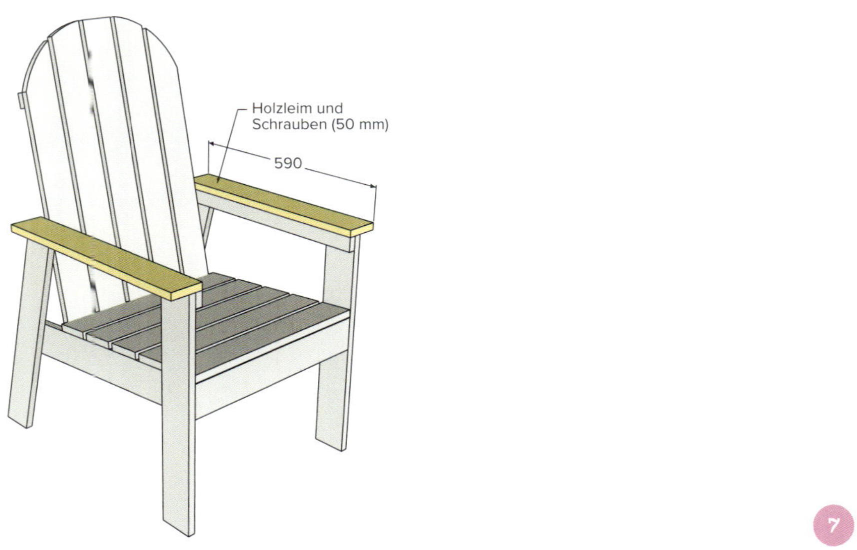

PROJEKT

Nr. 32

ADIRONDACK-STUHL FÜR KLEINE

EIN EIGENER STUHL, DER AUCH NOCH in der Lieblingsfarbe gestrichen ist – das findet jedes Kind toll! Wunderbar bequem sind diese robusten Kinderstühle außerdem. Sie sind schnell und einfach zu bauen, und das Material kostet nicht viel. Ich habe alle vier an einem Tag gebaut und jeden in einer anderen fröhlich leuchtenden Farbe lackiert. Mit Sprühlack ist auch das flink erledigt.

MATERIALLISTE

MDF 19 mm dick, wasserfest verleimt:

- **2** Vorderbeine, 455 x 65 mm
- **2** Hinterbeine*, 490 x 65 mm
- **2** Armlehnen, 455 x 65 mm
- **2** Armlehnenträger, 455 x 38 mm
- **2** Sitz-Trägerbretter**, 550 x 65 mm
- **1** vordere Blende, 405 x 65 mm
- **5** Sitzbretter, 405 x 65 mm
- **5** Rückenlehnenbretter, 610 x 65 mm
- **1** hintere Blende, 377 x 65 mm
- **2** Querverbinder, 377 x 38 mm

* Länge ist Rohmaß, an beiden Enden 15° abschrägen, sodass eine Endhöhe von 455 mm (wie Vorderbeine) entsteht;

** Länge ist Rohmaß, vorderes Ende 5° (Sitzneigung) abschrägen, hinteres Ende passend zu den Hinterbeinen abschrägen (ca. 20°).

Spanplatten-/Taschenschrauben oder Holzdübel

Nägel

wasserfester Holzleim;

Material für die Endbehandlung (witterungsbeständig)

WERKZEUG

Grundausstattung

Kapp- und Gehrungssäge

Bohrschrauber mit Bohrer und Senker

Nagler

Stichsäge

ABMESSUNGEN

Die meisten Verbindungen dieses Stuhls können auch mit Taschenbohrungen (20 mm) und Taschenschrauben (30 mm) ausgeführt werden. Dann müssen alle Löcher vorher angezeichnet und gebohrt werden.

1 ARMLEHNEN

Die Armlehnenträger mit Holzleim und Schrauben (30 mm) oder Stahlstiften an den Beinen anbringen. Die Armlehnen mit Holzleim und Schrauben (30 mm) so anbringen, dass ihre Innenkanten bündig mit den Trägern abschließen. Die beiden Seitenteile des Stuhls spiegelverkehrt bauen. Die Armlehnenträger liegen innen.

2 SITZTRÄGER

Die Position des Sitzträgers auf der Innenseite beider Beine anzeichnen. Den Träger mit Holzleim und Stahlstiften oder Schrauben (30 mm) befestigen.

3 VORDERE BLENDE

Die vordere Blende wird mit Holzleim und Holzschrauben (50 mm) zwischen den beiden vorderen Beinen montiert. Alternativ können Sie die Verbindung mit Taschenbohrungen (20 mm) und Taschenschrauben (30 mm) ausführen.

4 SITZ

Holzleim auf die Oberkanten von vorderer Blende und Sitzträgern geben. Die Bretter mit Nägeln oder Schrauben (50 mm) anbringen. Die Abstände zwischen den Brettern messen 13 mm.

5 RÜCKENLEHNE

Die Bretter für die Rückenlehne mit Abständen von 13 mm auslegen (Vorderseite nach unten). Zuerst die hintere Blende mit Holzleim und Stahlstiften (30 mm) anbringen. Dann 228 mm höher den mittleren Querverbinder befestigen. Der obere Querverbinder wird 432 mm höher montiert.

6 ABRUNDEN

Den oberen Rand der Rückenlehne mit der Stichsäge abrunden. Danach die Schnittkanten sorgfältig glattschleifen.

7 ZUSAMMENBAUEN

Die Rückenlehne so einbauen, dass ihr mittlerer Verbinder auf Höhe der Armlehnenträger und die hintere Blende auf Höhe der Sitzträger liegt. Löcher vorbohren und mit Senkkopfschrauben (50 mm) montieren.

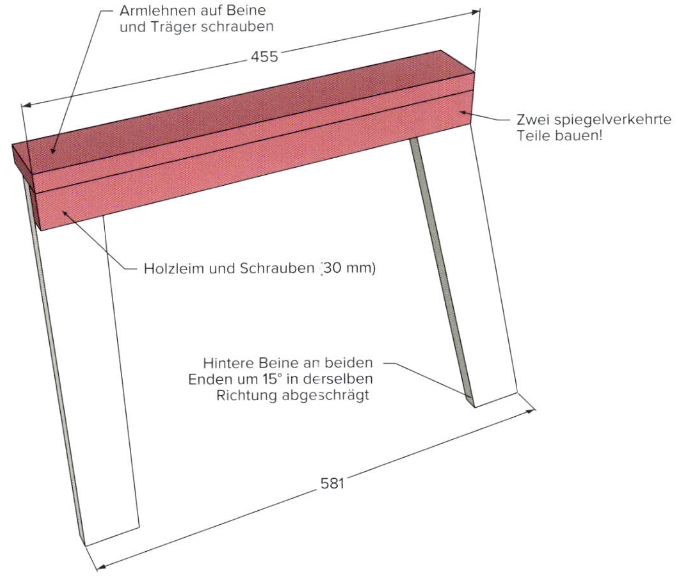

1

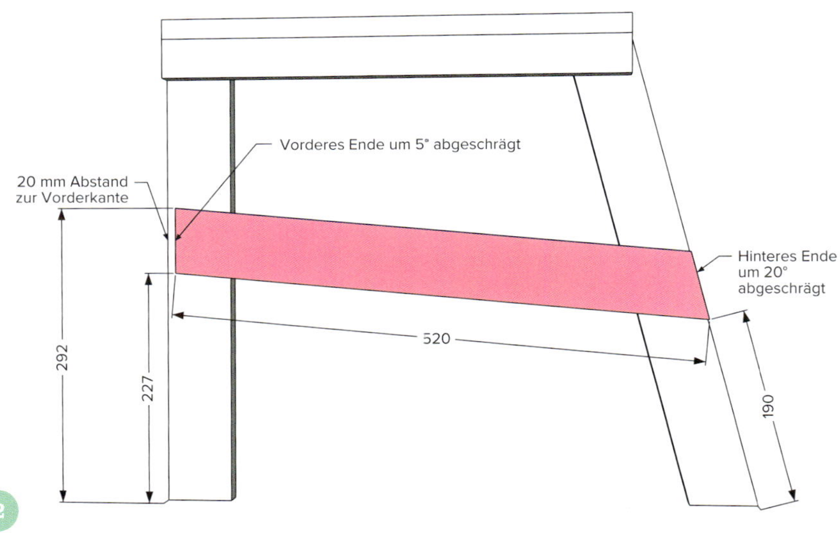

2

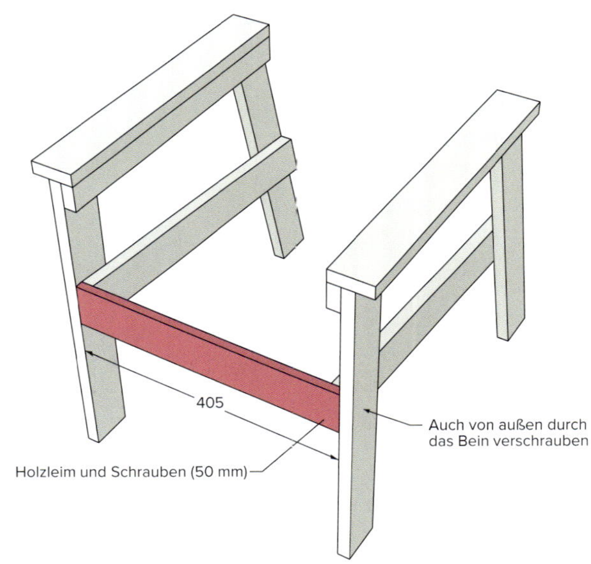

3

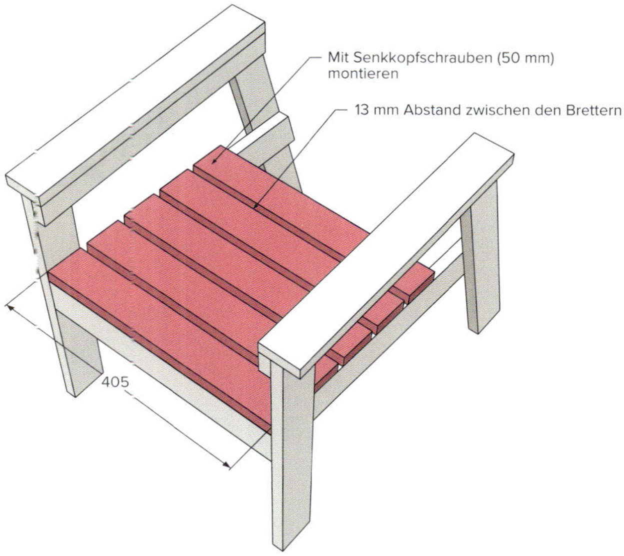
Mit Senkkopfschrauben (50 mm) montieren
13 mm Abstand zwischen den Brettern
405

4

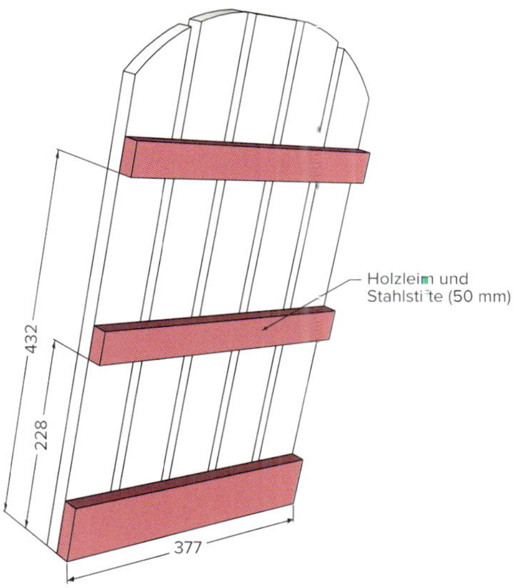
Holzleim und Stahlstifte (50 mm)
432
228
377

5

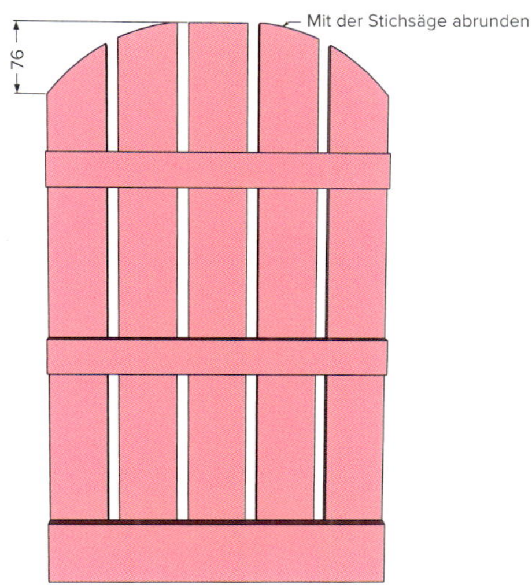
Mit der Stichsäge abrunden
76

6

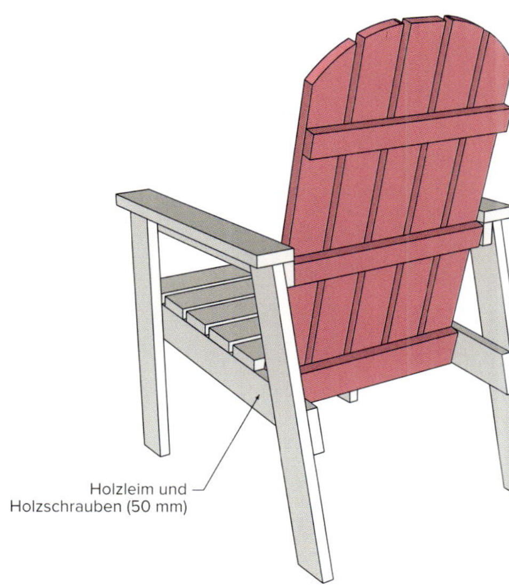
Holzleim und Holzschrauben (50 mm)

7

PROJEKT

Nr. 33

PICKNICK-TISCH

AN DIESEM TISCH GEFALLEN MIR vor allem die gekreuzten Beine. Sie sehen attraktiv aus und sorgen für gute Standfestigkeit. Schräg montierte Hölzer geben der Tischplatte zusätzlichen Halt.

MATERIALLISTE

MDF 19 mm dick, wasserfest verleimt:

- 4 lange Tischbeine*, 1090 x 90 mm
- 4 untere Aufdoppelungen**, 524 x 90 mm
- 4 obere Aufdoppelungen**, 476 x 90 mm
- 2 Diagonalstützen***, 565 x 90 mm
- 9 Tischbretter, 1600 x 90 mm
- 2 Kantenbretter, 866 x 140 mm

Hartholz 38 x 38 mm:

- 4 Querverbinder***, 800 mm lang

* Gesamtlänge, beide Enden parallel um 45° abschrägen,

** Gesamtlänge, ein Ende um 45° abschrägen

*** Gesamtlänge, beide Enden gegenläufig um 45° abschrägen

Spanplatten-/Taschenschrauben oder Holzdübel

Nägel

wasserfester Holzleim

Material für die Endbehandlung (witterungsbeständig).

WERKZEUG

Hilfsvorrichtung für Taschenbohrungen

Bohrschrauber mit Bohrer und Senker

Nagler

Gehrungssäge

ABMESSUNGEN

Picknicktisch im Esstischformat

· GEBAUT VON ·
LYDIA MANDERS

„Für den Tisch habe ich schon viele Komplimente bekommen. Mir gefällt vor allem sein schlichtes Design. Die gekreuzten Beine geben viel Beinfreiheit und erleichtern das Aufstehen und Platznehmen. Die Bänke (Seite 186) passen perfekt zu diesem Tisch."

1 **TISCHPLATTE**
In beide Enden jedes der Tischbretter zwei Taschenbohrungen (20 mm) einbringen. Die Bretter mit Holzleim und Taschenschrauben (30 mm) an den Kantenbrettern montieren, dabei zwischen den Tischbrettern Abstände von 7 mm lassen.

2 **QUERVERBINDER**
Auf der Unterseite der Tischplatte die Positionen der Querverbinder anzeichnen (siehe Abbildung). In den Verbindern Löcher vorbohren, dann die Hölzer mit Schrauben (50 mm) von unten mit der Tischplatte verschrauben.

3 **BEINE**
Alle durchgehenden langen Beine parallel zueinander legen. Die Aufdoppelungen gemäß Abbildung darauf legen und mit Holzleim und Stahlstiften (30 mm) an den durchgehenden Teilen befestigen.

4 **BEINE ZUSAMMENSETZEN**
Zwei Beinhälften gemäß Abbildung zu einem X zusammenfügen. An der Kreuzungsstelle mit Holzleim und vier Stahlstiften (30 mm) zusammenfügen.

5 **BEINE AM TISCH MONTIEREN**
Die schmalere Seite des X wird am Tisch montiert, die breitere steht auf dem Boden. Führungslöcher in die äußeren Querverbinder der Tischplatte bohren und die Beinkreuze mit Holzleim und Senkkopfschrauben (70 mm) daran festschrauben.

6 **DIAGONALSTÜTZEN**
In beide Enden der zugeschnittenen Stützen zwei Taschenbohrungen (20 mm) einbringen. Die Stützen am Kreuzungspunkt der Beine und an der Unterseite der Tischplatte mit Holzleim und Taschenschrauben (30 mm) befestigen.

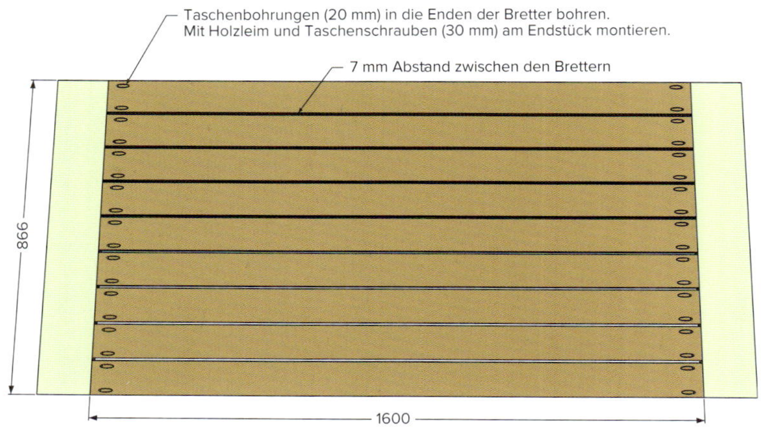

1

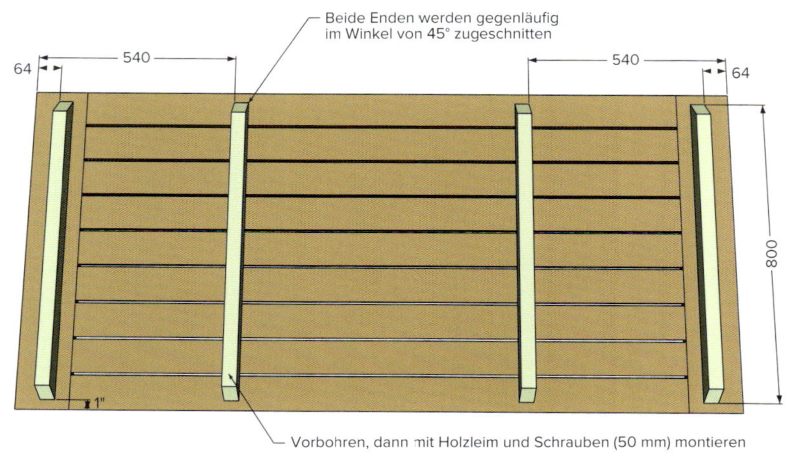

2

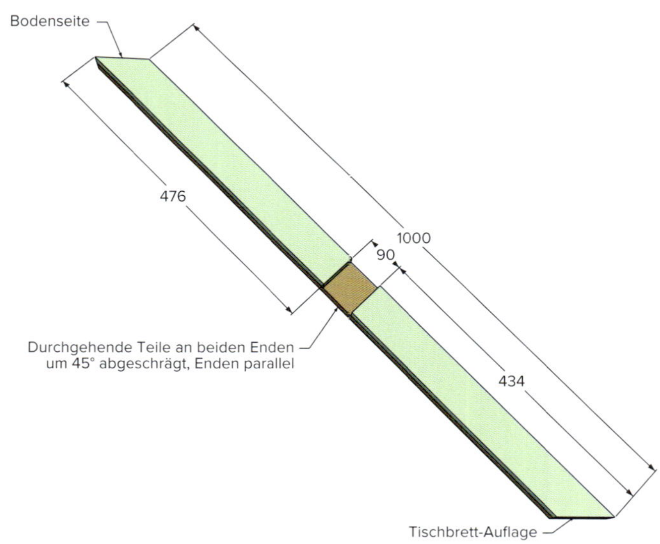

3

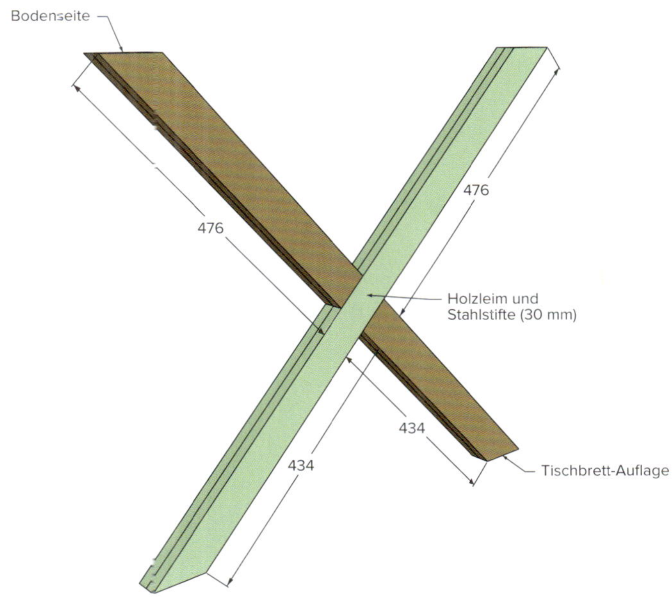
Bodenseite
476
476
Holzleim und
Stahlstifte (30 mm)
434
434
Tischbrett-Auflage

4

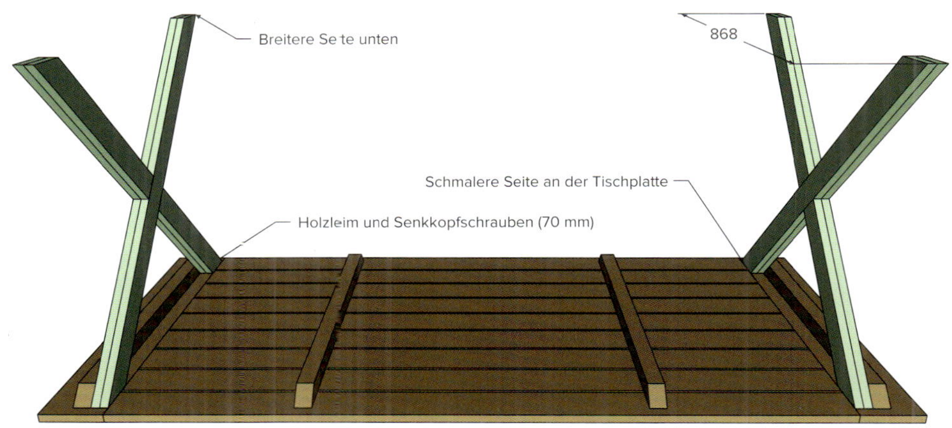
Breitere Se te unten
868
Schmalere Seite an der Tischplatte
Holzleim und Senkkopfschrauben (70 mm)

5

Beide Enden werden im Winkel von 45° zugeschnitten
565

6

PROJEKT

Nr. 34

PICKNICK-BANK

ZUM PICKNICKTISCH GEHÖREN NATÜRLICH passende Bänke, ebenfalls mit gekreuzten Beinen. Sie sehen zünftig und rustikal aus, sind standfest und stabil. Drei gekreuzte Beinpaare tragen problemlos drei bis vier Erwachsene.

MATERIALLISTE

MDF 19 mm dick, wasserfest verleimt:

- **6** lange Bankbeine*, 542 x 65 mm
- **6** untere Aufdoppelungen**, 280 x 65 mm
- **6** obere Aufdoppelungen**, 225 x 65 mm
- **4** Diagonalstützen***, 425 x 65 mm
- **4** Sitzbretter, 1590 x 90 mm
- **2** Kantenbretter, 381 x 140 mm

Hartholz 38 x 38 mm:

- **8** Querverbinder***, 340 mm lang

* wie Tisch, beide Enden parallel um 30° abschrägen,

** wie Tisch (***), ein Ende um 30° abschrägen,

*** ein Ende um 30°, das andere gegenläufig um 60° abschrägen.

Spanplatten-/Taschenschrauben oder Holzdübel

Nägel

wasserfester Holzleim

Material für die Endbehandlung (witterungsbeständig)

WERKZEUG

Hilfsvorrichtung für Taschenbohrungen

Bohrschrauber mit Bohrer und Senker

Nagler

Gehrungssäge

ABMESSUNGEN

Standard-Sitzhöhe, für drei bis vier Erwachsene

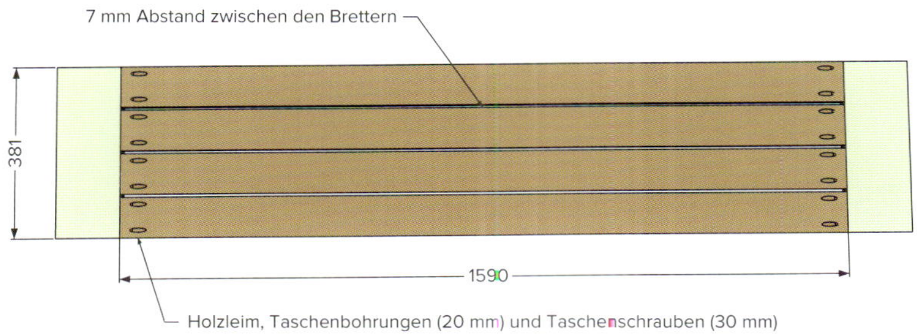

1

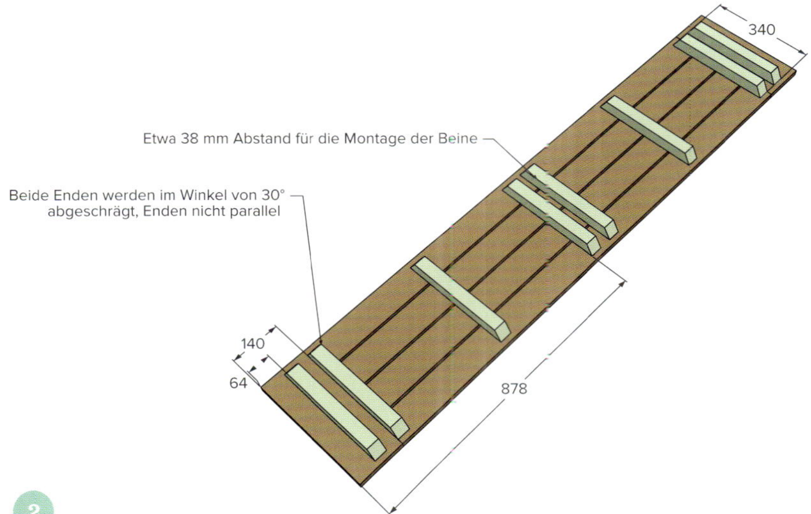

2

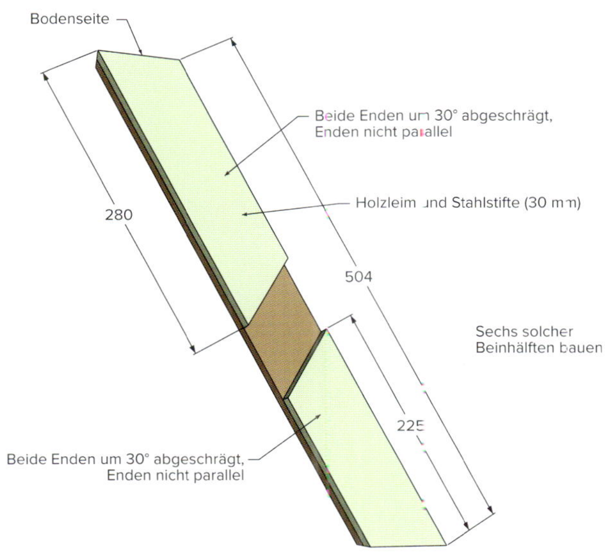

3

1 SITZFLÄCHE

In die Enden der Sitzbretter je zwei Taschenbohrungen (20 mm) einbringen. Die Bretter mit Holzleim und Taschenschrauben an den Kantenbrettern montieren. Dabei zwischen den Sitzbrettern Abstände von 7 mm lassen.

2 QUERVERBINDER

Die Positionen aller Querverbinder gemäß Abbildung auf der Unterseite der Sitzfläche anzeichnen – mit einem Schreinerwinkel, damit sie parallel zu den Endstücken und im rechten Winkel zu den Längsseiten der Sitzfläche verlaufen. Führungslöcher in die Querverbinder bohren. Dann die Hölzer mit Leim und Schrauben (50 mm) von unten an die Sitzfläche schrauben.

3 BEINE

Alle sechs durchgehenden langen Beinteile parallel auslegen. Die oberen und unteren Schrägen verlaufen in derselben Richtung. Die Aufdoppelungen gemäß Abbildung mit Holzleim und Stahlstiften (30 mm) darauf befestigen. Dabei alle Kanten exakt ausrichten.

4 BEINE ZUSAMMENSETZEN

Je zwei Beinhälften kreuzweise übereinander legen. An der Kreuzungsstelle mit Holzleim und vier Stahlstiften (30 mm) zusammenfügen.

5 BEINE AN DER BANK MONTIEREN

Die Beine zwischen den Querhölzern mit Holzleim und Schrauben (70 mm) montieren. Für die Schrauben vorbohren.

6 DIAGONALSTÜTZEN

In beide Enden der zugeschnittenen Stützen zwei Taschenbohrungen (20 mm) einbringen. Die Stützen am Kreuzungspunkt der Beine und an der Unterseite der Sitzfläche mit Holzleim und Taschenschrauben (30 mm) befestigen.

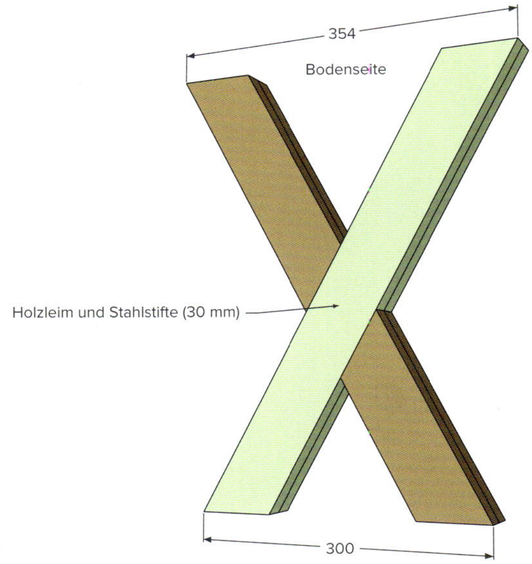

4

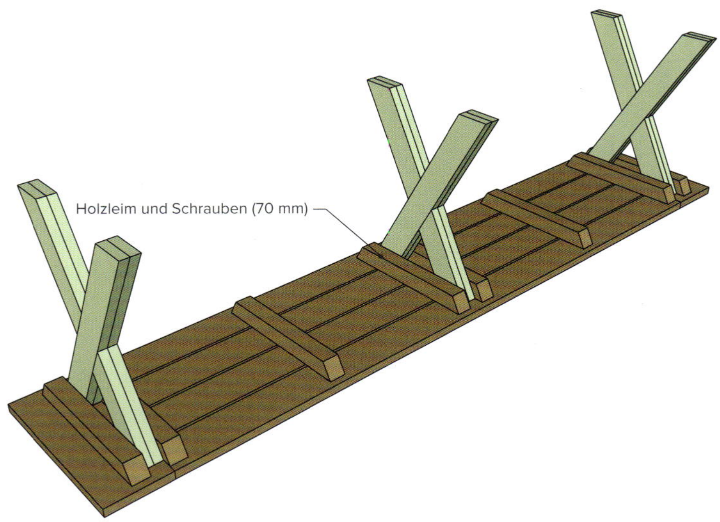

5

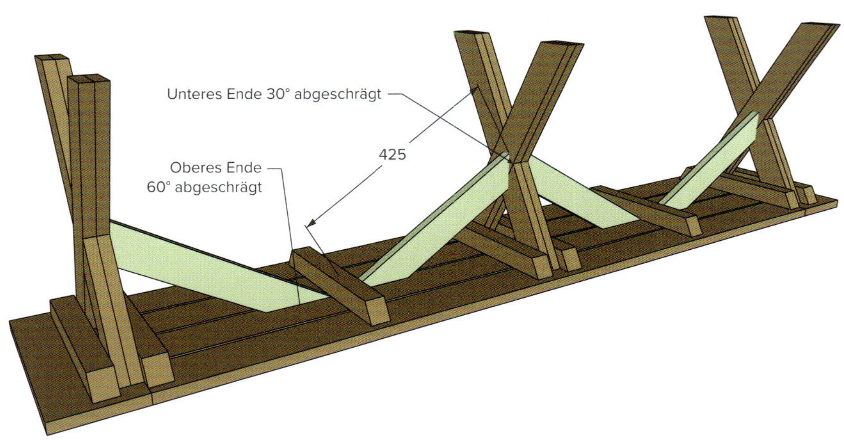

6